natürlich oekom!

Mit diesem Buch halten Sie ein echtes Stück Nachhaltigkeit in den Händen. Durch Ihren Kauf unterstützen Sie eine Produktion mit hohen ökologischen Ansprüchen:

- 100 % Recyclingpapier
- mineralölfreie Druckfarben
- Verzicht auf Plastikfolie
- Kompensation aller CO_2-Emissionen
- kurze Transportwege – in Deutschland gedruckt

Weitere Informationen unter www.natürlich-oekom.de
und #natürlichoekom

Bibliografische Information der Deutschen Nationalbibliothek:
Die Deutsche Nationalbibliothek verzeichnet diese Publikation in der Deutschen Nationalbibliografie; detaillierte bibliografische Daten sind im Internet über www.dnb.de abrufbar.

oekom – Gesellschaft für ökologische Kommunikation mbH
Goethestraße 28, 80336 München

Layout und Satz: Frank Thun
Korrektur: Maike Specht
Umschlaggestaltung: Laura Denke, oekom verlag
Umschlagabbildung: Satori
Druck: CPI books GmbH, Leck

ISBN 978-3-98726-108-4
https://doi.org/10.14512/9783987263521

FSC www.fsc.org
RECYCLED
Papier aus Recyclingmaterial
FSC® C083411

FRANK THUN

UNTERNEHMEN in GRÜN

Ein neuer Weg zu einer nachhaltigen Wirtschaft

oekom

Für meine Töchter: Caroline, Mara und Liv

Inhaltsverzeichnis

Einführung

Die Schnittmenge zwischen Unternehmen und Ökologie ist hässlich. Unternehmen zerstören die Welt. Sie produzieren oft sinnlose Dinge und kennen nur ein Ziel: mehr Profit. Dieses Buch beschreibt eine Alternative: Unternehmen, in denen verantwortliches Handeln von außen verlangt wird und von innen heraus entsteht. Es geht darum, durch organisatorische Maßnahmen das Interesse an Zielen jenseits des Profits in den Unternehmen selbst zu verankern. Ein marktwirtschaftlicher Weg, der jetzt und heute gangbar ist. Ein Systemwechsel im Inneren der Unternehmen.

Betriebswirtschaft, Gesellschaft und Ökologie zusammenzudenken, ist ungewöhnlich, weil wir es nie gelernt haben, Unternehmen als ein Mittel zu etwas anderem als Profit anzusehen. Wenn wir aber anfangen, gesellschaftliche und ökologische Forderungen an Unternehmen zu stellen, dann kommen wir zu ganz anderen organisatorischen Lösungen als heute. Wir sollten Betriebswirtschaft, Gesellschaft und Ökologie miteinander verbinden. Denn es sind nicht so sehr Konsumentscheidungen oder Technologien, die diesen Planeten ruinieren, sondern die Entscheidungen, die in den Unternehmen getroffen werden. Unternehmen bestimmen über das Angebot an Waren und Dienstleistungen sowie den Einsatz von Technologien und Ressourcen. Sie sind die Akteure, deren Handlungen diese Welt brechen oder erhalten. Trotzdem akzeptieren wir heute, dass Unternehmen qua Design selbstsüchtig sind – in dem Glauben, dass es keine Alternative zu einer selbstsüchtigen Wirtschaft gibt.

Aber es gibt eine Alternative. Diese setzt direkt bei den Motiven der Unternehmen an. Sie verlagert das Ziel der Arbeit vom letztendlich selbstzerstörerischen Eigennutz auf ein Mitdenken unserer Welt. Es ist eine marktwirtschaftliche Lösung, die Wirtschaft allerdings nicht wie bisher als Geschäftemacherei organisiert, sondern als ein gemeinsames Streben nach einem gelungenen Leben. Eine pragmatische Lösung, die eine faire Rendite für Kapital vorsieht und die jetzt und hier für alle Unternehmen machbar ist. Eine Lösung, die der Arbeit Sinn verleiht und die es erlaubt, die gesellschaftlichen Kräfte gegen den Untergang der lebenserhaltenden Systeme dieses Planeten rasch zu aktivieren.

Dazu müssen wir die unerhörte Ambitionslosigkeit der heutigen Unternehmen überwinden. Wir sollten Unternehmen Missionen geben und eine Organisationsform, die sie treu zu diesen Missionen stehen lässt. Im Grunde ist das nichts Neues. Schon heute sind Unternehmen für Missionen optimiert. Nur ist die Mission »Profit« die falsche für die heutige Zeit. Es gilt, Unternehmen für die Herausforderungen einer Zeit dienstbar zu machen, in der Selbstsucht mit naturwissenschaftlicher Präzision in den Untergang führt.

Effizienz und Produktivität, Wettbewerb und Rendite – all das bleibt wichtig. Aber doch bitte für die richtigen Zwecke. Und das sind letztlich lebensdienliche Zwecke, die nur im gemeinsamen Diskurs innerhalb und außerhalb des Unternehmens bestimmt werden können. Wenn uns das gelingt, haben wir mehr als nur nachhaltige Unternehmen. Dann beenden wir auch die Sinnkrise, die viele Menschen bei der Arbeit empfinden.

Auch in einer globalen Wirtschaft können sich Unternehmen entscheiden, womit sie Gewinn machen wollen und wie sie Gewinne verwenden. Wir müssen sie nur dazu befähigen, Ziele jenseits ihrer Rendite erreichen zu wollen und so pragmatisch zu handeln, wie es ihnen der Markt gerade erlaubt. Ihr Handlungsraum mag heute begrenzt sein, aber er ist jetzt schon größer, als viele denken, und er kann über die Zeit wachsen: dank der Entdeckung neuer Geschäftsmodelle, dank staatlichem Fördern und Fordern sowie nicht zuletzt dank der Leistungspotenziale, die grüne Unternehmen nutzen können. Denn auf die Stärken der neuen Organisationsform – Resilienz, Agilität, Innovation, Kompetenz, Engagement, Lernen – haben heutige Unternehmen keinen nennenswerten Zugriff. Heutige Unternehmen instrumentalisieren Menschen in Projekten Dritter – aber instrumentalisierte Menschen wenden sich ab und bringen nur eine verzwergte Version ihrer selbst zur Arbeit.

Mit diesem Buch versuche ich, die Rolle der Unternehmen zu verändern – von Schurken zu Partnern bei der Transformation zu einer nachhaltigen Wirtschaft. Partner, die ihr Bestes für das Gelingen des großen Projektes geben, das vor uns liegt. Appelle reichen dazu nicht. Es braucht neue Ziele sowie eine neue Art und Weise, in der Menschen in Unternehmen zusammenarbeiten.

Für wen ist dieses Buch?

Dieses Buch ist für alle interessant, die Unternehmen in eine nachhaltige Zukunft führen wollen – vom Mitarbeiter bis zum Unternehmenschef. Mein Ziel ist, jedem Leser genug mitzugeben, damit er bisherige Denk- und Handlungsweisen hinterfragt. Zudem liefere ich einen Bauplan, den jeder verstehen und den jeder, egal auf welcher Ebene im Unternehmen, in der einen oder anderen Art und Weise in die Tat umsetzen kann.

Der Kern dieses Buches sind Betriebswirtschaft, Management und Organisation. Aber da ich die Anforderungen an Unternehmen nun nicht mehr allein aus Eigennutz ableite, sondern auch mit Blick auf den gesellschaftlichen und ökologischen Nutzen, habe ich einen interdisziplinären Ansatz gewählt. Sie finden in den folgenden Kapiteln Naturwissenschaft, Politologie, Soziologie, Philosophie, Anthropologie und Ethik. Wir brauchen all das, um die heutige engstirnige Betriebswirtschaft zu überwinden. Ich habe jedoch versucht, so zu schreiben, dass mir jeder, unabhängig von seiner Vorbildung, zu folgen vermag – und nach der Lektüre des Buches praktisch loslegen kann. Theoretische Feinheiten habe ich in Fußnoten verbannt.

Meine Kritik an heutigen Unternehmen ist hart, aber systemisch. Ich weiß, dass es viele wohlmeinende Menschen auf allen Ebenen der Betriebe gibt, die ernsthaft bestrebt sind, Profit und Nachhaltigkeit zu vereinbaren. Meine Kritik gilt den Unternehmen als System, nicht den Intentionen einzelner Menschen. Ich versuche, Wege aufzuzeigen, wie gute Intentionen Macht über Unternehmen erlangen können.

Der Aufbau des Buchs

Das erste Kapitel thematisiert die wichtige Rolle, die Unternehmen bei der ökologischen Transformation unserer Gesellschaft spielen. In den darauffolgenden sechs Kapiteln geht es darum, wie Unternehmen in die Offensive kommen. Wie sie ihre selbstsüchtige Rolle, die die Gesellschaft ihnen über die letzten 150 Jahre zugedacht hat, überwinden können. Diese sechs Kapitel sind der eigentliche Bauplan für nachhaltige, für grüne Unternehmen. Es geht um ein Upgrade der Ziele, der äußeren rechtlichen Grundlagen, der internen Governance, der Baupläne an sich, des Managements und der Organisation als Ganzes. Das achte Kapitel schließlich beschäftigt sich mit den gesellschaftlichen Wirkungen von grünen Unternehmen. Die reichen weit über einen geringeren ökologischen Fußabdruck hinaus. Schließlich sind Unternehmen die Hände, mit denen die Menschheit diesen Planeten, aber auch sich selbst gestaltet.

Wie kann dieses Buch gelesen werden?

Am besten folgen Sie der Kapitelstruktur, da ich Begriffe und Modelle schrittweise einführe. Wenn Sie aber ein dringendes Interesse an den Inhalten eines bestimmten Kapitels haben, »springen« Sie gerne direkt dorthin. Und gehören Sie zu den Menschen, die gleich zu Anfang wissen wollen, was genau ich empfehle, dann schauen Sie sich die Gesamtdarstellung im mittleren Abschnitt des letzten Kapitels unter der Überschrift »Der organisatorische Green New Deal« an. Ich empfehle Ihnen aber, Ihre Neugier zu zügeln und Kapitel für Kapitel den Weg dieses Buches mitzugehen. Es gibt viel zu entdecken.

Das Ziel dieses Buches

Ich möchte, dass Sie nach der Lektüre sofort loslegen und Ihr Unternehmen, Ihren Bereich oder Ihr Team »grün« organisieren können. Jedes Kapitel enthält genug Theorie, um Ihnen die Hintergründe zu vermitteln, und genug Praxis, um Ihnen konkrete Handlungsanleitungen zu geben. Meine Absicht war, ein Buch zu schreiben, das die typischen drei Zielkonflikte löst: Es ist (hoffentlich) praxisorientiert, aber theoretisch fundiert. Interdisziplinär, aber nicht verwirrend. Utopisch, aber pragmatisch.

Was Sie nicht finden werden, sind War Stories und Personalisierungen. Dieses Buch ist ein Sachbuch und keines der vielen Pop-Management-Bücher. Allein das Vorhaben, Unternehmen für das Projekt Weltrettung einzuspannen, ist meiner Überzeugung nach so aufregend, dass sich auf den üblichen stilistischen Zucker verzichten lässt.

Wir sind nicht Gefangene des Systems. Wir können es ändern. Wir können uns Zukunft erarbeiten, wenn wir anders miteinander arbeiten.

I Unternehmen und Ökologie

»Die Wirtschaft ist auserzählt. Da gibt es nichts zu verdienen außer Geld.«
Jan Böhmermann[1]

Es existieren zwei grundlegende Sichtweisen zur Wirtschaft im Angesicht der ökologischen Krise. Die erste ist auserzählt. Es ist die neoliberale Sicht, die darauf vertraut, dass der Markt technologische Lösungen finden wird. Die Befürworter dieser Ansicht streben an, den Status quo beizubehalten: Sie fordern die Entfesselung der Marktkräfte, Deregulierung und Privatisierung. Für sie besteht die Antwort auf zu viel Wirtschaft in noch mehr Wirtschaft. Mehr von dem, was wir bereits kennen. Genau diese Kontinuität macht die neoliberale Sichtweise für viele attraktiv. Man weiß, was einen erwartet, und kann sich weiterhin den vertrauten Märchen vom ewigen Wachstum hingeben, die schon seit Jahrzehnten erzählt werden.

Die zweite Sichtweise ist transformativ. Sie geht davon aus, dass die Wirtschaft sich rasant ändern muss, um das Erreichen kritischer Umkehrpunkte zu verhindern. Obwohl diese Perspektive aus naturwissenschaftlicher Sicht sinnvoller ist, stößt sie in der Gesellschaft auf großen Widerstand. Das Neue bereitet Angst, erfordert Opfer und verlangt nach Änderungen gewohnter Lebensweisen. Der Kampf zwischen diesen beiden Sichtweisen ist weltweit entbrannt und wird darüber entscheiden, welche Zukunft die Menschheit erwartet.

Im Folgenden werde ich nicht versuchen, Sie von der existenziellen Krise lebenserhaltender Systeme unseres Planeten zu überzeugen. Da Sie dieses Buch in die Hand genommen haben, ist es wahrscheinlich, dass Ihnen diese Tatsachen bereits bewusst sind. Stattdessen möchte ich Ihnen einen Weg zur Transformation vorstellen. Dieser Ansatz basiert wie bisher auf Technologie, Märkten und unternehmerischer Dynamik, transformiert jedoch die zentralen Akteure der Wirtschaft, nämlich die Unternehmen selbst.

1 Munich-Startup.de, https://www.munich-startup.de/40862/boehmermann-rosberg-bits-pretzels/, Zugriff am 14.12.2023.

Im ersten Kapitel lege ich die Grundlagen. Zunächst erkläre ich, was konkret getan werden muss, um mit der Krise umzugehen. Anschließend geht es darum, welchen Beitrag die wichtigsten gesellschaftlichen Akteure zur ökologischen Transformation zu leisten in der Lage sind. Abschließend betrachte ich, was Unternehmen beisteuern können, wenn wir die gesellschaftliche Arbeitsteilung anpassen und ihnen mehr Verantwortung übertragen.

Ganzheitliche Wirtschaft

Heute ist Wirtschaft lebensgefährlich, weil sie sich nicht um naturwissenschaftliche Grenzen kümmert. Was diese Grenzen sind, wie sie mit sozialen Grenzen interagieren und was das für die Wirtschaft bedeutet, beschreibe ich in diesem Unterkapitel.

Planetare Grenzen

Naturwissenschaftlich ist es klar, was ein Umbau der Wirtschaft erreichen muss: die materielle Versorgung der Bevölkerung innerhalb der neun planetaren Grenzen. Das Konzept der planetaren Grenzen wurde von einer Gruppe von Forschern um den Schweden Johan Rockström im Jahr 2009 entwickelt.[2] Es ist eine der Grundlagen für die Berichte des Weltklimarats – des größten wissenschaftlichen Projekts, das die Menschheit je unternommen hat.[3] Die planetaren Grenzen sind in Abbildung 1 dargestellt.[4] Sechs von neun Grenzen sind im Jahr 2023 bereits überschritten.

2 J. Rockström, W. Steffen, K. Noone, A. Persson et al. (2009): Planetary Boundaries: exploring the safe space for humanity. Ecology and Society, 14(2) S. 32.

3 IPCC – International Panel on Climate Change. www.ipcc.ch, Zugriff am 14.12.2023.

4 Darstellung durch Azote für das Stockholm Resilience Centre, Universität Stockholm, basierend auf J. Richardson et al. (2023): Science Advances, 9, 37.

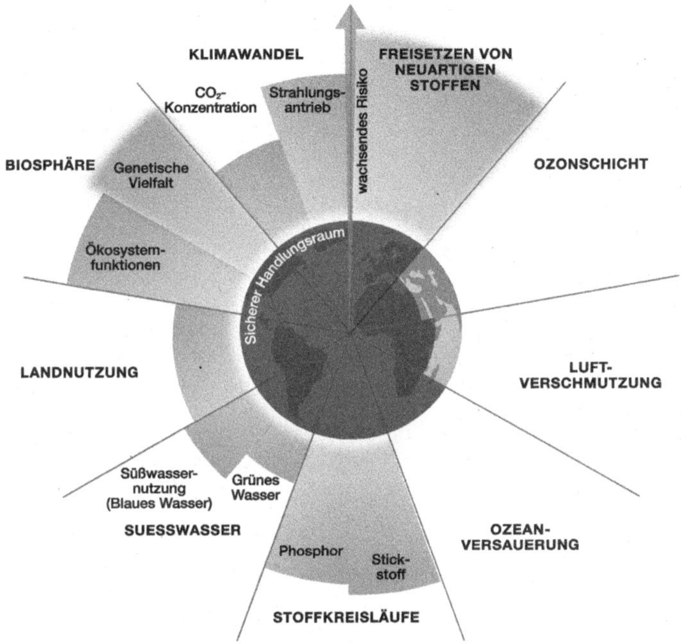

Abbildung 1: Planetare Grenzen 2023

Nur drei Grenzen sind noch unverletzt: Die Ozonschicht ist wieder intakt, die Belastung der Atmosphäre mit Aerosolen ist noch im Bereich des Vertretbaren, und die Meere sind noch nicht übersäuert (stehen aber kurz davor). Bei den sechs Grenzüberschreitungen geht es in absteigender Reihenfolge der damit verbundenen Risiken um:

- Die Neuen Entitäten: von Menschen gemachte Chemikalien, die in der Natur keine Entsprechung haben und von denen wir noch gar nicht wissen, wie sie in natürliche Kreisläufe eingreifen. Sie sind bereits fast überall in der Biosphäre zu finden, auch in unseren Körpern.
- Die biogeochemischen Kreisläufe von Phosphor und Stickstoff, die wir insbesondere durch Überdüngung von Land und Wasser aus dem Gleichgewicht gebracht haben.
- Die Integrität der Biosphäre ist beschädigt, weil immer mehr Arten immer schneller aussterben (genetische Integrität) und die Grundlagen für das Leben an sich immer stärker beschädigt werden (funktionale Integrität).

- Der Klimawandel schreitet immer schneller voran, durch immer mehr CO_2, andere Klimagase und Partikelkonzentrationen (wie z. B. Schwefel) in der Atmosphäre *(radiative forcing)*.
- Der Wasserverbrauch überschreitet das, was Flüsse und Seen zu geben in der Lage sind (blaues Wasser) oder worauf die Vegetation verzichten kann (grünes Wasser).
- Die Landnutzung ist zu hoch, weil Wälder abgeholzt, Flächen versiegelt oder intensiv landwirtschaftlich genutzt werden.

Schon die Verletzung einer Grenze tötet Leben. Je mehr Grenzen und je weiter diese überschritten werden, desto größer wird das Risiko, dass die lebenserhaltenden Systeme dieses Planeten ausfallen. Bereits geringfügige Überschreitungen können Kettenreaktionen auslösen, welche die Fähigkeit von Natur und Menschheit, angemessen zu reagieren, überfordern. Wir spielen heute mit dem Feuer. Die lebenserhaltenden Systeme der Erde können so schnell kippen, dass selbst ein koordiniertes Handeln der gesamten Menschheit möglicherweise nicht ausreicht. Unsere Existenz ist fragil. Viel fragiler, als wir dachten. Die Wirtschaft muss jetzt so umgestaltet werden, dass wir uns unverzüglich wieder hinter die Grenzen zurückziehen. Die neun Grenzen sind das wohl wichtigste Zieltableau der Menschheitsgeschichte. Wir gewinnen, wenn wir alle neun Kreisläufe zurück unterhalb der Grenzen bringen. Der Einsatz ist das Leben auf dieser Erde – zunächst die Qualität des Lebens und schließlich auch die bloße Existenz.

Es geht also nicht nur, wie oft angenommen, um den Umgang mit Klimagasen. Es geht darum, wie wir uns innerhalb des schmalen Streifens der Biosphäre, der unseren Planeten umgibt, benehmen. Es geht darum, wie aufmerksam wir für die Grundlagen des Lebens sind und wie rücksichtsvoll wir mit ihnen umgehen. Es geht darum, ob wir Naturwissenschaft unser Handeln leiten lassen oder Wachstumsideologie.

Soziale Grenzen

Die britische Ökonomin Kate Raworth hat das Konzept der planetaren Grenzen um zwölf soziale Grenzen erweitert und diese Idee in ihrer »Doughnut-Ökonomie« illustriert, wie in Abbildung 2 zu sehen ist.[5] Wirtschaft muss zugleich den äußeren naturwissenschaftlichen planetaren Grenzen dienen wie auch den inneren

5 Kate Raworth (2017): Doughnut Economics: seven ways to think like a 21st century Economist.

gesellschaftlichen Grenzen. Der sichere Raum für die Menschheit, in dem ein gutes Leben möglich ist, ist der Ring zwischen den naturwissenschaftlichen und den sozialen Grenzen – ein Donut.

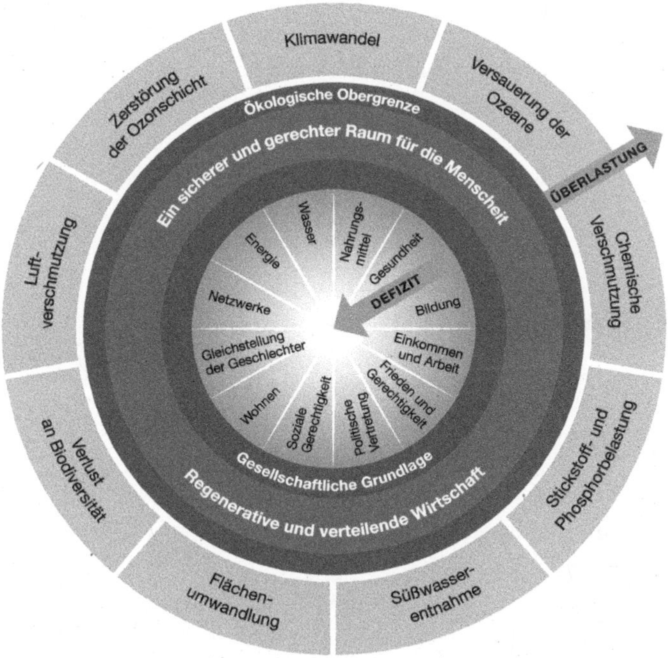

Abbildung 2: Donut Economics

Die zwölf gesellschaftlichen Grenzen sind im inneren Kreis dargestellt und können als eine Liste universeller Menschenrechte betrachtet werden. Jeder Mensch hat ein Recht auf Nahrung, Wasser, Energie, Gesundheit, Bildung, Einkommen, Arbeit, Frieden, Gerechtigkeit, politische Vertretung, soziale Gerechtigkeit, Wohnraum, Geschlechtergleichstellung und Zugang zu sozialen sowie technischen Netzwerken. Die Verletzung dieser zwölf Grenzen führt zu Beeinträchtigungen der Lebensqualität der Menschen, sozialen Konflikten in der Gesellschaft und einer geringeren Bereitschaft, sich um die äußeren planetaren Grenzen zu kümmern. Soziale Probleme gehen oft Hand in Hand mit ökologischen Herausforderungen.

Der Bereich, in dem Menschen langfristig und gut leben können, der »Safe Operating Space«, ist der Ring des Donuts. Hier sind sowohl die naturwissenschaftlichen als auch die sozialen Grenzen unversehrt. Die Grafik macht drei Dinge deutlich. Erstens, dass zu der ohnehin nicht einfachen Aufgabe, Gesellschaften in sozialer Balance zu halten - einer Aufgabe, um die sich heute vor allem Nationalstaaten kümmern -, noch die globale Aufgabe, für die ganze Menschheit hinzukommt, den Planeten im naturwissenschaftlichen Gleichgewicht zu halten. Zweitens, dass Menschenrechte und Umweltschutz nicht getrennt gedacht werden können. »Climate Justice!« ist nicht von ungefähr ein Kampfruf der globalen Klimabewegungen. Wir brauchen globale Kooperation, um wieder zurück in die neun planetaren Grenzen zu gelangen – und ohne Gerechtigkeit ist Kooperation nicht zu bekommen. Weder innerhalb noch außerhalb von Nationalstaaten. Drittens verbildlicht diese Grafik die Verletzlichkeit von uns allen. Wir leben, zusammen mit allem anderen, was lebt, in der schmalen sechs Kilometer hohen Schale an der Kruste des Planeten. Über uns ist nichts als kalter lebloser Weltraum, unter uns die Dunkelheit des Inneren der Erde. Innerhalb dieses schmalen, verletzlichen Raums müssen wir uns einrichten. Nur wenn wir unsere Verletzlichkeit anerkennen, können wir auch Rücksicht nehmen.

Wirtschaft in Grenzen

Die Existenz der planetaren Grenzen verändert alles in der Wirtschaft. Davor glaubten wir, die Natur wäre unendlich stark und wir könnten uns alles erlauben. Wir hielten an der Vorstellung von unendlichem Wachstum fest und produzierten und konsumierten, als gäbe es keine Grenzen. Jetzt wissen wir es besser. Außerhalb einer planetaren Grenze erhöht jede wirtschaftliche Aktivität die Wahrscheinlichkeit eines Zusammenbruchs. Und selbst knapp innerhalb dieser Grenzen behindert sie alternative oder zukünftige Aktivitäten. Jede wirtschaftliche Handlung verbraucht Ressourcen der Natur, einige mehr, andere weniger. Daher müssen wir uns fragen, wofür wir unsere begrenzten natürlichen Ressourcen ausgeben wollen: für SUVs oder öffentlichen Nahverkehr, für Penicillin für alle oder Schlankheitsmittel, für Flugverkehr oder Bahnverkehr? In einer Welt, die bereits planetare Grenzen überschritten hat, bedeutet jede Entscheidung für eine wirtschaftliche Aktivität gleichzeitig eine Entscheidung gegen eine andere, da die Summe aller Entscheidungen darüber bestimmt, ob wir die Grenzen einhalten oder nicht.[6]

Diese Realität stellt die Wirtschaftstheorie vor erhebliche Herausforderungen. Sie bedeutet, dass aus naturwissenschaftlicher Sicht keine Güter existieren,

6 Zwischen sinnvoller und unsinniger wirtschaftlicher Aktivität zu unterscheiden, ist eine der Kernforderungen der Degrowth-Bewegung. Jason Hickel (2022): Weniger ist mehr. Warum Kapitalismus den Planeten zerstört und wir ohne Wachstum glücklicher sind.

deren Produktion oder Konsum nicht andere - Mensch und Natur - belastet. Kein Gut ist wirklich privat; alle Güter sind öffentliche Güter. Private Güter können nur existieren, solange die Wirtschaft innerhalb globaler Grenzen operiert. Heutzutage, da wir bereits zwei Drittel der globalen Grenzen überschritten haben, sind nahezu alle Güter öffentlich. Dies bedeutet, dass bei jeder Produktionsentscheidung auch die Gesellschaft konsultiert werden müsste, da Verträge am Markt nicht mehr allein zwischen Anbietern und Käufern verhandelt werden können, ohne Dritte zu beeinträchtigen. Eine solche Umstellung würde die heutige Marktwirtschaft infrage stellen. Die einzige Alternative scheint eine Planwirtschaft zu sein.

Jedoch sind wir etwa in Deutschland gesellschaftlich von einer Planwirtschaft weit entfernt. Zudem existieren keine Beispiele für funktionierende Planwirtschaften. Die Möglichkeiten, diese mithilfe von Informationstechnologie, Algorithmen, künstlicher Intelligenz, Blockchain und demokratischer Governance zu organisieren, sind bisher eher theoretischer Natur. Ich glaube jedoch an einen praktikablen und gesellschaftlich akzeptablen Weg, mit planetaren Grenzen innerhalb einer Marktwirtschaft umzugehen. Dabei muss sichergestellt werden, dass Unternehmen die Interessen der Gesellschaft wahren. Unternehmen, die dazu in der Lage sind, bezeichne ich als »grüne Unternehmen«. Wenn grüne Unternehmen Angebote machen, können Verbraucher und die Gesellschaft sicher sein, dass diese Angebote im Einklang mit den Interessen aller stehen.

Definition: *Grüne Unternehmen sind Unternehmen, in denen sowohl private als auch gesellschaftliche Interessen rechtlich und organisatorisch verankert sind.*

Solche Unternehmen sind in der Lage, private und gesellschaftliche Ziele fair abzuwägen. Im Gegensatz zu heutigen Betrieben verfolgen grüne Unternehmen nicht nur ein Ziel, nämlich den Gewinn, sondern viele Ziele gleichzeitig. Gewinn ist eines davon, aber zusätzlich haben sie von der Gesellschaft eine ganze Reihe weiterer mit auf den Weg bekommen.

Der Kern der ökologischen Umgestaltung besteht darin, die Rücksicht auf die planetaren Grenzen in unsere Systeme einzubauen. In diesem Buch implementiere ich diese Rücksicht direkt in das Unternehmenssystem. Ich glaube, dass Unternehmen, die von innen heraus rücksichtsvoll handeln, einen erheblichen Beitrag zur Bewältigung der Krise leisten können. Viele halten jedoch nachhaltige Unternehmen für Beiwerk und setzen eher auf Technologie, den Staat oder Änderungen im übergeordneten Wirtschaftssystem. Warum viele dieser Hoffnungen trügerisch sind, erläutere ich im nächsten Abschnitt.

Reform

Vielleicht müssen sich Unternehmen ja gar nicht ändern. Vielleicht reichen ja technologische Innovationen, ein regulierender Staat oder eine Anpassung des übergeordneten Wirtschaftssystems, um die Einhaltung von planetaren Grenzen zu gewährleisten. Diese Frage untersuche ich in diesem Abschnitt.

Technologischer Fortschritt

Die bequemste Art, die Krise zu lösen, ist sicherlich Technologie. Mehr Technologie erlaubt uns, weiterzumachen wie bisher. Mehr noch, Investition in Technologie schafft Arbeitsplätze und Wachstum. Aber kann allein technologischer Fortschritt die Welt retten, sodass wir mit unserem Konsum- und Wachstum getriebenen Leben weitermachen können wie bisher? Eindeutig nein, meint die Wissenschaft. Dafür gibt es drei wesentliche Gründe:

1. Naturwissenschaft und die Gesetze der Thermodynamik: Aus naturwissenschaftlicher Sicht ist eine absolute Entkoppelung von Wachstum und Ressourcenverbrauch nicht möglich. Die Gesetze der Thermodynamik setzen unumstößliche Grenzen für das, was die Technologie jemals erreichen kann. Selbst die Digitalisierung, die oft als ressourcenschonend empfunden wird, erfordert eine erhebliche Menge an Rohstoffen und energieintensiver Infrastruktur. Tatsächlich gehen bereits heute etwa zehn Prozent der weltweiten CO_2-Emissionen auf das Konto der IT-Industrie. Mit dem Aufstieg der künstlichen Intelligenz wird dieser Wert voraussichtlich weiter steigen. Eine relative Entkoppelung, also weniger Ressourcen für denselben Output, ist bis zu einem bestimmten naturwissenschaftlich fixierten Limit möglich, wird aber viel zu teuer, je näher man sich diesem Limit nähert.

2. Die sinkende Rate des technologischen Fortschritts: Entgegen der landläufigen Meinung nimmt die Rate des technologischen Fortschritts seit den 1970er-Jahren kontinuierlich ab. In den USA sank sie von 1,4 Prozent pro Jahr zwischen 1920 und 1970 auf 0,4 Prozent pro Jahr zwischen 2004 und 2014.[7] In allen anderen Industrienationen sieht es ähnlich aus.[8] Diese geringe Rate reicht nicht aus, um die

7 Gemessen in der Totalen Faktorproduktivität, der volkswirtschaftlichen Messvorschrift für technologisches Wachstum. Siehe Robert J. Gordon (2016): The Rise and Fall of American Growth, S. 576.

8 Deutsche Bundesbank (2021): Monatsbericht Januar.

Wirtschaft in kurzer Zeit in neue Effizienzbereiche zu befördern. Obwohl wir den technologischen Fortschritt in unserem täglichen Leben spüren, vor allem durch die berauschende Wirkung elektronischer Geräte, ändert dies nichts an der Realität: Die Rate des technologischen Fortschritts nimmt weltweit Jahr für Jahr ab.

Robert Gordon, ein einflussreicher auf Wachstumsfragen spezialisierter amerikanischer Ökonom, liefert dafür einen verblüffend einfachen Grund: Alles Wichtige wurde schon erfunden. Die Heizung, die Wasserleitung, die Kanalisation, der elektrische Strom, das Auto, der Kühlschrank, die Waschmaschine, die Seife, das Penicillin und so weiter. All diese heute so selbstverständlich wirkenden Sachen hatten sehr viel positivere Effekte auf die Produktivität als Facebook, Snapchat und Amazon. Wir mögen ja den technischen Fortschritt intensiv fühlen – persönlich vor allem durch die Anziehungskraft elektronischer Gadgets, der sich auf unsere Sinne auswirkt. Stellen Sie sich aber folgende Frage: Würden Sie lieber auf Ihr Smartphone oder auf Penicillin verzichten? Die meisten Menschen priorisieren Überleben und verzichten auf das Smartphone. Toiletten oder Autos? Flugreisen oder Heizungen? Diese Fragen lassen erahnen, warum die Rate des technologischen Fortschritt sinkt. Der gefühlte Fortschritt ist allerdings größer als der in der harten Währung der volkswirtschaftlichen Produktivität gemessene. Wahrscheinlich deshalb, weil er vor allem darauf ausgelegt ist, unsere Sinne in digitale Welten zu saugen.

Dabei können einzelne Technologien sehr wohl prosperieren. Solarzellen und Batterien werden zum Beispiel immer günstiger. Auch werden Prozessoren immer leistungsfähiger. Moores Law – die These, dass sich die Transistordichte von Computerchips alle zwei Jahre verdoppelt – hält seit 1960. Jedoch spielen diese Fortschritte für das Gesamtbild nur eine untergeordnete Rolle. Nun könnte man einwenden, dass die durchschnittliche Rate des technologischen Fortschritts nicht so wichtig ist, wenn es doch nur einiger weniger »Killer«-Technologien bedarf, um die Welt zu retten. Nehmen wir einmal Solarzellen und Batterien. Hätten wir extrem effiziente, günstige und wiederverwendbare Solarzellen und Energiespeicher, wäre dann nicht die Krise abgewendet? Fossile Energien wären dann ja überflüssig. Nun, das wäre sicherlich sehr hilfreich, aber selbst dann bräuchten wir noch viel mehr solcher wundersamen technologischen Durchbrüche: in der Landwirtschaft, beim Flächenverbrauch, beim Umgang mit den Meeren, bei der Abholzung der Wälder, bei der Mobilität, in puncto betonloses Bauen, bei der Art des Wohnens, der Herstellung von Konsumgütern und Verpackungen, bei unseren Essensgewohnheiten und so weiter. Und das alles innerhalb kürzester Zeit. Das ist nicht realistisch. Zumal es viele Jahre oder gar Dekaden dauert, bis wissenschaftliche Durchbrüche in die breite Anwendung kommen – denken Sie nur an die Jahrzehnte, die vergehen mussten, bis sich die Elektrizität durchgesetzt hat. Und bei den Elektroautos wiederholt sich das gerade. Es ist keine gute Strategie, auf Wunder zu bauen.[9]

3. Bedürfnisverlagerung - der Rebound-Effekt: Selbst, wenn technologische Durchbrüche erzielt und sofort in großem Umfang umgesetzt werden, kann das durch Bedürfnisverlagerung zunichtegemacht werden. Wenn Technologie dazu beiträgt, Dinge kostengünstiger zu machen, führt dies häufig dazu, dass die frei gewordene Kaufkraft für den Kauf zusätzlicher Güter verwendet wird. Das ist bekannt als Reboundeffekt oder Jevons Paradox, und es führt heute dazu, dass die positiven Auswirkungen des technologischen Fortschritts auf den Ressourcenverbrauch neutralisiert werden. Ein Beispiel dafür sind Elektroautos, die zwar emissionsarm sind, aber oft als schwere SUVs nachgefragt werden, wodurch ihre Umweltbilanz erheblich beeinträchtigt wird.

Die drei genannten Gründe machen deutlich, dass technologischer Fortschritt allein nicht ausreicht, um die ökologische Krise zu bewältigen.[10] Die Idee des *»Green Growth«* – also die Vorstellung, durch technologischen Fortschritt aus der Krise herauszuwachsen – ist unrealistisch.[11] Dennoch sollten wir weiterhin in Forschung und Entwicklung investieren. Effizienzsteigerungen durch technologische Innovation sind wichtig, da Ineffizienz Ressourcen verschwendet und die Umwelt belastet. Der Schlüssel liegt darin, die Vorteile des technologischen Fortschritts umzuleiten, damit nicht jeder Fortschritt in mehr Konsum und mehr Profit, sondern vor allem in ökologischen und gesellschaftlichen Nutzen fließt. Grüne Unternehmen beherrschen dieses Kunststück. Sie sorgen dafür, dass technologischer Fortschritt auch der Gesellschaft und der Ökologie zugutekommt.

Technologischer Fortschritt allein wird uns nicht retten. Was jedoch zweifellos zu unserer Rettung beitragen würde, ist der konsequente Einsatz der Technologien, die wir bereits besitzen. Photovoltaikanlagen für jedes Dach, ökologische Praktiken in der Landwirtschaft, pflanzliche Ernährung und öffentliche Verkehrssysteme sind bereits verfügbar. Innovation ist nicht notwendig, um diese Technologien anzuwenden; lediglich die Umsetzung fehlt. Hier kommt der Staat ins Spiel.

---

9 Dies gilt auch für künstliche Intelligenz, siehe Stefan Selke (2023): Technik als Trost.

10 Tim Jackson (2017): Wohlstand ohne Wachstum-das Update. Grundlagen für eine zukunftsfähige Wirtschaft.

11 Per Esper Stoknes und Johan Rockström (2018): Redefining green growth within planetary boundaries, in: Energy Research & Social Science, Volume 44, S. 41-49.

Reform und Staat

Heute vertritt allein der Staat die Interessen der Gesellschaft. Es ist also an ihm, die Gesellschaft in den sicheren Bereich innerhalb der planetaren Grenzen zurückzuholen – genauso wie es schon immer seine Aufgabe war, Gesellschaften in gesunden sozialen Grenzen zu halten. Doch dies gestaltet sich schwierig, da der Staat im Hier und Jetzt Opfer von seinen Bürgern verlangen muss. In einer Gesellschaft, die auf Eigeninteresse und Profit als Grundpfeiler der Wirtschaft aufgebaut ist, trifft die Forderung nach Opfern auf wenig Zustimmung. Wie kann der Wille zum Rückzug innerhalb der planetaren Grenzen entstehen, wenn bereits kleine Veränderungen wie das Gebäudeenergiegesetz von 2023 vehement abgelehnt werden? Eine demokratische Gesellschaft, die nicht gerettet werden will, kann der Staat allein nicht retten. Daher ist es notwendig, zunächst Interventionen in die Wirtschaft vorzunehmen, die klein genug sind, um den Alltag der Bürger unberührt zu lassen. Gleichzeitig müssen sie genügend Hebelkraft besitzen, um jeden Einzelnen dazu zu bewegen, nicht nur an sich selbst, sondern auch an das Große und Ganze zu denken. Ich glaube, grüne Unternehmen sind eine solche vergleichsweise einfache Intervention mit großer Hebelwirkung. Grüne Unternehmen demokratisieren Wirtschaft und bringen so Menschen dazu, sich mit anderen über größere Zusammenhänge zu beraten. Sie überwinden den engstirnigen Fokus des Einzelnen auf sich selbst, den hier und heute, und bringen Menschen dazu, andere zu sehen, das zu sehen, was anderswo und was morgen passiert. Nicht länger gilt es, bei der Arbeit nur Jobs zu erfüllen. Jetzt gilt es mitzudenken, mitzuerfahren und mitzugestalten.

Natürlich erfordert ein solcher Wandel Zeit, und genau diese Zeit haben wir nicht. Dennoch ist es unerlässlich, dass wir uns jetzt auf den Weg machen. Je früher wir das tun, desto besser kann unsere Gesellschaft nicht nur die Ursachen des ökologischen und sozialen Niedergangs bekämpfen, sondern auch mit den Auswirkungen der vielfachen Krisen umgehen. Nur die Gemeinschaft und das Engagement für andere machen eine Gesellschaft widerstandsfähig. Ohne Gemeinschaft zerfällt eine Gesellschaft unter Druck, sucht nach Sündenböcken (einschließlich Migranten) und definiert ihre Identität durch Abgrenzung. Das Ergebnis ist Barbarei.

Es ist unverzichtbar, dass wir unser Leben wieder als gemeinsames Projekt begreifen, das mehr ist als nur eine Karriereleiter. Nur dann werden wir in der Lage sein, höhere Steuern für Energie oder umweltintensive Konsumgüter zu akzeptieren, da wir unser eigenes Handeln im Zusammenhang mit ökologischen und gesellschaftlichen Notwendigkeiten sehen können. Ohne die Überwindung der Vereinzelung des Menschen wird staatliche Regulierung in keiner Form stattfinden können. Die Übertragung wissenschaftlicher Erkenntnisse in politisches Handeln wird minimal bleiben. Die Wissenschaft wird weiterhin mit Klimaaktivisten auf der Straße stehen, anstatt im Parlamentsgebäude gehört zu werden.

Jede staatliche Intervention in puncto ökologischer Wandel erfordert, dass der Staat zwischen guter und schlechter wirtschaftlicher Aktivität unterscheidet. Die Mutlosigkeit unserer Gesellschaft resultiert zu einem nicht geringen Teil aus der heutigen Form der gesellschaftlichen Willensbildung. Daher setzen sich viele Politologen für demokratische Reformen des Staates ein.[12] Um die Bürger dazu zu bewegen, über das Große und Ganze nachzudenken, reicht es nicht aus, sie alle paar Jahre zur Wahl zu rufen. Es bedarf partizipativer Formen der Demokratie, wie zum Beispiel Bürgerräte, und direkter Demokratie, um die heutige repräsentative Demokratie zu beleben. Dies allein wird jedoch nicht ausreichen, solange die Menschen den Großteil ihrer Zeit in einer Wirtschaft verbringen, die ihnen vorlebt, dass es in Ordnung ist, sich nur um sich selbst zu kümmern. Wir benötigen eine Wirtschaft, die verbindet, anstatt zu trennen.

Es gibt keinen besseren Ort als Unternehmen, um die Menschen mit ihrer Welt in Verbindung zu bringen. In Unternehmen können Menschen systematisch mit Fragen konfrontiert werden, die sie sich sonst nie stellen würden. Doch heutige Unternehmen stellen solche Fragen nicht. Sie fragen ihre Mitarbeiter nicht danach, wie das Unternehmen einen Beitrag zu einer besseren Gesellschaft oder einer erblühenden Natur leisten kann. Nein, sie stellen oft nicht einmal systematisch die Frage, wie das Unternehmen profitabler werden könnte. Alle großen Frage sind heute an Führungskräfte delegiert. Mitarbeiterinnen und Mitarbeiter in heutigen Unternehmen sind lediglich darauf ausgerichtet, Aufgaben auszuführen. Ziele werden vorgesetzt. Das Denken verkümmert so auf die Größe des eigenen Jobs. Und die Definition dessen, was gut ist, verkümmert so auf Fragen des Gehorsams und des Profits.

Es ist an der Zeit, ethische Diskurse nicht nur auf staatlicher Ebene zu führen. Erstens, weil jeder, der nachhaltige Unternehmen schaffen möchte, ohnehin nicht um ethische Diskussionen herumkommt. Zweitens, weil dies die erschöpfte Demokratie wiederbeleben kann. Drittens, weil wir jedem Einzelnen die Möglichkeit geben sollten, Sinn bei der Arbeit zu finden oder zumindest neue Perspektiven für sich zu entdecken. Viertens beenden wir durch die Aufgabe des moralischen Monopols des Staates die Ethikabstinenz der Unternehmen und der Bürger. Wir hören

12 Zum Beispiel David van Reybrouk (2016): Gegen Wahlen. Warum Abstimmen nicht demokratisch ist.

auf, den Staat mit unseren Anforderungen zu überfordern. Wir dezentralisieren die Ethik, indem wir Unternehmen und Mitarbeiter zu Teilnehmern des gesellschaftlichen Deliberationsprojekts machen. Jeder Arbeitstag wird zu einem Tag, an dem sich jeder nicht nur für sich und die Rendite der Eigentümer des Unternehmens, sondern auch zusammen mit anderen für etwas Größeres einsetzt.

Wir sollten Unternehmen zu dezentralen Agenten der Gesellschaft machen. Wir sollten ihnen Missionen »verpassen« und sie dazu befähigen, Entscheidungen im Sinne der Gesellschaft zu treffen. Der Staat sollte aufhören, Wirtschaft wie einen gesellschaftlich und ethisch neutralen Raum zu behandeln. Er sollte stattdessen von Unternehmen gesellschaftsdienliches, ethisches Verhalten fordern. Der bisherige Job der Unternehmen, ungehemmt zu verkaufen und zu produzieren, ist durch die Überschreitung der planetaren Grenzen obsolet, ja gefährlich geworden. Dabei rede ich nicht von Planwirtschaft, weil nicht angeordnet wird, sondern Richtungen gesetzt werden, die dann alle im Unternehmen selbstständig interpretieren. Ich rede auch nicht von Sozialismus, weil weiterhin das Leistungsprinzip gilt und Unternehmen sich am Markt bewähren müssen. Ich rede von einer missionsgetriebenen, nachhaltigen Marktwirtschaft.

Reform der Wirtschaft

Eine entschlossene ökologische Reform der Wirtschaft ist nur unter zwei Bedingungen möglich. Erstens muss die Bedrohung groß genug sein, damit eine Gesellschaft bereit ist, den Status quo zu verlassen. Ein Wertewandel benötigt Druck, und dieser Druck ist heute objektiv vorhanden. Der Klimawandel wird kaum noch geleugnet. Doch allein das reicht nicht aus. Die zweite Bedingung ist, dass eine neue Wirtschaftsform der Mehrheit oder zumindest den Eliten einer Gesellschaft hinreichend attraktiv erscheinen muss. Andernfalls können notwendige Reformen so lange verzögert werden, bis es zu spät ist. Derzeit ist nur eine hinreichend attraktive Wirtschaftsform erkennbar: ein reformierter Kapitalismus. Genau darauf setze ich daher mit diesem Buch.

Einige Autoren sind der Ansicht, die bloße Reform des Kapitalismus genüge nicht.[13] Sie argumentieren, dass der Kapitalismus ohne Wachstum nicht gehe. Dass er die Endlosschleife zwischen mehr Konsum und mehr Arbeit gar nicht verlassen könne, ohne zusammenzubrechen. Die Schleife zu verlassen, hieße, Einkommen

13 Ulrike Herrmann (2022): Das Ende des Kapitalismus – warum Wachstum und Klimaschutz nicht vereinbar sind.

anders zu verteilen als über Arbeit, Kapital und Märkte; und Leistung anders zu organisieren als über Wettbewerb. An dieser Stelle wird dann immer als einzig mögliche Alternative zum Kapitalismus die Planwirtschaft benannt. Dieser Dualismus – entweder Kapitalismus oder Planwirtschaft – ist aber falsch, meint der kanadische Wirtschaftsprofessor Henry Mintzberg. Mintzberg argumentiert, dass wir den Kapitalismus nach dem Zusammenbruch des Ostblocks im Jahr 1990 übertrieben, da wir den Ausgang des Kampfes der Systeme falsch interpretiert haben.[14] Wir dachten, der Kapitalismus habe über den Sozialismus gesiegt. Das war ein Fehler. Gewonnen, so Mintzberg, hat viel mehr die bessere Balance aus Staat und Privatwirtschaft. So sind wir in den letzten dreißig Jahren in die falsche Richtung marschiert: zu immer mehr Markt und zu einem immer passiveren Staat. Die Quelle des Übels sieht Henry Mintzberg daher nicht im Kapitalismus selbst, sondern in seiner Übertreibung. Verheerend für diese Welt ist nicht die Existenz des Kapitalismus, sondern seine uneingeschränkte Dominanz über Gesellschaft und Natur. Wir sollten die Balance der Systeme neu adjustieren, indem wir die Wirtschaft in die Gesellschaft zurückholen. Es geht darum, Wirtschaft lebensdienlich zu machen und nicht wie bisher Mensch und Natur wirtschaftsdienlich zu machen.

Andere Kritiker halten es jedoch für sinnlos, von einem defekten System eine bessere Balance zu fordern. Sie glauben, dass ein System, das auf Wachstum angewiesen ist, um zu überleben, angesichts der Überschreitung von sechs der neun planetaren Grenzen nicht die Lösung sein kann. Ich möchte in diesem betriebswirtschaftlichen Buch aber nicht die große Systemfrage wälzen. Die »kleine« Systemfrage, wie Unternehmen funktionieren, ist mir schon genug. Erst im letzten Kapitel dieses Buches komme ich auf die große Systemfrage zurück und führe ein drittes, ein kommunales System der Wirtschaft ein.[15] Dieses ergänzt die Markt- und Planwirtschaft um ein drittes Prinzip. Grüne Unternehmen nutzen dieses dritte Prinzip in ihrem Inneren und haben so das Potenzial, das kapitalistische System von innen heraus zu transformieren.

Grüne Unternehmen wirken langfristig, da sie Menschen dazu anregen, Gemeinschaften zu bilden. Aber sie haben auch kurzfristige Auswirkungen. Der Staat kann seine Ziele direkt in die Unternehmensverfassung einbinden und so kurzfristig die produktiven Kräfte der Gesellschaft auf die Bewältigung der existenziellen äußeren Bedrohung ausrichten, ähnlich wie in einer Kriegswirtschaft. Die ers-

14 Harry Mintzberg (2015): Time for the Plural Sector, in: Stanford Social Innovation Review, Summer 2015.
15 Elinor Ostrom (1990): Governing the Commons.

ten Anzeichen für den beginnenden Wandel in der Wirtschaft sind bereits heute sichtbar, beispielsweise beim Verbot für die Herstellung von fossil angetriebenen PKWs ab 2035, beim Verbot neuer Gas- und Ölheizungen sowie beim Ausbau erneuerbarer Energien. Wir beginnen, wenn auch noch zögerlich, mobil zu machen.

Der Staat wird die produktiven Kräfte der Gesellschaft rasch auf neue Ziele ausrichten müssen. Er wird von Unternehmen mehr und mehr Beiträge fordern, ähnlich wie es in Kriegszeiten der Fall ist. Unternehmen werden Missionen erhalten, also Ziele jenseits des Profits. Im Krieg sowie in der ökologischen Transformation geht es darum, die Prioritäten der Gesellschaft neu zu ordnen, weg von privater Nachfrage und hin zu gesellschaftlicher Mission. Jede Umstellung der Wirtschaft von rein marktwirtschaftlichen auf ökologische Zwecke in rascher Folge und unter zeitlichem Druck stellt eine Maßnahme einer Kriegswirtschaft dar.[16] Je länger wir die Umstellung von einer Konsumwirtschaft auf eine ökologische Wirtschaft hinauszögern, desto härter wird der Übergang in die »Kriegswirtschaft« sein. Und je länger die Umstellung ausbleibt, desto fataler wird die Mangelwirtschaft der Zukunft sein.

Egal wie man es betrachtet, allein durch den freien Markt und »Technologieoffenheit« kann Wohlstand nicht mehr erzielt werden. Stattdessen wird der ökologische Zustand des Planeten zunehmend den möglichen Wohlstand bestimmen. Der ökologische Schuldenberg, den wir in den letzten 150 Jahren angehäuft haben, wird immer sichtbarer. Die Zahlungsbereitschaft der Menschen allein wird nicht mehr über das Angebot entscheiden können. Der Schuldeneintreiber steht vor der Tür, und wir müssen unsere Wirtschaft restrukturieren, ähnlich wie Peter Zwegat im deutschen Fernsehen private Schuldner sanieren würde: durch eine klare Bilanzierung (sechs von neun plantaren Grenzen sind überschritten, viele der zwölf sozialen Grenzen sind gerade im globalen Süden überschritten) und durch eine Vereinbarung von Maßnahmen mit dem Schuldner (u. a. Unternehmen Missionen geben). Planetare Grenzen zwingen uns in ein ethisches Wirtschaftssystem und, zumindest in nächster Zeit, in eine Kriegswirtschaft.

Leider ist aber der Staat nicht gut darin, über Angebot und Nachfrage zu entscheiden. Der einzige Weg, das derzeitige dezentrale marktwirtschaftliche Modell von Angebot und Nachfrage zu erhalten, besteht daher darin, die Fähigkeit zur gesellschaftlich sinnvollen Entscheidungsfindung direkt in die Unternehmen zu integrieren. Wir sollten von Unternehmen Ethik und Demokratie verlangen. Dazu ist lediglich nötig, sie so zu organisieren, dass sie in der Lage sind, ethisch

16 Ulrike Hermann (2022): ebd.

fundierte Entscheidungen zu treffen. Sie müssen sich von Profit und Markt als den alleinigen Maßstäben für das Wünschenswerte emanzipieren. Wenn uns das gelingt, werden Unternehmen nicht nur die Agenda der Gesellschaft umsetzen, sondern auch aktiv an ihrer Entwicklung mitwirken. Sie werden zu Orten, an denen alle Mitarbeiter zu Gestaltern des gesellschaftlichen Umbauprojekts werden. Dann haben wir Unternehmen, die mehr können als heute. Sie kümmern sich gleichermaßen um Kunden, Mitarbeiter, die Gesellschaft und die Biosphäre. Umsichtige, kooperative Unternehmen, die den Wettbewerb und den Markt nutzen, aber nicht mehr blind für alles andere sind.

Grüne Unternehmen sind keine Verwalter von Mängeln. Sie sind vielmehr Produzenten von nachhaltigen Produkten, von Sinn, Gemeinschaft, Zeit, Freiheit und Sicherheit. Sie gewährleisten, dass sowohl Output als auch die Zeit bei der Arbeit gesellschaftlich und ökologisch wertvoll sind. Es ist an der Zeit, das Problem des ökologischen Wandels und vieler sozialer Ungerechtigkeiten an der Wurzel zu packen: Wir müssen die Unternehmen selbst betrachten, anstatt immer nur in der Makroökonomie nach einem »neuen System« zu suchen. Wir sollten Betriebe direkt auf »das Gute« ausrichten und nicht nur auf das Egoistische. Die Vorstellung, dass der Markt alle egoistischen Motive der Marktteilnehmer bereits in etwas Gutes verwandelt, ist ein Märchen, von dem wir uns lösen müssen. In diesem Buch geht es darum, in einem marktwirtschaftlichen, kapitalistischen System Unternehmen ein Verständnis für Gemeinschaft und das Leben auf diesem Planeten zu vermitteln. Dazu müssen wir Unternehmen anders organisieren.

Eine verbundene Wirtschaft

Dies ist ein betriebswirtschaftliches Buch. Doch natürlich kann Betriebswirtschaft kaum getrennt von Volkswirtschaft oder Gesellschaft gedacht werden, auch wenn die traditionelle Betriebswirtschaftslehre dies macht. In diesem Abschnitt setze ich den Rahmen dafür.

Ökologische Wirtschaft

Ich habe versucht, grüne Unternehmen so zu entwickeln, dass sie zu dem heutigem Wirtschaftssystem passen. Dass sie im Wettbewerb mit rein profitorientierten Unternehmen gut bestehen können und dabei bezeugen, wie erstrebenswert ein anderer Weg zu wirtschaften ist. Aber ich halte es auch für wahrscheinlich, dass grüne

Unternehmen ein wichtiger Bestandteil möglicher zukünftiger ökologischer Wirtschaftssysteme sein werden. Wie ein solches beschaffen sein wird, ist unsicher. Aber es ist wahrscheinlich, dass es sich in folgende Richtungen entwickeln wird:[17]

1. vom materiellen zum nichtmateriellen Wachstum
2. vom egoistischen zum ganzen Individuum und zur Gemeinschaft
3. von Besitz und Abgrenzung zum Teilen und Integrieren
4. von einem »immer mehr« (Akkumulation) zum »genug« (der Suffizienz)
5. vom globalen Kapital zu lokalen Ressourcen
6. von Luxus im Privaten und Sparsamkeit im Öffentlichen zu Luxus im Öffentlichen und Sparsamkeit im Privaten
7. vom Konsum zu einer ganzheitlicheren Sicht auf das, was Menschen glücklich macht
8. von verantwortungsloser Konsumfreiheit in grauen Arbeitswelten zu einer selbstbestimmten Freiheit in gemeinsamer Verantwortung für alles Leben
9. von einer amoralischen Wirtschaft zu einer ethischen Wirtschaft
10. von einer reduktionistischen, quantifizierten Weltsicht zu einer Sicht der Welt als komplexes, lebendiges System

Dies sind nur einige der Leitlinien für ein zukünftiges ökologisches Wirtschaftssystem. In ihnen wohnt die inspirierende Kraft einer neuen Utopie, eines neuen Ideals, für das es sich zu kämpfen lohnt. Aber jede utopische Leitlinie kann auch dystopisch überzeichnet werden:

1. Nichtmaterielles Wachstum kann auch die Flucht in eine virtuelle Realität und die totale Entkoppelung von Mensch und Natur bedeuten.
2. Die Hinwendung zur Gemeinschaft kann auch in maoistischer Uniformität und Gruppenzwang enden.
3. Teilen kann auch zu Enteignung, Kollektivierung und zum Verlust der damit verknüpften Freiheit führen.
4. Suffizienz kann auch zu langweiliger, farbloser Subsistenz und Stagnation führen.
5. Die Abkehr vom unlimitierten globalen Kapitalfluss kann auch zu Isolationismus führen.

17 Zum Beispiel Herman Daly und Josh Farley (2011): Ecological Economics; Tim Jackson ebd.; Kate Raworth ebd.; Niko Paech (2015): Befreiung von Überfluss. Auf dem Weg in die Postwachstumsökonomie; Mariana Mazzucato (2021): Mission Economy: A Moonshot Guide for changing Capitalism.

6. Mehr Investition in die öffentliche Sphäre kann, wenn schlecht organisiert, zu Verschwendung führen.
7. Wenn Glück von oben herab definiert wird, ist das der Stoff, aus dem orwellsche Diktaturen gemacht sind.
8. Wenn das Kollektiv zum Zwang wird, dann sind wir beim maoistischen Kommunismus.
9. Wenn Moral von oben verfügt wird und sich nicht im vielfältigen Diskurs entwickeln kann, leben wir in einer Autokratie.
10. Eine komplexe Sicht auf die Welt kann leicht als anstrengend und angsteinflößend empfunden werden, sodass einfache Erklärungen attraktiv erscheinen, wie zum Beispiel die Heilsversprechen eines autoritären Populismus.

Die Zukunft der Menschheit liegt irgendwo zwischen Utopie und Dystopie. Weder wird es eine vollständige Rückkehr zur Natur geben, noch werden wir uns ausschließlich in eine virtuelle, maschinell erzeugte Realität entwickeln. Ich glaube jedoch fest daran, dass ein ausreichend harmonischer Zustand zwischen Mensch und Natur erreichbar ist. Um dieses Ziel zu erreichen, müssen wir den nächsten Schritt in unserer menschlichen Entwicklung wagen, indem wir die natürliche Lebenswelt in unseren »Circle of Concern« aufnehmen.

Im Laufe der Geschichte haben wir diesen Kreis ständig erweitert. Zuerst sorgten wir uns nur um unsere Familie, dann um den Clan, die Nation. Ehemalige Leibeigene oder Sklaven wurden eingeschlossen, ebenso Andersgläubige oder Menschen unterschiedlicher Hautfarbe, dann Frauen, dann Behinderte und Menschen mit vielfältigen Identitäten. In den letzten Jahrzehnten haben immer mehr Menschen auch die Tier- und Pflanzenwelt in ihren »Circle of Concern« integriert. Anfangs beschränkte sich dies auf die großen Säugetiere, doch mittlerweile denken wir an alle Lebewesen – an Fische, Insekten (einschließlich der nicht Honig produzierenden), Pflanzen und vielleicht sogar irgendwann an Mikroben.

Heutzutage erleben wir eine regelrechte Explosion des Mitgefühls und der Aufmerksamkeit, mit der wir uns ein »Weltbewusstsein« aneignen. Selbst wenn die Kräfte der Reaktion, wie Trump, Bolsonaro, die AfD und Putin, gegen »Woke Culture« protestieren mögen, scheinen sie langfristig auf verlorenem Posten zu stehen. Ob wir die Bemühungen um Geschlechtergerechtigkeit, soziale Sensibilität, Diversität, Inklusion und so weiter als zeitgeistige Modeerscheinung abtun oder nicht, sie zeigen doch den Wunsch, bewusster zu leben und sorgsamer zu sein.

Eine entscheidende Frage für die Menschheit ist, ob wir die reaktionären Kräfte schnell überwinden können. Hierfür benötigen wir positive Systementwürfe, die es uns auch auf institutioneller Ebene ermöglichen, den Kreis der Lebewesen, für die wir Verantwortung übernehmen, immer weiter zu vergrößern.

Es gibt sicherlich bessere Autoren als mich, was das Thema Utopien angeht. Meine Ambition ist bescheidener. Ich präsentiere Ihnen hier lediglich einen praktischen Entwurf für einen Akteur innerhalb des bestehenden Wirtschaftssystems. Die Idee besteht darin, Unternehmen zu schaffen, die sich verpflichten, sich um das zu kümmern, was um sie herum geschieht, und ihren »Circle of Concern« zu erweitern. Derzeit wird dieser Kreis durch zwei Theorien begrenzt: eine Theorie des Werts, die nur Zahlungsbereitschaften berücksichtigt (der Utilitarismus), und eine Theorie des menschlichen Verhaltens, die nur rationalen Eigennutz kennt (der Homo oeconomicus). Eine ökologische Transformation erfordert jedoch, diese beiden Annahmen zu überwinden: Wert ist mehr als Zahlungsbereitschaft, und Menschen sind mehr als egoistisch. Um Wert jenseits dessen zu erkennen, was Egoisten durch ihre Nachfrage auf dem Markt ausdrücken können, benötigen Gesellschaft und Wirtschaft einen neuen Rahmen.

Gesellschaftlich integrierte Wirtschaft

Jede gelungene Gesellschaft ist wie ein Spiel eines Teams, bei denen die gesellschaftlichen Akteure aneinanderwachsen und alle darauf hinarbeiten, das Leben einander immer besser zu machen.[18] Wie gut auch immer dieses Spiel bisher funktioniert hat, es muss sich jetzt ändern, weil die Natur stirbt. Mit der Neuausrichtung der gesellschaftlichen Ziele müssen sich die Spielregeln, insbesondere die der Wirtschaft, ändern. Dies bedeutet, dass Technologie aufhören muss, ein Sklave des Profitmotivs zu sein, dass der Staat lernen muss, anders zu regulieren, die Wirtschaft neue Ziele verfolgen muss und Menschen abrücken von rein individualistischen und konsumbezogenen Werten. Grüne Unternehmen spielen eine entscheidende Rolle in diesem Prozess.

Eine der wichtigsten Veränderungen, die grüne Unternehmen herbeiführen, betrifft den Umgang mit Technologie. Sie wählen Technologie nicht mehr ausschließlich nach betriebswirtschaftlichen Kriterien aus, sondern berücksichtigen einen umfassenderen Ansatz. Sie lenken den Nutzen von Technologien auf gesellschaftliche und ökologische Ziele um. Technologie wird nicht länger

18 »Humanity is a Team Sport«, Douglas Rushkoff (2019): Team Human.

nur als Werkzeug zur Gewinnmaximierung betrachtet, sondern als Partner der Gesellschaft. Der Reboundeffekt wird überwunden, und technologischer Fortschritt wird lebensförderlich.

Darüber hinaus ist anzunehmen, dass grüne Unternehmen das Tempo des technologischen Fortschritts erhöhen. Offener Diskurs, gesteigertes Mitarbeiterengagement und eine neue Mission schaffen ein innovationsfreudiges Umfeld, das viele herkömmliche Unternehmen heute vermissen lassen. Ich werde im Folgenden noch genauer darauf eingehen, warum das so ist.

Aber grüne Unternehmen sind nicht nur innovationsfreudiger, sie bringen auch qualitativ ganz andere Innovationen hervor, als es rein profitorientierte Unternehmen können. Bisher sind Unternehmen nur dazu fähig, Innovationen zu erzeugen, die sich am Markt rechnen. Sie ignorieren Innovationen, die sich nicht rechnen, aber der Gesellschaft und der Umwelt nutzen. Dadurch, dass die Interessen der Unternehmen neu ausbalanciert werden, entstehen mehr Innovationen, entstehen andere Innovationen und fließen die Vorteile des Fortschritts nicht mehr allein in die Ausweitung des Angebots.

Der zweite Akteur dieser gesellschaftlichen Neuausrichtung ist der Staat, der verstärkt in die Wirtschaft eingreifen muss. Dabei besteht die Möglichkeit, nicht in ein planwirtschaftliches Mikromanagement der Unternehmen abzurutschen, sondern der Wirtschaft sektorale und sogar unternehmensspezifische Missionen zu übertragen. Diese Missionen erlauben es den Betrieben, die besten Wege zu ihrer Erfüllung eigenständig zu finden. Herkömmliche Unternehmen eignen sich nicht dafür, da ihre Orientierung hin zum Profit zu stark ausgeprägt ist. Grüne Unternehmen hingegen verfügen über organisatorische Mechanismen, sogenannte Checks and Balances, die sicherstellen, dass sie ihrer gesellschaftlichen Mission treu bleiben.

Der dritte Spieler, die Wirtschaft als Ganzes, spielt heute ein Hütchenspiel, in dem eine gewaltige Menge von selbstsüchtigen Motiven am Ende durch die Magie der unsichtbaren Hand des Markts in etwas gesellschaftlich Wünschenswertes konvertiert wird. Ein Taschenspielertrick, der auf der Idee beruht, dass Preise Werte ausdrücken können und dass Geiz geil ist. Das ist aus zwei Gründen verheerend. Erstens, weil diese gewaltige Masse an eigensüchtigen, amoralischen Kalkülen etwas mit einer Gesellschaft macht, etwas mit den Menschen macht, die in solchen Systemen leben. Sie werden, wie in einer selbsterfüllenden Prophezeiung, selbstsüchtig und amoralisch, weil niemand jemals etwas anderes von ihnen fordert. Zweitens, weil die unsichtbare Hand des Marktes, die Preisbildung an Märkten, einhergeht mit einem kräftigen Fußtritt in die Eingeweide von Gesellschaft und Natur. Wer nur Zahlungsbereitschaften betrachtet, ignoriert gesellschaftliche und naturwissenschaftliche Zusammenhänge. Schon Max Weber war Anfang des 20. Jahrhunderts klar, dass Preise nicht das Ergebnis eines Gleichgewichts von Angebot und Nachfrage sind, sondern gerade auch das Ergebnis gesellschaftlicher und individueller Interessen und Macht. Die unsichtbare Hand kann nicht reparieren, was der Fußtritt des Markts, was der Versuch, Werte durch Preise auszudrücken, für Verletzungen verursacht.

Der vierte Spieler ist der mit dem Werten des Wirtschaftssystems kultivierte Bürger. Dass dieser kein großer Demokrat ist, dem Staate misstraut und sich Freiheit nicht anders vorstellen kann als die Freiheit, die ein Haufen Geld bietet, ist nur eine allzu vorhersehbare Folge. Wirtschaft prägt Menschen. Wir haben das viel zu lange ignoriert. Grüne Unternehmen bieten die Chance zu zeigen, dass Arbeit mehr als ein notwendiges Übel sein kann und Leben mehr als Verdienen ist.

Aber es sind nicht nur die Werte des Wirtschaftssystems, die toxisch sind. Auch der Abstand zwischen Bürgern und der Wirtschaft ist zu groß. Heute ermächtigen die Bürger den Staat, die Wirtschaft zu regulieren. Dieses Modell erzeugt einen großen Abstand zwischen Bürgern und Wirtschaft: Bürger delegieren an den Staat – und der Staat setzt den Rahmen der Wirtschaft dann aus einer so großen Entfernung, dass der Bürger seinen Einfluss auf die Wirtschaft gar nicht mehr erkennen kann. Wirtschaft und Bürger sind daher nur sehr schwach miteinander verbunden. So schwach, dass es Mitarbeitern sehr schwer, fällt, sich als ein Teil eines gesellschaftlichen Projektes zu verstehen. Viel eher verstehen sie sich als ohnmächtiges Instrument von Profitinteressen. Der weite Abstand zwischen Bürgern und Wirtschaft sorgt für den heutigen großen Abstand zwischen Demokratie und Wirtschaft. Grüne Unternehmen ändern das. Sie machen Bürger zum Mitgestalter der Wirtschaft, und sie machen Unternehmen von apokalyptischen Profitmaschinen zu Teamplayern.

Wirtschaft neu erzählen

»Preise lügen uns an. Groß, frech und unverschämt.«
Frei nach Eric Zencey[19]

Grüne Unternehmen nehmen eine moralische Position ein. Sie wagen abzuwägen, was gut und was schlecht ist. Sie wagen nachzudenken und delegieren Fragen der Werte und der Ethik nicht mehr in einem Akt der Selbstverdummung allein an »den Markt«. Ethik ist etwas mit dem das heutige Wirtschaftssystem gar nicht

19 Eric Zencey (2012): The Other Road to Serfdom & the Path to a Sustainable Democracy, S. 228.

kann - und dass es daher systematisch aus der Wirtschaftslehre ausgeschlossen hat. Dabei war der Gründervater der modernen Ökonomie, Adam Smith, ein Moralphilosoph. Die moralfreie neoliberale Wirtschaft, in der Geiz und Egoismus »geil« ist, ist eine recht junge, erst ungefähr siebzig Jahre alte Erfindung.[20] Das Ergebnis war einerseits materieller Reichtum für einige, andererseits die Zerstörung der Welt für alle. Wer hätte gedacht, dass Geiz solche Auswirkungen haben könnte? Jetzt gilt es, die moralbefreite neoklassische Wirtschaftslehre hinter uns zu lassen und Reichtum in einem umfassenderen Sinne zu definieren, um die Welt so lebenswert zu gestalten, wie wir es noch können.

Die Schnittmenge zwischen innerbetrieblicher Organisation und Ökologie ist nur deswegen so hässlich, weil wir uns in den letzten 150 Jahren erlaubt haben, die Wirtschaft als einen moralbefreiten Raum zu betrachten. Es ist eine Fiktion zu glauben, dass Eigennutz und Gier die einzigen und dass sie sogar gute Triebfedern der Wirtschaft sind. Natürlich ist der Drang zur persönlichen Bereicherung ein wichtiger Aspekt der menschlichen Natur. Dennoch müssen wir dringend davon Abstand nehmen, die mächtigste und ökologisch destruktivste Institution, die Wirtschaft, ausschließlich auf Eigennutz aufzubauen. Schon 1930 prophezeite Sir John Maynard Keynes, einer der Begründer der modernen Volkswirtschaftslehre, dass ein Zeitpunkt kommen werde, an dem die Moral wieder in das Wirtschaftssystem integriert werden müsse.[21]

»Ich sehe deshalb für uns die Freiheit, zu einem der sichersten und zuverlässigsten Grundsätze der Religion und der althergebrachten Werte zurückzukehren - dass Geiz ein Laster ist, das Eintreiben von Wucherzinsen ein Vergehen, die Liebe zum Geld abscheulich, und dass diejenigen am wahrhaftigsten den Pfad der Tugend und der maßvollen Weisheit beschreiten, die am wenigsten über das Morgen nachdenken. Wir werden die Zwecke wieder höher werten als die Mittel und das Gute dem Nützlichen vorziehen. Wir werden diejenigen ehren, die uns lehren können, wie wir die Stunde und den Tag tugendhaft und gut vorbeiziehen lassen können, jene herrlichen Menschen, die fähig sind, sich unmittelbar an den Dingen zu erfreuen, die Lilien auf dem Feld, die sich nicht mühen und die nicht spinnen.

Aber Achtung! Die Zeit für all dies ist noch nicht gekommen. Für wenigstens noch einmal hundert Jahre müssen wir uns selbst und allen anderen vormachen, dass das Anständige widerlich und das Widerliche anständig ist; denn das Wider-

20 Thomas Biebricher (2021): Die politische Theorie des Neoliberalismus.

21 John Maynard Keynes (1930): Economic Possibilities for Our Grandchildren. In der Übersetzung von Norbert Reuter in: Norbert Reuter (2007): Wachstumseuphorie und Verteilungsrealität. Wirtschaftspolitische Leitbilder zwischen Gestern und Morgen.

liche ist nützlich, das Anständige ist es nicht. Geiz, Wucher und Vorsicht müssen für eine kleine Weile noch unsere Götter bleiben. Denn nur sie können uns aus dem Tunnel der wirtschaftlichen Notwendigkeit ans Tageslicht führen.

Ich freue mich also auf die nicht zu fernen Tage, auf den größten Wandel, welcher sich jemals in der physischen Lebensumwelt der Menschheit als Ganzer ereignet hat.«

Die hundert Jahre der amoralischen Wachstumsgesellschaft laufen 2030 ab. Wir stehen vor dieser Aufgabe so sehr unvorbereitet, dass die Forderung nach einer derart großen Transformation vielen völlig realitätsfern erscheint. Doch gerade die Coronakrise hat gezeigt, dass wir als Gesellschaft bereit sind zu handeln, wenn es um Leben und Tod geht.

■ II Lebenspositive Ziele: Mission über Profit

»Unternehmen sind Werkzeuge, um die Welt so zu gestalten, wie man sie will.«
Frei nach Charles Perrow, 1972[22]

Unternehmen erfüllen die Aufgaben, die wir ihnen geben. Dass sich heutige Unternehmen um fast nichts scheren außer Gewinne, ist ein Defekt ihrer Organisation und verkürzter Annahmen über das, was Wirtschaft überhaupt ist. Kommen wir nun zu einem Weg, Unternehmen neue Ziele zu geben, kommen wir zur Mission.

Ganzheitliche Unternehmensziele

Welche Ziele sollten Unternehmen verfolgen? Sollten sie sich ausschließlich auf den Profit konzentrieren, wie es heute der Fall ist? Oder sollten sie einfach ihren herkömmlichen Geschäftsbetrieb mit dem zusätzlichen Fokus auf Nachhaltigkeit fortsetzen, wie es einer weitverbreiteten Auffassung entspricht? Oder sollten Unternehmen ihre Mission noch weiter ausdehnen, sodass materielle Gewinnziele nicht länger über allem stehen? Diesen Fragen wollen wir uns nun widmen.

Entkoppelte Wirtschaft

Die gesellschaftliche Aufgabe von Unternehmen besteht heute in der materiellen Versorgung der Bevölkerung. Sie erfüllen diese Aufgabe innerhalb eines marktwirtschaftlichen Systems, in dem Menschen und Unternehmen dezentral auf Märkten Preise aushandeln. Wenn eine Transaktion stattfindet, wird konsumiert, produziert und gearbeitet.

In diesem System hat jeder Mensch die Kontrolle über seine Handlungen. Jeder Akteur auf dem Markt kauft und verkauft Güter, Arbeitskraft oder Kapital (für Zinsen, Dividenden oder erwartete Kursgewinne). Jeder Mensch wird durch die Verträge definiert, die er eingeht. Mit jedem Vertrag, jeder Transaktion, jedem

22 Charles Perrow (1972): Complex Organizations: A critical Essay, 2014 Edition, S. 278.

Austausch gestaltet ein Mensch ein Stück seiner Identität. Dies geschieht durch Käufe, Arbeitsverträge, Geldanlagen und Kredite. Ökonomisch betrachtet, sind Menschen durch ihr Geben und Nehmen charakterisiert. Sie sind ebenso wie Unternehmen Bündel von Verträgen.[23] Die gesamte Wirtschaft bildet ein Netzwerk von Verträgen, wobei Unternehmen und Menschen die Knotenpunkte darstellen. Daher ist in der Ökonomie die Lebensgestaltung gleichbedeutend mit Vertragsmanagement. Genauso wie die Führung eines Unternehmens letztendlich auf Vertragsmanagement hinausläuft. Es dreht sich immer um Leistung und Gegenleistung, um Transaktionen.

Daher sieht die Wirtschaftslehre den Menschen als frei, autonom und allein. Als stets kalkulierend über die nächsten Schritte, die dazu geeignet scheinen, die ihn umgebenden Kontrakte zu seinem Vorteil neu zu verhandeln. Dieses eingeschränkte Bild wird in der Wirtschaftswissenschaft als »Homo oeconomicus« bezeichnet, also als der selbstoptimierende Mensch. Es drückt eine grundlegende Annahme über die Natur des Menschen aus, die auch die Basis für die Betriebswirtschaftslehre bildet, wenn es darum geht, wie Menschen im Unternehmen betrachtet werden. Alle Akteure in einem Betrieb, sei es der Eigentümer, der Manager oder der Mitarbeiter, werden als Selbstoptimierer angesehen. Sie sind ständig auf der Suche nach neuen Geschäftsmöglichkeiten, die ihren eigenen Interessen dienen. Selbstsucht bildet das Fundament der Wirtschaft. Selbstsucht ist der institutionelle und organisatorische Rahmen von Unternehmen. Heutige Unternehmen sind im Wesentlichen Bündel von Verträgen, die darauf abzielen, die Gewinne derjenigen zu maximieren, die sie abschließen. Sie wirken wie künstliche, institutionelle Intelligenzen, die kalte Berechnungen anstellen, um fortlaufend ihre finanzielle Performance zu optimieren. Sie sind keine Gemeinschaften von Menschen, die zusammen etwas erreichen wollen.[24] Stattdessen sind sie künstliche Intelligenzen, die gelernt haben, Menschen für ihre Zwecke zu nutzen.[25] Sie funktionieren ohne Rücksichtnahme, Güte, Empathie oder Moral, außer wenn das einen instrumentellen Nutzen bringt. Ihr einziges Ziel ist die Maximierung des Profits.

Damit möchte ich nicht behaupten, dass Unternehmen von Grund auf böse sind. Das sind sie nicht, da die meisten Menschen anständig sind und die Gesellschaft sowie der Staat die Unternehmen in Schach halten. Was ich sagen möchte, ist, dass

23 Ronald Coase (1937): The Nature of the Firm, in: Economica 4 (November) S. 386-405.

24 Michael Bradley, Cindy A. Schipani et al. (1999): The Purposes and Accountability of the Corporation in Contemporary Society: Corporate Governance at a Crossroads, in: Law and Contemporary Problems, Vol. 62 (3) Challenges to Corporate Governance p. 9-86.

25 James Bridle (2019): New Dark Age: Technology and the End of the Future.

Unternehmen in ihrer derzeitigen Form als System sich selbst und die Menschen in ihnen auf einen einsamen, egoistischen Kern reduzieren. Die guten Absichten einiger Führungskräfte mildern oft die schädliche Wirkung dieses Systems, können sie jedoch nicht vollständig aufheben. Gute Absichten sind systemfremd.

Wissenschaftlich betrachtet, gibt es viele Gründe anzunehmen, dass die Reduktion des Menschen auf Selbstsucht innerhalb eines Geflechts von Verträgen für die Gesellschaft schädlich ist. Sie trennt Menschen voneinander und lässt vom Konzept der Gemeinschaft nur reine Transaktionen übrig. Die Tatsache, dass die Wirtschaft alle menschlichen Motive auf ein eher egoistisches Motiv reduziert, verkennt die zentrale Triebkraft des Fortschritts in jeder Zivilisation. Laut Yuval Noah Harari, einem israelischen Historiker, verdanken wir unseren Fortschritt als Menschheit nicht einer genetischen Veranlagung zum Wettbewerb.[26] Unsere Genetik hat sich über Zehntausende von Jahren kaum verändert. Die Essenz einer Zivilisation ist vor allem eines: Kooperation. Ohne Kooperation gäbe es keine Sicherheit, keine Bildung, keine Spezialisierung, keine Forschung und keine Technologie. Ja, es ist sogar so, dass Zivilisationen, die den Weg der Kooperation verlassen, zusammenbrechen. Mehr Zivilisation bedeutet mehr Kooperation.

Aber mit Unternehmen, die darauf abzielen, Profite zu maximieren, und einer Gesellschaft, in der Menschen isoliert sind, haben wir den Pfad der Kooperation verlassen.[27] Im Laufe der Jahre hat sich diese Sichtweise als selbsterfüllende Prophezeiung erwiesen und die Menschen zur Selbstsucht erzogen. Systeme formen Identitäten, und eine der heute am weitesten verbreiteten Identitäten ist die des Einzelkämpfers, der es allein nach oben schafft, ohne die Hilfe anderer. Die negativen Auswirkungen dieses Systems sind in den letzten Jahren deutlich sichtbar geworden, angefangen beim Brexit über Trump, Bolsonaro, Orban, Netanyahu bis hin zur Republikanischen Partei in den USA, zu den Torys im Vereinigten Königreich und zur deutschen AfD. Die Ursachen werden oft eher in der Politik als in der Wirtschaft verortet, beispielsweise in der Unfähigkeit der Politik, soziale Medien so zu regulieren, dass sie aufhören, den gesellschaftlichen Konsens und die Wahrheit in Echokammern zu zersplittern. Dabei fungieren soziale Medien oft nicht als Ursache, sondern eher als Verstärker sozialer Spaltungen. Diese Spannungen werden jedoch seit Jahrzehnten von einem Wirtschaftssystem erzeugt, das Menschen zu Einzelkämpfern in einem rücksichtslosen Renditeprojekt Dritter macht. Daraus resultieren Angst, Ohnmacht, Würdelosigkeit und Sinnlosigkeit,

26 Yuval Noah Harari (2014): Sapiens.
27 Michael J. Sandel (2020): The Tyranny of Merit: What has become of the common Good.

die das Leben für die Menschen unerträglich werden lassen und sie in die Arme von Populisten treiben, die einfache »Wahrheiten« anbieten.

Die Werte, die wir der Wirtschaft geben, sind von entscheidender Bedeutung für die Gesellschaft. Das Unbehagen mit dem aktuellen Wirtschaftssystem ist heute stärker spürbar denn je, da wir inzwischen wissen, dass die Wirtschaft nicht nur menschliche und gesellschaftliche Nebenwirkungen erzeugt, sondern sogar die Gefahr birgt, alles Leben auf diesem Planeten auszulöschen. Wirtschaft mag ja unschön sein, aber umbringen sollte sie uns denn ja nun doch nicht. Sie sollte also zumindest ihre Ziele um Nachhaltigkeit erweitern. Schauen wir uns an, was das bedeutet.

Verbundene Wirtschaft

Die Erweiterung der Ziele der Wirtschaft weg von der rein materiellen Versorgung der Bevölkerung und hin zu einer solchen mit Berücksichtigung der planetaren Grenzen ist heute weitgehend Konsens. Das erfordert, dass wir Wirtschaft und Natur mit einem ganzheitlichen Ansatz betrachten. Die Tiefe dieser Erkenntnis wird durch Abbildung 3 veranschaulicht, die auf dem Drei-Säulen-Modell der Gesellschaft basiert. Es wurde erstmals im Jahr 1987 durch die Veröffentlichung des UN-Berichts »Our Common Future«, auch bekannt als der »Brundtland-Bericht«, einer breiten Öffentlichkeit bekannt gemacht.[28]

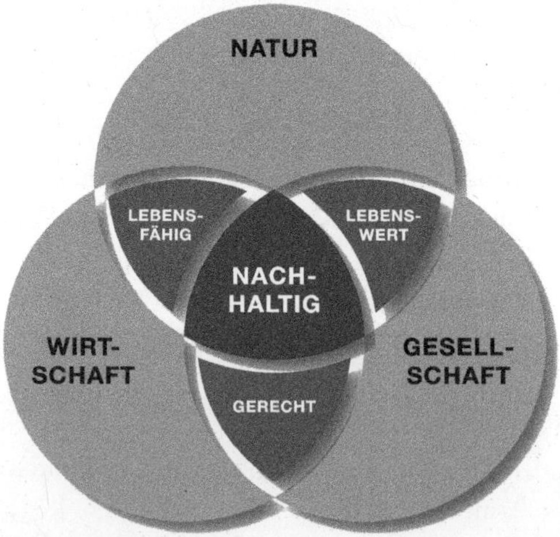

Abbildung 3: Das Drei-Säulen-Modell der Nachhaltigkeit

28 UN World Commission on Environment and Development (1987): Our Common Future.

Wirtschaft, Gesellschaft und Natur müssen als untrennbare Einheit betrachtet werden. Die Wirtschaft erzielt nicht nur ein einzelnes Ergebnis, eine »Bottom Line«, die sich allein auf die von ihr produzierten Güter beschränkt. Sie hat vielmehr zwei weitere Ergebnisse: diejenigen, die sie für die Gesellschaft, und diejenigen, die sie für die Natur erzielt. Die Welt ist eine Gemeinschaft, in der wir alle füreinander sorgen müssen.

Das Drei-Säulen-Modell bildet heute die Grundlage vieler Regulierungsansätze. In der EU und den Vereinigten Staaten sind große Unternehmen dazu verpflichtet, in sogenannten CSR-Berichten (CSR: Corporate Social Responsibility) ihren Einfluss auf Natur und Gesellschaft darzulegen. Obwohl die nicht besonders viel aussagen, sind sie ein erster Schritt hin zu einem bewussteren Umgang von Unternehmen mit ihren Auswirkungen. Die Befürworter der CSR sind der Meinung, dass diese Berichte im Laufe der Zeit zu etwas werden könnten, das dem entspricht, was die Finanzbuchhaltung heute ist: zwei neue Bilanzen, anhand derer Unternehmen Ziele setzen und Anreizsysteme (Steuern und Subventionen) entwickeln können. Einige Messsysteme dafür sind bereits vorhanden. Wenn wir nun tatsächlich messen und die Ergebnisse mit Anreizen verknüpfen würden, könnten wir die Berücksichtigung von Natur und Gesellschaft in die Algorithmen der Wirtschaft integrieren. Dies würde zu einer Wirtschaft 2.0 führen.[29]

Das klingt verlockend, denn wenn wir in der Lage wären, die Qualität sozialer und ökologischer Faktoren ausreichend gut zu messen, könnten wir die Wirtschaft durch drei Arten der Buchführung ausbalancieren: wirtschaftlich, sozial und ökologisch. Es würde sich fast nichts ändern. Die nachhaltige Transformation der Wirtschaft wäre dann keine eigentliche Transformation, sondern sie würde lediglich in einer neuen Zielsetzung und zwei neuen Messvorschriften bestehen. Soziales und ökologisches Verhalten könnten gemessen werden, während die Wirtschaft weiterhin auf Gewinnmaximierung abzielt und der Staat weiterhin die Rahmenbedingungen festlegt. Im Kern bliebe alles beim Alten, nur die bürokratischen Anforderungen würden etwas steigen. Kein Mensch müsste in den Betrieben über soziale und ökologische Belange diskutieren. Mitarbeiter müssten sich nicht mit moralischen Dilemmas oder Abwägungsprozes-

29 Dyllick und Muff unterscheiden Wirtschaft 1.0 (heutige Unternehmen), Wirtschaft 2.0 (Unternehmen mit einer Triple Bottom Line) und Wirtschaft 3.0 (eine in die Gesellschaft eingebettete Wirtschaft). Thomas Dyllick und Katrin Muff (2015): Clarifying the Meaning of Sustainable Business: Introducing a Typology from Business-as-Usual to True Business Sustainability. In: Organization and Environment Vol. 29 (2).

sen auseinandersetzen. Die Veränderung bestünde ausschließlich in einer Reihe von Verwaltungsvorschriften. Spezialisten würden mithilfe ihrer Excel-Tabellen kalkulieren, welche Handlungen sich lohnen. Sie würden einfach zwei weitere Arbeitsblätter hinzufügen. Für die meisten anderen Mitarbeiter würde die nachhaltige Transformation der Wirtschaft nicht wirklich spürbar sein. Es wäre eine äußerst bequeme Art, die Welt zu retten: Buchhalter würden das übernehmen. Wer hätte das gedacht?

Das Problem: Der Versuch, soziale und ökologische Aspekte genauso zu messen wie finanzielle in der heutigen Betriebswirtschaft, ist ähnlich absurd, wie es der wäre, das Leben selbst in eine Reihe von Key Performance Indicators zwängen. Das gute Leben ist aber eher eine Qualität. Finanzen messen Quantitäten. Qualität ist nicht messbar, obwohl das immer wieder probiert wird. Dies geschieht, weil es für moderne Menschen anscheinend schwer nachvollziehbar ist, dass selbst Tausende oder Millionen von Messparametern nicht in der Lage sind, die wesentlichen Qualitäten des Lebens zu erfassen: was Glück ist, was Kunst ausmacht, welchen Wert das Leben hat und was Sinn bedeutet. Ebenso wenig können sie vollständig »begreifen«, wie die Natur in all ihren Facetten funktioniert.

Heute ist Wirtschaft ein System der quantifizierten Ethik. Nachhaltigkeit auf diesem System aufzubauen, ist unmöglich, weil Nachhaltigkeit mit sozialen und ökologischen Qualitäten verbunden ist. Einfacher gesagt: Es ist simpler, die Kosten eines Parkplatzes zu berechnen, als zu bestimmen, welchen Wert das Leben von Hamstern hat, das durch den Bau eines Parkplatzes beeinträchtigt wird.

Unser heutiges System für die Führung von Unternehmen ist gemacht für eine einfache Sicht auf die Welt. Eine reduktionistische Sicht. Für ein Zeitalter der brutalen Vereinfacher – »the age of brutal simplifier« –, wie der US-Soziologe Richard Sennett es ausdrückt.[30] Nachhaltigkeit auf CSR-Berichte zu reduzieren, wäre nur eine weitere brutale Vereinfachung in einer langen Liste von Versündigungen gegen die Komplexität und Schönheit dieser Welt. Die heutige Welt des »us-against-them coupled with you-are-on-your-own« würde fortbestehen. Wir würden Wirtschaft nicht transformieren, sondern uns weiterhin auf unsere Fähigkeit verlassen, mit selbstsüchtigen Unternehmen besser umzugehen. Die meisten Wissenschaftler, zum Beispiel Sir John Maynard Keynes,

30 Jacob Burckhardt in Richard Sennett (2011): Together: The Rituals, Pleasures, and Politics of Cooperation.

Dennis Snower oder Francois Fukuyama, finden das unzureichend.[31] Sie halten es eher mit dem folgenden Satz von John Ruskin, einem englischen Ökonomen und Zeitgenossen von Adam Smith: »Wir täten besser daran, nach einem System, aus dem sich ehrliche Menschen entwickeln, zu suchen als nach einem, das geschickt mit Vagabunden umzugehen lehrt.«[32] Einem solchen System wenden wir uns im nächsten Abschnitt zu.

Integrierte Wirtschaft

»Es gibt keinen Reichtum außer Leben.«
John Ruskin, 1862

Die Vorstellung von Wirtschaft, Gesellschaft und Natur als miteinander verbundene, aber unabhängige Systeme ist nicht nur aufgrund von Messproblemen ungeeignet, sondern auch grundsätzlich falsch. Das lässt sich recht einfach erklären: Versuchen Sie, sich einen Bereich der Wirtschaft vorzustellen, der nicht der Gesellschaft dient. Das ist unmöglich, da sämtliche wirtschaftlichen Aktivitäten letztendlich der Gesellschaft zugutekommen sollten. Die Wirtschaft ist zwar ein eigenes System, aber sie ist nur ein Subsystem innerhalb der Gesellschaft. Wenn Teile der Wirtschaft existieren würden, die keinen gesellschaftlichen Nutzen hätten, wären sie vergleichbar mit Krebszellen, die nur ihr eigenes unkontrolliertes Wachstum fördern. Solche Systeme, die nur sich selbst dienen, führen letztendlich zur Zerstörung.

Nun stellen Sie sich einen Bereich der Gesellschaft vor, der nicht der Natur dient. Auch das ist undenkbar, da sämtliche menschlichen Aktivitäten Ressourcen und Energie verbrauchen und somit die Natur beeinflussen. Ohne eine intakte Natur kann es keine Gesellschaft geben. Die Gesellschaft ist ein vollständig in die Natur eingebettetes Subsystem. Es existieren keine drei unabhängigen Systeme, sondern nur ein einziges System – die Natur. Die Gesellschaft wiederum ist ein Subsystem der Natur, und die Wirtschaft ist ein Subsystem der Gesellschaft. Dies wird in Abbildung 4, dem Vorrangmodell der Nachhaltigkeit, veranschaulicht, in dem die drei Kreise vollständig ineinander integriert sind.

---

31 J. M. Keynes s.o., OECD (2020): Beyond Growth: Towards a new Economic Approach; Francis Fukuyama (2012): The future of History, in Foreign Affairs, January/February Issue.

32 John Ruskin (1862) Unto This Last, in: Christine Ax (2014): Diesem Letzten: Vier Abhandlungen über die ersten Grundsätze der Volkswirtschaft, S. 63.

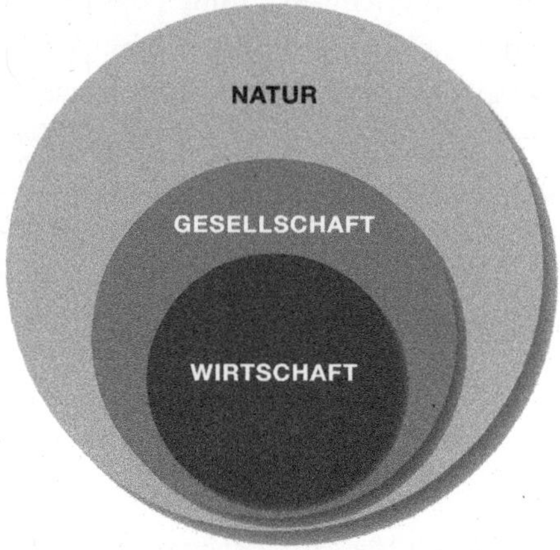

Abbildung 4: Das Vorrangmodell der Nachhaltigkeit

In diesem Modell ergibt sich eine klare Rangordnung. An der Spitze steht die Natur, weil es ohne Erhaltung der natürlichen Lebensgrundlagen keine Gesellschaft geben kann. Eine von den natürlichen Lebensgrundlagen entkoppelte Menschheit existiert nur in Science-Fiction-Romanen – und solche Utopien sind in der Zeit, die uns noch bleibt, nicht zu erreichen. Auch sind wir, wenn man sich die Planeten im Kosmos anschaut, schon längst auf dem für den Menschen idealen Planeten gelandet. Wir leben auf ihm.

Die zweite Priorität ist die Gesellschaft, also die Art und Weise, wie wir miteinander und mit unserer Umwelt zusammenleben. Wie wir zusammenleben wollen, so sollten wir auch die Wirtschaft und ihren wichtigsten Akteur, die Unternehmen, gestalten. Wir sollten in der Wirtschaft genauso kooperieren, wie wir es in unserer Gesellschaft tun.

Wirtschaft ist in diesem System drittrangig. Dennoch ist die Umgestaltung der Wirtschaft von höchster Bedeutung, da das Streben nach industrieller Wirtschaft in den letzten 150 Jahren den Planeten an den Rand des Abgrunds gebracht hat. Wenn wir unser Streben danach ausrichten, was das Vorrangmodell der Nachhaltigkeit vorgibt, haben wir nicht nur die Chance zu überleben, sondern auch die Möglichkeit, zivilisatorisch voranzuschreiten. Wir können zurückgehen auf den Weg zur verstärkten Kooperation der Menschen untereinander und zwischen der Menschheit und der lebenden Welt, deren untrennbarer Teil wir sind.

Dies ist zweifellos eine ehrgeizige Aufgabe. Doch die mangelnde Ambition in der heutigen Wirtschaft stellt eine existenzielle Bedrohung dar. Die Vernachlässigung von allem, was sich nicht direkt am Markt bezahlen lässt, hat sich als katastrophal erwiesen.

Die Vorstellung der Aufklärung im 18. Jahrhundert, wie sie von Descartes formuliert wurde – »Ich denke, also bin ich« –, ist ein Missverständnis. Eine passendere Formulierung wäre: »Ich bin und denke.« Unsere eigene Existenz ist der Ausgangspunkt, nicht das Denken. Die Vorstellung, dass der menschliche Geist über allem steht und niemandem dienen muss, ist wissenschaftlich betrachtet Unsinn. Wir müssen ebenfalls dienen, und zwar dem System, das uns erschaffen hat und am Leben erhält – der Biosphäre.

Das Individuum ist zu klein, um die Biosphäre direkt zu bedrohen. Doch die Art und Weise, wie wir innerhalb von Unternehmen Allianzen schmieden und wirtschaftliche Entscheidungen treffen, zerstört die Grundlagen allen Lebens. Es ist höchste Zeit, unsere Verbundenheit mit der Natur zu erkennen und anzuerkennen. Ein guter Ausgangspunkt dafür ist die Untersuchung dessen, was bei den Grundlagen der heutigen Wirtschaft fehlt.

Lebenspositive Wirtschaftsfundamente

»Der Ursprung der ökologischen Krise ist die Entkoppelung der sozialen von der ökologischen Welt.«

Frei nach Pierre Chabonnier[33]

Die Fundamente der heutigen Wirtschaft sind marode, da sich die Wirtschaftslehre von den Natur- und Geisteswissenschaften entkoppelt hat. In der Volkswirtschaftslehre wird seit den 1970er-Jahren verstärkt auf mathematische Modelle gesetzt, die auf fragwürdigen Annahmen über menschliches Verhalten beruhen und naturwissenschaftliche Erkenntnisse weitgehend außer Acht lassen. Noch bedenklicher ist die Lage in der Betriebswirtschaftslehre, wo der Mensch oft nur als Mittel zum Zweck des Profits betrachtet wird. Während Volkswirte zumindest oberflächlich die Idee des Gemeinwohls erwägen, auch wenn sie diesen Begriff oft im neoliberalen Sinne umdeuten, stehen Betriebswirte vorrangig für den Profit.

Schon im Jahr 1849 beschrieb der britische Historiker Thomas Carlyle die Wirtschaftslehre als düstere Wissenschaft (»the dismal science«).[34] Seitdem haben viele dieser Einschätzung zugestimmt, einschließlich des bereits zitierten John Maynard Keynes. Dennoch ist es bisher nicht gelungen, zu einer neuen Art der Wirtschaftslehre überzugehen – obwohl seit Langem bekannt ist, was ihr fehlt.

33 Pierre Chabonnier (2022): Überfluss und Freiheit – eine ökologische Geschichte politischer Ideen.

34 Thomas Carlyle (1849): Occasional Discourse on the Negro Question, in: Fraser's Magazine.

Naturwissenschaftliche Fundamente

»Eine Sache ist gut, wenn sie die Integrität, Stabilität und Schönheit der natürlichen Lebensgemeinschaft stärkt.«
Aldo Leopold[35]

Was bedeutet »Natur« für Sie? Ist es ein Ort, den man gelegentlich besucht? Dies mag für die meisten Menschen heute zutreffen. Oder sehen Sie Natur als das »Sein im Ganzen«? Letztere Definition umfasst sowohl die Bedeutung des Begriffs im engeren Sinne als auch die Sichtweise der Wissenschaft auf die Natur. Natur ist all das, was existiert, und sie ist das System, das alles miteinander in Beziehung setzt. Die Natur, die uns Menschen am meisten interessieren sollte, ist die Biosphäre dieses Planeten. Dieser Begriff bezeichnet den etwa sechs Kilometer hohen Bereich, der sich von der Erdoberfläche bis zu jener Höhe erstreckt, in der die Luft zu dünn wird, um Atmung zu ermöglichen. Nur in diesem Bereich können wir existieren.

Die Biosphäre stellt ein sich selbst organisierendes Netzwerk von Beziehungen zwischen Materie und Leben dar. Dieses Netzwerk ist von solch enormer Komplexität, dass wir es kaum verstehen können. Dennoch hat es, ohne unser bewusstes Zutun, über Millionen von Jahren Leben erschaffen und dieses kontinuierlich vermehrt. Warum dies geschieht, wissen wir nicht. Wir wissen lediglich, dass es geschieht. Und wir wissen von dem vermutlich größten aller Wunder: dass das Leben nach seinen physikalischen und chemischen Anfängen selbst die Grundlage für seine Existenz auf diesem Planeten geschaffen hat.[36] Das Leben ist ein sich selbst erhaltendes Netzwerk.

Die acht Kreisläufe, wie sie von Forschern um Johan Rockström beschrieben wurden (den neunten Kreislauf, die neuen Entitäten, gab es bis zum Aufkommen der modernen Chemie nicht), bilden die Grundlagen des Lebens. Diese Kreisläufe spielen eine wesentliche Rolle bei der Aufrechterhaltung des Gleichgewichts in der Atmosphäre, sodass die Energie der Sonne das Leben auf der Erdoberfläche nicht verbrennt. Nach wissenschaftlicher Erkenntnis werden die Kreisläufe durch das Eingreifen aller lebenden Organismen aufrechterhalten. Mikroorganismen, Pflanzen, Tiere – alles, was lebt, greift in chemische Prozesse ein und hat im Laufe der Evolution über Millionen von Jahren dazu beigetragen, die chemische Zusammensetzung der Atmosphäre stabil zu halten.

35 Aldo Leopold (1949): A Sand County Alamanc, S. 242.
36 James Lovelock (1979): Gaia: A New look at Life on Earth; James Lovelock (2019): Novacene: The Coming Age of Hyperintelligence.

Die Grundlage des Lebens ist tatsächlich das Leben selbst. Dies mag esoterisch klingen, ist jedoch ein fundamental wissenschaftliches Konzept. Es handelt sich dabei sogar um die Essenz aller Naturwissenschaften. Diese interdisziplinäre und universelle Wahrheit beginnen wir erst jetzt – dank der Arbeiten von Forschern wie Johan Rockström und den Tausenden von Wissenschaftlern, die am IPCC-Bericht mitwirken – zu verstehen. All die Formen des Lebens, die uns umgeben, sind keine rein optionalen Elemente, sondern vielmehr das System, das alles Leben aufrechterhält, auch das der Menschen. Wer das Leben schätzt, schützt und fördert, tut dies letzten Endes zum Wohl seiner selbst und seiner gesamten Umgebung.

Wirtschaft und Natur sind eng miteinander verbunden, und diese Verbindung hat einen wohlbekannten Namen: Arbeit. Der Begriff Arbeit wird nicht nur in der Wirtschaft, sondern auch in der Naturwissenschaft verwendet. Arbeit (W) wird definiert als die Leistung (P), die in einer bestimmten Zeitspanne (t) erbracht wird. Die mathematische Formel lautet: $W = P \times t$. Die Ursache der Krisen in den lebenserhaltenden Systemen ist, dass wir zu viel Arbeit verrichten. Wenn wir weniger Energie (P misst die in einer Zeiteinheit umgesetzte Energie) über kürzere Zeiträume entfesseln würden, könnten wir die Biosphäre nicht so stark beeinflussen. Die Verwendung fossiler Energien hat uns jedoch die Kraft gegeben, die Biosphäre in großem Maßstab zu verändern. Jede chemische Reaktion oder physische Umwandlung von Ressourcen der Erde erfordert Arbeit. Aus naturwissenschaftlicher Sicht ist der Weg klar: Wir müssen den Energieverbrauch reduzieren und das Leben in der Biosphäre fördern.

Betriebswirtschaftlich wird Arbeit als zweckgerichtete Tätigkeit definiert. Leider liegt der primäre Zweck heute in der Profitmaximierung, wobei die unsichtbare Hand des Marktes die Bemühungen, den Zweck zu erfüllen, in materiellen Nutzen für Konsumenten und Produzenten umwandelt. Dabei wird der gesellschaftliche Nutzen lediglich insofern berücksichtigt, als dass eine Markttransaktion zweifellos beiden Parteien zugutekommt. Es wird jedoch oft versäumt, die weiteren gesellschaftlichen und ökologischen Auswirkungen oder Schäden in den Blick zu nehmen.

Die Idee dieses Buches ist, an der Schnittstelle zwischen Mensch und Natur zu intervenieren – nämlich bei der Arbeit. Dies gelingt am effektivsten, wenn der Zweck der Arbeit neu ausgerichtet wird. Dadurch können Mensch und Natur direkt miteinander verbunden werden, ohne auf den Umweg über eine »unsichtbare Hand« angewiesen zu sein. Das Ergebnis ist nicht nur eine Reduzierung der Schäden, die Arbeit dem Leben zufügt, sondern auch das Streben nach gemeinsamem Wachstum. Das Wachstum der Natur war schon immer mit dem Wachstum der Menschheit verbunden, doch dieser wichtige Zusammenhang wurde oft, gerade im Westen, übersehen. Ein Wachstum der Menschheit auf Kosten der Natur ist vergleichbar mit dem Wachstum einer Krebszelle. Co-Prosperität, also das gemeinsame Erblühen von Mensch und Natur, könnte das letztgültige Ziel der Menschheit sein oder zumindest ein weitaus sichereres Ziel als das weitere Sägen an dem Ast, auf dem wir sitzen.

Arbeit zu reduzieren, mag vielen heute nicht schmecken, da sie oft in einem linearen Zusammenhang mit Wohlstand gesehen wird. Dieses Konzept wurde in den letzten 150 Jahren praktiziert und propagiert. Die Lösung ist jedoch recht einfach: Unsinnige Arbeit, die das Glück der Menschen nicht steigert beziehungsweise den Planeten schädigt, sollte vermieden werden. Der entscheidende Schritt besteht darin, zwischen sinnvoller und unsinniger Arbeit zu differenzieren. Dies sollten wir nicht nur aus ethischen Gründen tun (obwohl das definitiv wünschenswert ist), sondern auch, weil uns die Erkenntnisse der Physik, Chemie, Biologie und anderer Naturwissenschaften dazu drängen. Diese Wissenschaften geben uns den klaren Hinweis: Macht nicht mehr alles, was technisch und wirtschaftlich möglich ist. Moralisiert eure Wirtschaft oder vergeht.

Naturwissenschaftliche Grenzen verlangen von uns, dass wir Wirtschaft ethisch gestalten. Schauen wir uns als Nächstes an, wie das geht.

Philosophisch fundierte Wirtschaft

»Die Trennung von Moral und Vernunft ist der Sündenfall.«
Erich Fromm[37]

Arbeit verbindet Wirtschaft mit Natur. Die Lösung der ökologischen Krise liegt also darin, dass wir lernen, Arbeit und Natur zusammenzudenken. Was wir nicht lernen müssen, ist, dass Arbeit auch Wirtschaft mit Gesellschaft verbindet. Darüber wurde gerade in den letzten zwei Jahrhunderten sehr viel geschrieben, meist in dem Bestreben, diese Verbindung fairer zu gestalten. Wie sehr uns das gelungen ist, darüber kann man streiten. Nun ist es an der Zeit, den Kreis unserer Sorge größer zu machen: Arbeit soll nicht nur fair dem Menschen gegenüber, sie muss nun auch fair der Natur gegenüber sein. Aber im Gegensatz zu sozialen Ungerechtigkeiten, die eine Gesellschaft auch über längere Zeit ignorieren kann, lässt sich die

37 Zitiert in Michael Mittermeier (2021): Freiheit und Finsternis. Wie die Dialektik der Aufklärung zum Jahrhundertbuch wurde, S. 168.

Biosphäre nicht längere Zeit übervorteilen. Dies ist eine Bedrohung wie auch eine Chance. Die Krise der Biosphäre zwingt uns, die Frage der Fairness der Arbeit neu zu stellen. Wenn wir es intelligent anstellen, können wir eine gerechte Gesellschaft in einer blühenden Natur schaffen.

Der Schlüssel zur Fairness gegenüber der Natur ist Rücksicht. Es geht darum, die Gewalt, die wir gegen die Natur einsetzen, zu reduzieren. Gewalt ist lediglich ein anderes Wort für die exzessive Arbeit, mit der wir unseren Planeten malträtieren. Aber was genau ist exzessive Arbeit? Um diese Frage zu beantworten, brauchen wir die Philosophie, weil wir Werturteile fällen müssen. Welche Arbeit kann weg und welche sollte bleiben? Sind Parkplätze das Land wert, das wir für sie opfern müssen? Sind SUVs vertretbar? Ist täglicher Fleischkonsum exzessiv? Alles Werturteile. »Werturteile sind für die Wirtschaft das, was für die Physik Energie ist: alles«, meint der amerikanische Ökonom Eric Beinhocker.[38]

Das heutige Wirtschaftssystem kennt für die Beantwortung der eben aufgeworfenen Fragen nur eine Antwort: Wenn jemand bereit ist, für einen Parkplatz, ein SUV oder den täglichen Konsum von Fleisch zu zahlen, und jemand anderer bereit ist, zu diesem Preis ein entsprechendes Gut herzustellen, dann ist es fair, weil es beiden dient. Das ist die Ethik des Deals. Fair ist das, worauf sich zwei Personen einigen können. Eine solche Ethik kennt keine Gemeinschaftsaufgabe, keine gesellschaftliche oder ökologische Rücksichtnahme. Auf Märkten ist Ethik ausschließlich Privatsache. Fair ist der Deal – darauf gepfiffen wird, was der Deal mit anderen macht. Philosophisch gesehen, könnte man Wirtschaft als einen anthropozentrischen, materialistischen Pareto-Utilitarismus bezeichnen: ein menschen- und güterfokussierter Austauschprozess, der so lange vor sich geht, bis keiner mehr bessergestellt werden kann, ohne dass jemand anderer etwas abgeben müsste – egal wie viel er schon hat und wie wenig der andere hat. Eine sehr, sehr spezielle Vorstellung von Gerechtigkeit, die im Kern nur eines besagt: Alles, was am Markt passiert, ist gerecht.

Die Frage der Ethik wird auf Transaktionen reduziert. Auf Preise, die die Stärke des Bedarfs der Menschen messen. Auf Geld als den universellen Maßstab des Nutzens. Und auf Eigentumsrechte und Eigensinn, ohne die Austauschbeziehungen am Markt nicht nötig wären. Ethik wird in Preisen quantifiziert und in individuellen Transaktionen gelebt.

Dieses brüchige Fundament der Wirtschaft war schon immer suspekt. Sokrates, Platon und Aristoteles wären über unseren heutigen Entwurf der Ethik der Wirt-

38 Eric D. Beinhocker (2016): The Origin of Wealth: The Radical Remaking of Economics and What it Means for Business and Society, S. 423.

schaft schockiert. Für sie ist eine gute Wirtschaft eine Haushaltsgemeinschaft *(oikos)*, die nach dem »guten Leben« *(eudaimonia)* strebt. Eine schlechte, unnatürliche und verwerfliche Wirtschaft ist für diese antiken Philosophen eine, die nach Anhäufung von Besitz (Chremismatik) strebt. Auch 2000 Jahre später ging der schottische Moralphilosoph Adam Smith wie selbstverständlich davon aus, dass Ethik den Rahmen für Wirtschaft liefert und nicht Wirtschaft den Rahmen für Ethik. Aber unser heutiges Wirtschaftssystem ist ein »chremismatisches«, das in der Akkumulation von Dingen sein Heil sucht und nicht im guten Leben, der *eudaimonia.*

Heute müssen wir den Begriff des Haushalts weiter fassen. Er muss nicht nur den menschlichen Haushalt oder den Staatshaushalt umfassen, sondern auch den der Biosphäre. Schon der Wortstamm des Begriffs Ökologie, das griechische Wort *oikos,* bedeutet Haushalt. Ökologie ist der Haushalt aller Lebewesen. Frithjof Capra, ein universal gelehrter Naturwissenschaftler, formuliert das folgendermaßen: »Es gibt genau zwei Haushalte, zu denen wir alle gehören. Erstens die Menschheit. Zweitens die Biosphäre. Deswegen sollten wir zwei Werte respektieren: die menschliche Würde und die ökologische Nachhaltigkeit.«[39]

Das Grundgesetz der Bundesrepublik Deutschland kennt die Wichtigkeit dieser beiden Werte. Es schützt seit seiner Verabschiedung im Jahr 1949 im Artikel 1 die Würde des Menschen. Und es nennt den »Schutz der natürlichen Lebensgrundlagen« seit dem Jahr 1994 zumindest als Staatsziel, wenn auch nicht als einklagbares Grundrecht. Beide Rechte sind im heutigen Wirtschaftssystem aber nur schwer zu entdecken. Hier geht es nur um individuelle Nutzenoptimierung. Menschen in ihren Rollen als Konsumenten, Privatpersonen oder Mitarbeiter kalkulieren ihren Nutzen nach ihren eigenen Wertvorstellungen. Der Wirtschaft ist es egal, was für Werte am Markt zum Ausdruck kommen: Jeder Mensch hat die Nutzenfunktion, die er eben hat. Dafür kann die Wirtschaft nichts, meint die Wirtschaft. Werte gehören nicht in ihr Reich, sondern in das Reich der Kultur und der Politik. Wirtschaft hält sich für wertfrei. Sie erklärt sich für nicht zuständig. Sie ist moralisch agnostisch – das heißt, sie zuckt mit den Schultern und macht das, womit Geld zu verdienen ist. Eine Definition von Moral, nach der die Mittel den selbstsüchtigen Zweck heiligen. Die Ethik der westlichen Welt ist zu weiten Teilen die Ethik der Wirtschaft. Und die ist heute eine Ethik des Deals. Blind für alle anderen ethischen Fragen, für die Anliegen der Gesellschaft und Biosphäre. Eine Ethik, die auf eine Frage reduziert werden kann: Was ist drin für

39 Frei nach Fritjof Capra und Pier Luigi Luisi (2014) The Systems View of Life: A unifying Vision, Kindle-Ausgabe, S. 281.

mich? – So trennt Wirtschaft Menschen von allem, was sie umgibt. Sie vereinsamt, weil sie niemanden auffordert zu verstehen – und nicht müde wird, jeden zum nächsten Deal aufzufordern.

Solange ethische Fragen vom Markt outgesourct werden, solange Ethik eine Preisliste ist und keine Frage, werden wir uns aber kaum besinnen. So lange werden wir nicht das gelungene Leben anstreben, sondern nur Reichtümer aufhäufen, weil wir verständlicherweise meinen, dass in einem System ohne Gemeinschaft nur der Reichtum uns vor diesem unbarmherzigen System schützen kann. Während wir engstirnig und ängstlich, aber als Individuen völlig rational der rücksichtlosen Ethik der Wirtschaft folgen, fallen wir letztendlich doch alle gemeinsam in den ökologischen Abgrund.

Wir müssen lernen, uns um mehr zu kümmern als um uns selbst. Und genau deswegen sollten wir Wirtschaft demokratisieren.

Natur. Arbeit. Unternehmensdemokratie.

»Das Gelingen meines Lebens sollte die Bedingung deines gelungenen Leben sein. Und dein Gelingen meines.«[40]
Frei nach Jedediah Purdy

Die Naturwissenschaft fordert von Unternehmen Rücksicht. Die Philosophie weiß, dass rücksichtsvolle Unternehmen ethisch-abwägende Unternehmen sein müssen. Die Soziologie hat niemals aufgehört, mehr Gerechtigkeit von Unternehmen zu fordern. Die Anthropologie fordert für das Gelingen von Zivilisation ein Ende der Dominanz und eine Rückkehr zu mehr Kooperation miteinander und mit der lebenden Welt. Zu diesen Forderungen kommen zwei weitere, mit denen wir uns in diesem Buch noch beschäftigen werden: Die Psychologie fordert von Unternehmen Selbstwirksamkeit, damit Menschen sich entfalten können. Und die Betriebswirtschaft fordert von Unternehmen die Befähigung (englisch *empowerment*) ihrer Mitarbeiter zu mehr Innovation, Engagement und Leistung.

Rücksicht, Ethik, Gerechtigkeit, Kooperation, Selbstwirksamkeit, Empowerment: Das ist alles im Bauplan der heutigen Unternehmen nicht vorgesehen. Sie stehen für Eigennutz, eine outgesourcte Ethik, Instrumentalität, Dominanz, Ohnmacht, Bevormundung. Weil wir bis heute Unternehmen autokratisch organisieren und jeden Mitarbeiter dazu verdammen, sein (Arbeits-)Leben in einem Projekt zur Bereicherung abwesender Dritter zu verbringen. Dabei kennen wir

40 Frei nach Jedediah Purdy (2021): This is our Land: The Struggle for a new Commonwealth.

längst einen alternativen Bauplan, der alle sechs Forderungen, welche die sechs Wissenschaften an Unternehmen stellen, erfüllt: die Demokratie. Demokratien sind gebaut für Rücksicht, für Ethik, für Gerechtigkeit, für Kooperation, für Selbstwirksamkeit und für Empowerment. Demokratien sind die Lösungen, die die Politologie bereitstellt, um eine Vielfalt von Interessen zu organisieren. Wissenschaftlich gesehen, müssten wir Unternehmen demokratisieren.

Natürlich ist dies eine ahistorische Sicht – die Sicht eines Designers, der Unternehmen auf dem Reißbrett ersinnt. Aber schon heute gibt es sehr erfolgreiche demokratische, selbstorganisierte Unternehmen. Wir müssen nur die Beispiele, die ich im Verlauf des Buches nennen werde, vervielfältigen. Das würde zu einem großen historischen, zivilisatorischen Umbruch beitragen. Denn: Wenn es uns gelingt, das Gift des gedankenlosen Eigennutzes aus dem Zentrum unserer Gesellschaft zu entfernen, dann entgiften wir alle Lebensbereiche.

Unternehmen sind nicht so, wie sie heute sind, weil sie für Menschen, Gesellschaft und Biosphäre optimal sind. Sie sind historische Relikte. Sie sind im Kern immer noch die rücksichtslosen Maschinen der industriellen Revolution, aber mit mehr Bürojobs und Anglizismen. Wenn wir es mit der Rücksicht auf Menschen, Gesellschaft und Biosphäre ernst meinen würden, würden wir Unternehmen nicht mehr nur nach dem Profit vermessen. Stattdessen würden wir dafür sorgen, dass in ihnen gemeinsam darüber beraten werden kann, welche Handlungen zu mehr Qualität und Glück führen. Wir würden Unternehmen demokratisieren.

Bei Nachhaltigkeit geht es um die Ziele, die wir Unternehmen geben, und eine Organisationsform, von der wir glauben, dass sie die Betriebe diese Ziele auch tatsächlich anstreben lässt. Die Frage »Was ist unsere Zukunft auf diesem Planeten?« beantworten wir vor allem dadurch, wie wir Arbeit organisieren. Für welche Zwecke wir arbeiten und wie wir arbeiten. Wir müssen anfangen, für Sinnvolles zu arbeiten, uns für das Gelingen des Lebens einzusetzen. Im Hauptberuf. Wir können die Welt nicht nebenberuflich retten, wie es manche glauben, die zum Beispiel genug Geld verdienen wollen, »damit man sich Umweltschutz leisten kann«. Wir müssen unseren ökologischen Handabdruck, die Dinge, für die wir arbeiten, in den Griff bekommen. Das ist noch wichtiger als der ökologische Fußabdruck, also die Belastungen, die wir durch unsere Arbeit und unseren Lebensstil erzeugen.

Zum Glück ist es für eine Demokratie viel einfacher, die Angebotsseite eines Markts zu gestalten als die Nachfrageseite. Wer Nachfrage gestalten will, muss Menschen umerziehen, durch Aufklärung, Verbote, Steuern und Anreize. Das funktioniert in Demokratien nicht, wenn derjenige, der umerzogen werden soll, der Souverän des Erziehers, des Staates, ist. Wer aber Angebote gestalten will, muss nicht Individuen umerziehen, sondern lediglich die Institution »Unternehmen« neu organisieren.

Unternehmen, die nicht mehr von den Profitinteressen des Kapitals dominiert werden, sind immer noch marktwirtschaftliche Unternehmen. In ihnen ist lediglich ein Gleichgewicht der Interessen organisiert, sodass sie Profit atmen, aber nicht mehr atmen, um zu leben. Der Markt, die Freiheit des Konsums, der Wettbewerb, die faire Rendite für Kapitalgeber, der globale Handel, all das bleibt dabei erhalten. Aber die Motive und das Verhalten der Unternehmen ändern sich dank einer Mission und Demokratisierung.

Dann sind Unternehmen keine künstliche Intelligenz mehr, die nur darauf gerichtet ist, Geld zu »machen«. Dann sind Unternehmen eher so, wie es Henry Ford bereits Anfang des 20. Jahrhunderts sah, »ein Werkzeug des Dienstes, keine Maschine zum Geldverdienen«.[41] Dann programmieren wir Unternehmen um, sodass sie immer noch die Vorteile des Marktes nutzen, seine Transparenz, den Wettbewerb, die einfachen Spielregeln. Aber ohne sich vom Markt und Profitmotiv dominieren zu lassen. Der Code, mit dem Unternehmen die DNA der Rücksicht erlernen können, ist der der Demokratie. Als Gesellschaft haben wir längst entdeckt, dass demokratische Organisationsformen langfristig der einzige Weg sind, um dafür zu sorgen, dass Menschen rücksichtsvoll miteinander umgehen. Wir können Demokratie auch dazu verwenden, dass Gesellschaften rücksichtsvoll mit der Natur umgehen, wenn wir sie an die Schnittstelle zwischen Arbeit und Natur, also in die Unternehmen selbst, bringen. Dass wir an dieser Schnittstelle bisher nur auf Autokratie gesetzt haben und weiterhin setzen, ist ein Fehler.

Nachhaltigkeit stellt eine Frage an uns: Wo sind die Grenzen der Wirtschaft? Also sollten wir Unternehmen so organisieren, dass sie am Einhalten von naturwissenschaftlichen und sozialen Grenzen tatsächlich interessiert sind. Arbeit und Leben werden damit sinnvoll miteinander verbunden. Die Trennung der Lebensbereiche Wirtschaft, Gesellschaft und Natur wird beendet. Wirtschaft wird ganzheitlich, wird integriert. Mehr Verbindung mit der Natur, mit der Gesellschaft, mit den Kollegen und letztendlich mit sich selbst. Das ist das Ende der Einsamkeit, welche die neoliberale Wirtschaft mit ihrem Fokus auf den selbstsüchtigen Menschen so lange verursacht hat.

41 Henry Ford, zitiert in: Pavan Sukhdev (2020): Corporation (2020). Warum wir Wirtschaft neu denken müssen, S. 209.

Das klingt sehr ambitioniert für ein betriebswirtschaftliches Buch. Aber ich kann es auch ein paar Nummern kleiner ausdrücken. Manche heutige Organisationsexperten kennen den Satz: »Companies ship their Org Chart.«[42] Unternehmen liefern ihr Organigramm aus, weil die Art, wie Zusammenarbeit in einem Unternehmen organisiert ist, über die Eigenschaften der Produkte bestimmt. Intern kranke Unternehmen liefern kranke Produkte – und gesunde Unternehmen liefern gesunde Produkte. Dieses auch als Malcoms Law bekannte organisatorische Gesetz gilt in ähnlicher Weise aber auch für die Gesellschaft. Unternehmen liefern der Gesellschaft Bürger, die geprägt sind von der Art der Zusammenarbeit in ihnen. Heute liefern Betriebe lauter selbstsüchtige Autokraten und Untertanen. Zurzeit liefern wir Rücksichtslosigkeit und erzeugen so Einsamkeit, Kälte und Sinnlosigkeit. Wie wir Arbeit organisieren, bestimmt darüber, wie wir mit der Natur und miteinander umgehen.

Es geht darum, unsere heute schockierend rücksichtslose Existenz am Arbeitsplatz zu beenden. Es geht darum, so wie es Keynes formulierte, »die Zwecke wieder höher (zu) werten als die Mittel und das Gute dem Nützlichen vorzuziehen«.[43]

Missionen

»Ein wesentliches Ziel der Politik sollte das Schaffen von Institutionen sein, die das Beste in Menschen hervorbringen.«

Frei nach Elinor Ostrom[44]

Um etwas so Großes wie den ökologischen Umbau der Wirtschaft zu erreichen, muss die Gesellschaft der Wirtschaft Ziele geben, die Unternehmen in der Realität der Gesellschaft und der Natur verankern. Heute haben Unternehmen dagegen lediglich fiktionale Ziele.

Unternehmen in der Realität verankern

Es ist nicht einfach, jemanden zu erreichen, der mit seinem Kopf in den Wolken hängt. Heute erreicht Unternehmen kein Appell, sich gesellschaftliche oder ökologische Ziele zu setzen. Ihr Kopf hängt in einer Wolke von fiktionalen Zielen. So können sie die Realität nicht erkennen. Sie sehen nur Profit. Sie sind so gebaut.

---

42 Auch bekannt als Conways Law. Malcom Conway (1968): How do Committees invent, in: Datamation S. 28–31.

43 Keynes, ebd.

44 Elinor Ostrom, ebd.

Dabei produzieren Unternehmen doch viel mehr als nur Profit. Sie haben acht Outputs: Profite, Bedürfnisse, Produkte, Arbeitseinkommen, Gerechtigkeit, Gesundheit, Zeitsouveränität und ökologischer Schaden. Das veranschaulicht Abbildung 5.

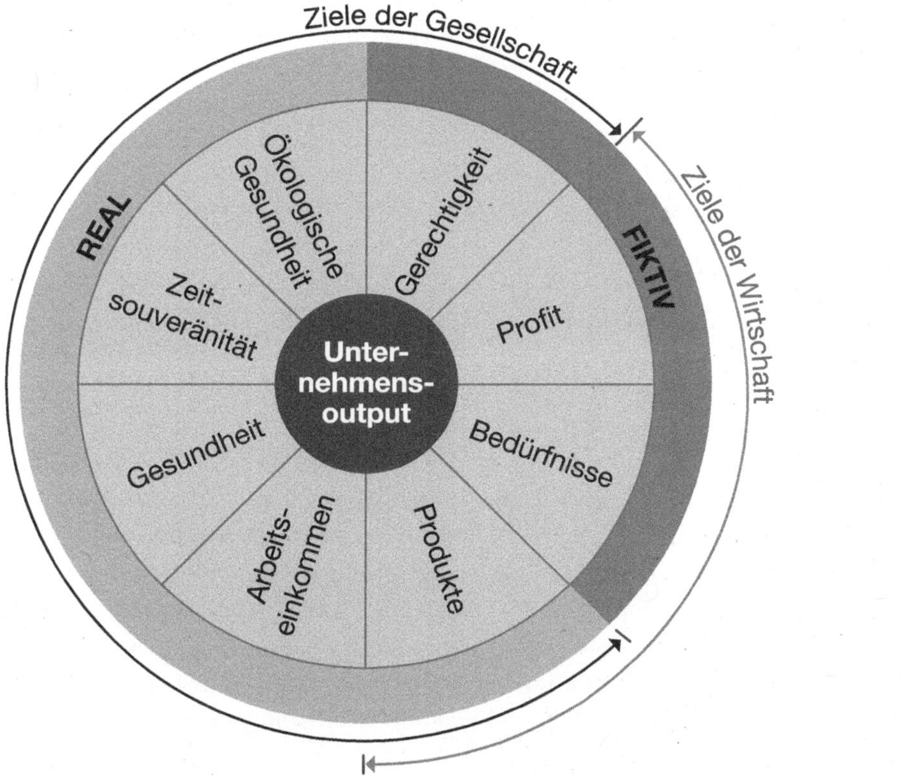

Abbildung 5: Die acht Outputs von Unternehmen

Aktuell achten Unternehmen im Wesentlichen nur auf drei ihrer Outputs: Sie versuchen, den Profit zu maximieren, Bedürfnisse (vor allem durch Marketing) zu erzeugen und marktfähige Produkte herzustellen. Schon der vierte Output, die Entlohnung des Faktors Arbeit, wird nur noch einseitig aus der Perspektive des Profits betrachtet: Entlohnung wird minimiert. An den restlichen vier Outputs sind Unternehmen desinteressiert: Im betriebswirtschaftlichen Kalkül sind weder die körperliche und geistige Gesundheit von Konsumenten und Mitarbeitern noch die Zeitsouveränität von Menschen, nicht der angerichtete ökologische Schaden noch Gerechtigkeit relevante Faktoren.

Daher haben bisher die Ziele der Unternehmen nur wenig mit den Zielen der Gesellschaft zu tun. Es fängt damit an, dass einer Gesellschaft Profite egal sind. Eine Gesellschaft will nur die Menschen in ihr gut versorgt sehen. Profite sind nur ein fiktives Konstrukt. Ein nützliches Konstrukt, da es dabei hilft, wirtschaftliche Aktivität zu entfachen, aber kein Ziel einer Gesellschaft. Profite sind, gesellschaftlich gesehen, nur Mittel zum Zweck. Der Zweck ist die materielle Versorgung der Bürger. Profit, also das, was Unternehmen vor allem anderen anstreben, ist gesellschaftlich letztlich irrelevant. Genau deswegen messen wir heute, wenn wir den Reichtum einer Gesellschaft bestimmen wollen, nicht die Summe aller Profite von Unternehmen, sondern das Bruttoinlandsprodukt, die gesamte Produktion in einer Volkswirtschaft.

Auch die Bedürfnisse, die Unternehmen bedienen und durch Marketing beeinflussen oder erzeugen, sind selten im Sinne der Gesellschaft. Unternehmen erzeugen Bedürfnisse, die ihnen Profite sichern. Ob diese Bedürfnisse Konsumenten überhaupt haben sollten, ist ihnen egal. Nutzt es einer Gesellschaft wirklich, wenn große Autos oder Fast-Fashion-Mode gekauft wird? Oder nutzt ihr mehr, wenn öffentlicher Nahverkehr und nachhaltige Mode beworben werden? Nutzt es einer Gesellschaft, wenn die Screens, vor dem Menschen heute einen Großteil ihrer Lebenszeit sitzen, voll mit Werbung sind? Oder wäre es nicht viel nützlicher, nicht permanent zu Konsum aufzufordern, sondern stattdessen zu unterhalten und zu informieren? Heute sind unsere gesellschaftlichen Kommunikationskanäle regelrecht verstopft durch Aufrufe zum Konsum. Damit hat der ökologische und gesellschaftliche Unsinn freie Bahn in unser Gehirn. Warum also nicht nur Werbung für gute Zwecke zulassen, so wie man heute ja auch Werbung für Tabak und Drogenkonsum einschränkt? Das klingt weltfremd, was zeigt, wie stark unsere Überzeugung ist, dass es uns nur gut gehen kann, wenn wir immer mehr produzieren und immer mehr nachfragen.

Der einzige reale Output, den Unternehmen in ihr Kalkül einbeziehen, sind die Produkte. Aber auch diese Produkte werden nicht so entwickelt und produziert, dass sie besonders gut, sondern so, dass sie besonders profitabel sind. Gute Produkte wären zuverlässig, einfach reparierbar, umweltschonend. Sie wären eher nachhaltig gut als kurzfristig profitabel.[45]

Arbeitseinkommen sind kein Ziel von Unternehmen. Sie sind nur notwendige Übel, die es zu minimieren gilt. Für eine Gesellschaft ist ein steigendes Arbeitseinkommen aber etwas Gutes, solange der Wettbewerb dafür sorgt, dass kein

45 Kate Raworth bezeichnet die heutige, nicht regenerative Wirtschaftsform als eine »take-make-use-lose economy« – eine Wegwerfgesellschaft. Kate Raworth, ebd., S. 181, Kindle Edition.

Unternehmen sich übermäßig bereichern kann (zum Beispiel durch eine Monopolstellung). Auch will eine Gesellschaft kaum die Einkommensverteilung, die der Markt produziert. Unternehmen geben den Kapitalgebern, dem Management und einigen Wissensarbeitern viel, aber der Masse der Arbeiter in Berufen wie Kassierer, Krankenpfleger, Sachbearbeiter oder Reinigungskraft wenig. Daher sind Gesellschaften heute gezwungen, im großen Stil Einkommen umzuverteilen. Weil Unternehmen gar keine faire Entlohnung anstreben, sondern nur eine marktwirtschaftliche, dient der größte Teil des Staatsbudgets dazu, Gelder durch Sozialleistungen zu verschieben. Dieser ganze Umverteilungsapparat wäre weitgehend überflüssig, wenn Unternehmen dazu in der Lage wären, von sich aus faire Löhne zu zahlen. Aber dazu ist die Macht in Unternehmen zu ungleich verteilt.

Abwesend im Kalkül von Unternehmen ist auch die körperliche und geistige Gesundheit von Menschen. Gesundheitsschäden sind ein Kollateralschaden, solange Profite unangetastet bleiben. Die Rechnung bezahlen der Betroffene und die Gesellschaft, aber nicht die Unternehmen.

Ein weiterer Kollateralschaden ist die fehlende Zeitsouveränität von Menschen. Zeitsouverän ist jemand, der sich auswählen kann, womit er seine Zeit verbringt.[46] Nützt es einer Gesellschaft wirklich, wenn fast alle Menschen ihr Leben nach der Arbeit ausrichten? Wäre es nicht besser, so faire Löhne und so viel Zeitsouveränität zu bieten, dass Menschen auch die Wahl haben, ein weniger von Arbeit bestimmtes Leben zu führen? Heute gibt es nur eine Gruppe, die zeitsouverän ist: die Reichen. Und selbst denen fällt es schwer, ihr Leben weniger von Arbeit dominieren zu lassen. Weil Arbeit die Norm ist, Leben jedoch nicht.

Am Ende der Liste der Outputs steht der Schaden, den Unternehmen der Ökologie bzw. durch Ungerechtigkeit der Gesellschaft hinzufügen. Dieser wird nur durch die Gesetze eines Landes oder Wirtschaftsraums (wie der EU) begrenzt. Aber Unternehmen betreiben, allein oder in Verbänden, viel Lobbyarbeit, um die Gesetze so unwirksam wie möglich zu halten. Oder sie verlagern Teile ihrer Vorleistungen in das Ausland, um Umwelt und Sozialauflagen zu entgehen. Auch in diesem Punkt, wie in allen anderen zuvor, wäre eine Gesellschaft besser dran, wenn Unternehmen ein echtes Interesse an allen Outputs hätten.

Unternehmen in der Realität zu verankern, heißt, sie nicht länger überwiegend Fiktionen anstreben zu lassen, sondern dafür zu sorgen, dass sie ihre acht Outputs in ihr Kalkül aufnehmen. Heute sind Unternehmen gefangen in einer fiktiven

46 Theresa Bücker (2022): Alle Zeit: Eine Frage von Macht und Freiheit. Wie eine radikal neue, sozial gerechte Zeitkultur aussehen kann.

Nebensache, dem Profit für die Kapitalgeber. Die Hauptsachen – eine Gesellschaft mit den richtigen Bedürfnissen, gute Produkte, faire Arbeitseinkommen, Gesundheit, Zeitsouveränität, eine intakte Biosphäre und Gerechtigkeit – überlassen sie dem Staat. Sie sind desinteressiert an der Welt und sehen, mit ihrem Kopf in der Finanzwolke, nichts anderes als Profit.

Nachhaltige Unternehmen interessieren sich für alle ihre acht Outputs. Sie verankern sich damit ungleich stärker in der Realität als in Fiktionen. Der erste Schritt zur Nachhaltigkeit ist, dass Gesellschaften es wagen, Unternehmen damit zu beauftragen, sich um die Realität zu kümmern. Deswegen sollte der Staat Unternehmen Missionen geben.

Gesellschaftliche Missionen

Aber bevor ich zu den Unternehmensmissionen komme, lohnt es sich, einen Schritt zurückzugehen und zu betrachten, was jeder einzelne Mensch überhaupt von Wirtschaft will. Dazu habe ich in Abbildung 6 die fünf Ziele von Menschen mit den Zielen heutiger und denen Grüner Unternehmen in Beziehung gesetzt. Die fünf Ziele von Menschen stammen aus einer wissenschaftlichen Studie und können in einem Wort zusammengefasst werden: Glück. Die Metastudie, auf die ich mich beziehe, hat viele wissenschaftliche Quellen ausgewertet und fünf Faktoren herausgearbeitet, die für das Glück von Menschen entscheidend sind.[47]

Menschliche Glücksfaktoren	Ziele Traditioneller Unternehmen	Ziele Grüner Unternehmen
Güter	Das eine Ziel	Ein zentrales Ziel
Umwelt	Kollateralschaden	Beiträge
Beziehungen	Kollateralschaden	Verbindungen
Gerechtigkeit	Kollateralschaden	Fairness
Zeit	Kollateralschaden	Zeitsouveränität
Motto	**Jeder für sich**	**Wir für die Sache**

Abbildung 6: Menschen, Glück und Unternehmen

Die Studie beschreibt fünf Voraussetzungen, unter denen sich Glück einstellen kann. Materielle Versorgung ist nur einer dieser Faktoren. Mehr Güter zu haben,

47 Avner Ben-Ner und Louis Putterman (1998): Economic, Values and Organization, S. 461.

ist extrem bedeutsam, bis die Grundbedürfnisse Nahrung und Schutz befriedigt sind. Danach wird der Glückszuwachs durch mehr Güter langsam geringer, bis er in Ländern wie den USA oder Deutschland bei einem Bruttojahreseinkommen von 75 000 Euro relativ zu anderen Faktoren unwichtig wird.[48] Es ist sicherlich attraktiv, mehr Geld zu haben, weil man denkt, dass damit Sicherheit, Flexibilität und Status verbunden sind – aber glücklicher wird man durch mehr Reichtum, wissenschaftlich gesichert, kaum noch.

Selbst der Reichste kann nicht glücklich werden, wenn ihm die anderen vier Dinge fehlen: eine intakte Umwelt, tiefe Beziehungen, Gerechtigkeit und Zeitsouveränität. Selbst ein Übermaß an Versorgung mit vier von fünf Faktoren gleicht den Mangel an einem nicht aus. Glück braucht alle fünf Faktoren gleichzeitig.

Aber was machen Unternehmen? Sie fokussieren nur auf den ersten Faktor, auf die Güter, und betrachten alle anderen als Kollateralschaden. Wenn aber der moderne Mensch den Großteil seiner aktiven Lebenszeit bei der Arbeit verbringt, ja sich sein ganzes Leben um die Arbeit herum aufbaut, ist es dann nicht irrsinnig, wenn in der Arbeitswelt vier von fünf Glücksfaktoren nicht nur ignoriert, sondern auch häufig sogar konterkariert werden?

Wäre es nicht viel besser, wir würden Unternehmen so organisieren, dass sie zwar weiterhin als ihr zentrales Ziel die Produktion von Gütern ansehen, aber aufhören, die anderen vier Glücksfaktoren zu ignorieren?

Dazu müssten Unternehmen anstreben, Beiträge zu einer gesunden Umwelt zu liefern, also Umweltlasten zu reduzieren, Kreislaufwirtschaft zu betreiben und nicht mehr jede Nachfrage auf Teufel komm raus zu bedienen. Sie müssten Menschen zu Gemeinschaften verbinden; sie müssten fair mit Menschen umgehen; und sie müssten zulassen, dass Menschen sich ihre Zeit nicht nur selbst einteilen können, sondern auch genügend Einkommen haben, um nicht nur arbeiten zu müssen.

Grüne Unternehmen reduzieren sich nicht mehr auf einen kleingeistigen, fiktiven, geradezu surrealen Kern. Sie stehen für eine Sache, für eine Mission. Sie integrieren Menschen in diese Mission. Ihr Motto ist »Wir für die Sache« und nicht mehr wie heute »Jeder für sich«. Sie drücken damit einfach nur eine Wahrheit aus: Das, wofür wir arbeiten, bestimmt die Zukunft jedes Einzelnen, die Zukunft der Gesellschaft und die Zukunft der Biosphäre. Das war schon immer so. Wir müssen nur wagen, es auch zu sehen – und uns dann neu organisieren.

48 Die wohl aussagekräftigste Langzeitstudie zu dem, was Menschen glücklich macht, ist die Grant-Studie der Harvard Medical School, https://www.adultdevelopmentstudy.org, Zugriff am 14.12.2023.

W. Brian Arthur, ein britischer Ökonom schreibt: »Wir sind Menschen. Wir brauchen wirtschaftlichen Komfort. Wir brauchen Herausforderungen, Sinn, Ziele und Übereinstimmung mit der Natur. Wenn Technologie uns von diesen Bedürfnissen trennt, bringt sie uns eine Art von Tod. Aber wo Technologie für diese Bedürfnisse arbeitet, werden das Leben und unsere Menschlichkeit bestätigt.«[49] Unternehmen sind die soziale Technologie an der Schnittstelle der Menschheit mit der Natur. Wir sollten diese Technologie nicht mehr auf Fiktives richten, sondern auf Reales: Unternehmen sollten lebensdienlich sein.

Die Vorstellung, dass jede ökonomische Aktivität letztendlich dem Leben zu dienen hat, ist nicht neu. Schon im Jahr 1862 schrieb der englische Universalgelehrte John Ruskin: »Es gibt keinen Reichtum außer Leben.« Und: »Die echte Wissenschaft der Nationalökonomie [...] ist diejenige, die die Nationen lehrt, nach den zum Leben führenden Dingen zu trachten und mit ihnen zu arbeiten.«[50] Das Ziel, die Wirtschaft »naturpositiv« zu gestalten, schaffte es 2021 sogar in die Abschlusserklärung der G7-Staaten zu ihrem Treffen in Cornwall, UK: »Our world must not only become net zero, but also nature positive, for the benefit of both people and the planet.«[51] Ich spreche in diesem Buch allerdings nicht von »naturpositiv«, sondern von »lebensdienlich«, ein Begriff, den ich vom deutschen Wirtschaftsethiker Peter Ulrich übernommen habe.[52] Ich subsummiere darunter die Ziele aller drei Sphären: die materielle Versorgung, die soziale Versorgung und die Förderung des Lebens. Ich glaube, dass es ein Fehler ist, wenn sich Unternehmen nur der materiellen Versorgung widmen. Weil Menschen nicht glücklich werden können, wenn sie vier der dafür nötigen fünf Faktoren bei der Arbeit nicht erfahren. Weil eine Gesellschaft mit unglücklichen Menschen keine gesunde sein kann. Und weil das Leben auf unserem Planeten dabei stirbt. Gesellschaften und der Planet bleiben nur gesund, wenn wir Arbeit lebensdienlich gestalten. Nachhaltigkeit ist auch der Wille, genau das zu tun – und damit mehr als Rücksicht auf Natur: Nachhaltigkeit ist eine Mission.

Natürlich fällt es dem »handelsüblichen« Betriebs- und Volkswirt schwer, etwas so instrumental Denkendes wie ein Unternehmen mit so etwas Universellem wie Leben zu verknüpfen. Aber zweifellos sind Unternehmen prägend für jeden einzelnen Menschen und alles, was uns umgibt. Wenn wir diesen Lebensbereich

49 Brian Arthur (2009): The Nature of Technology, letzter Satz, Übersetzung durch den Autor, Audible Edition.
50 John Ruskin, ebd.
51 Abschlusserklärung der G7 zum Treffen 2021 in Cornwall, UK. G7 (2021): Nature Compact, https://www.consilium.europa.eu/media/50363/g7-2030-nature-compact-pdf-120kb-4-pages-1.pdf, Zugriff am 14.12.2023.
52 Peter Ulrich (2022): Zivilisierte Marktwirtschaft. Eine wirtschaftsethische Orientierung.

nicht lebensdienlich gestalten, welchen dann? Wir sind miteinander verbunden, und wir leben diese Verbundenheit in der sozialen Technologie der Unternehmen. Zielen wir bei der Arbeit nicht auf Verbundenheit, ist der Versuch, Verbundenheit in anderen Bereichen zu leben, vergeblich.

Viele, ja ich glaube alle Menschen wollen sich um mehr sorgen als sich selbst, aber sie haben in der heutigen Wirtschaft keine Chance dazu – und es wird ihnen sogar abtrainiert, sich für irgendetwas anderes einzusetzen als nur sich selbst. Missionen sind der Ausgangspunkt, um Unternehmen zu Orten werden zu lassen, an denen am Erblühen des Lebens gearbeitet wird.

Unternehmensmissionen

Unternehmensmissionen sind Ziele, die eine Gesellschaft mit Unternehmen vereinbart. Schon heute gibt der Staat Unternehmen Ziele vor. Im großen Stil geschieht dies indirekt, durch Subventionen und Steuern. Gar nicht so selten vereinbart der Staat aber auch direkt Ziele mit Unternehmensverbänden oder einzelnen Unternehmen, zum Beispiel während der Coronakrise zur Herstellung von Masken und Beatmungsgeräten, zum Umbau der Energieinfrastruktur, zum Ausbau der Mobilfunknetze, zur Wiederansiedlung der Halbleiterindustrie, zum Bau der Flüssiggasterminals im Zuge des Ukrainekriegs oder zur Mobilisierung und Konvertierung der Wirtschaft in Kriegszeiten. In allen diesen Fällen werden nicht nur Aufträge vergeben, es werden auch Ziele festgelegt, also Leistungen erwartet, die nicht direkt mit Zahlungen verknüpft sind. Der Staat setzt immer dann Ziele, wenn er kurzfristige Krisen abwehren oder langfristige Projekte umsetzen muss. Die Umweltkrise ist beides: Sie ist zugleich eine existenzielle Krise und das größte Transformationsprojekt, vor dem unsere Welt je gestanden hat.

Mission Economy – so nennt die in London lehrende Ökonomin Mariana Mazzucato ihren Entwurf für eine Wirtschaft unserer Zeit.[53] Mithilfe von Missionen will sie eine Wirtschaft schaffen, die nicht mehr driftet, sondern die ihre produktiven Kräfte auf den ökologischen und sozialen Umbau richtet. In den letzten Jahren hat sich die Europäische Union, beraten von Mazzucato, diese Denkweise zu eigen gemacht und verfolgt nun unter Ursula von der Leyen eine sehr viel aktivere Wirtschaftspolitik.

Durch die Missionsvergabe bindet der Staat Unternehmen direkt an die Ziele der Gesellschaft. Er mutet sich zu, Wirtschaft aktiver zu lenken. Er sagt deutlich, was er von ihr erwartet. Dies ist heute kurzfristig wichtig, um Kipppunkte noch

53 Mariana Mazzucato, ebd.

vermeiden zu können. Aber auch langfristig sind Missionen bedeutsam, weil sie der direkte Weg sind, Interessen jenseits des Profits in Unternehmen zu verankern. Missionen machen Unternehmen lebensdienlich. Ohne Missionen sind Unternehmen nur profitsüchtige Automaten.

In einem ersten Schritt sollten sich Staat und Gesellschaft darüber klar werden, was genau sie von Unternehmen wollen. Dies ist aber heute alles andere als klar, vor allem weil die Wirtschaftslehre seit dem Jahr 1980 unentwegt predigt, dass der Staat sich aus der Wirtschaft heraushalten solle. Er solle sich nicht anmaßen, ein Narrativ von Wirtschaft zu entwickeln, das solle allein der Wirtschaft, dem Markt, überlassen werden. Mehr noch: Der Markt ist das Narrativ. Wo immer Angebot und Nachfrage eine Gesellschaft hintreiben, ist genau der Ort, wo eine Gesellschaft sein soll. Ein aus der Gesellschaft entwickeltes Narrativ gibt es nicht. Versuche, dieses zu entwickeln, werden ignoriert oder sogar bekämpft. Alternativen zur Dominanz des Markts zu entwickeln, ist verpönt. Gesellschaftliche Utopien brauche kein Mensch. Der Mensch brauche nur Kaufkraft und den freien Markt, um zu gedeihen. Heute aber ist ein neues Narrativ von Wirtschaft zur Überlebensfrage geworden, denn ohne eine Vision, wie Wirtschaft sein sollte, ist eine rasche ökologische Transformation nicht möglich. Die Frage lautet also: Wie kommen wir zu dem dringend benötigten neuen Narrativ?

Antwort: über einen Wirtschaftskonvent. Damit meine ich eine Versammlung von Bürgern, die gemeinsam über die zukünftigen Leitlinien der Wirtschaft beraten. Die diskutieren, welche Ziele Wirtschaft haben sollte und wie diese zu erreichen sind. Professionell vorbereitet und durchgeführt, kann so ein Konvent eine Vision erarbeiten, wie Arbeit und Leben in Deutschland sich anfühlen sollten. Der Wirtschaftskonvent ist ein Bürgerrat. Bürgerräte sind ein Mittel der direkten Demokratie. Ihr Einsatz empfiehlt sich, um grundsätzliche Fragen, also solche über Werte und Visionen, zu klären. Sie geben den Elementen der repräsentativen Demokratie, Parlament und Regierung, Orientierung über Legislaturperioden hinaus, weil sie in der Lage sind, politische Sackgassen zu überwinden. Koalitionsverträge, die heute in Deutschland einzige parteiübergreifende Form zur Formulierung von Zielen, eignen sich nicht dazu, neue Narrative zu entwickeln. Sie können nur das politisch Machbare beschreiben, das jedoch nie visionär ist. Ein wirklich tiefgreifender Wandel braucht einen Prozess mit direkter Beteiligung der Bevölkerung: über Bürgerräte.

So führten zum Beispiel Bürgerräte in Irland zu einem Referendum, in dem sich im Jahr 2018 66,4 Prozent der Wähler in diesem sehr katholischen Land unter anderem gegen das Verbot von Schwangerschaftsabbrüchen aussprachen.

Stellen Sie sich einen Wirtschaftskonvent wie die Verfassunggebende Versammlung von 1948 vor. Deutschland lag wirtschaftlich, gesellschaftlich und ethisch am Boden. Die Gesellschaft brauchte neue Werte und neue Strukturen. Diese wurden von 77 Abgeordneten, die von den Länderparlamenten gewählt worden waren, geschaffen. Noch heute gibt das Grundgesetz unserer Gesellschaft Orientierung und Struktur. Nun aber liegen wir ökologisch am Boden. Wir brauchen Erneuerung. Jetzt, bevor es zu spät ist. Mit einem Wirtschaftskonvent kann Wirtschaft von einer Kunst des Geschäftemachens zu einer Kunst der Lebensgestaltung werden. Dazu muss allerdings Politik von einer Kunst des Machbaren zu einer Kunst des Wünschenswerten werden. Bürgerräte, nicht nur für Wirtschaftsfragen, sind dazu ein Weg.

Eine Gesellschaft, die Ziele hat und diese laufend fortentwickelt – zum Beispiel durch Wiederholung des Wirtschaftskonvents alle zehn Jahre –, hat sehr viel bessere Chancen als eine ohne Ziele, sich in die richtige Richtung zu entwickeln. In die Richtung, die ihre Mehrheit will und die letztlich die einzige ist, sie zu erhalten. Eine solche Gesellschaft beendet das ziellose Driften von Demokratien und Wirtschaft. Sie macht sich selbst und die Ökonomie zu einem Projekt von allen für alle.

Der zweite Schritt ist die Ableitung von branchenspezifischen Zielen. Diese kann der Staat mit Unternehmensverbänden verhandeln. Das macht er auch heute schon, zum Beispiel mit der Automobilbranche zur Umstellung auf Elektromobilität, mit der Energiebranche zur Umstellung auf erneuerbare Energien, mit der Landwirtschaft zur Umstellung auf einen schonenderen Umgang mit der Natur, mit der Konsumgüterindustrie zum Umgang mit bestimmten Inhaltsstoffen, mit Verpackungen und Werbung, mit der Bau- und Chemieindustrie über Produktionsverfahren und Standards. In einer Mission Economy wird der Staat aber fordernder. Dies ist politisch anspruchsvoller, da die Regierung sich exponiert: Sie muss formulieren, was sie von der Wirtschaft will. Für Laisser-faire ist keine Zeit mehr.

Dies ist politisch belebend, da weder Bürger noch Wirtschaft im Unklaren darüber gehalten werden, wofür eine Regierung steht. Zugleich entsteht so ein bisher unerreichtes Maß an Investitionssicherheit. Wenn die Ziele der Regierung aus einem Wirtschaftskonvent abgeleitet werden, sorgt allein die Erwartung, dass diese auch langfristig, insbesondere über eine Legislaturperiode hinaus, Bestand haben, für mehr Investitionen im Sinne der Gesellschaft. Das Vor und Zurück bei der Förderung der erneuerbaren Energien in Deutschland in den letzten 30 Jahren zeigt, dass es dieser langfristigen Verstetigung von Politik über Legislaturperioden hinaus dringend bedarf.

Ohne Zweifel bedeuten Missionen eine aktivere Industriepolitik, als wir das bisher in Deutschland gewohnt sind. Aber Frankreich, Japan und China betreiben seit Jahrzehnten eine sehr viel aktivere Industriepolitik als Deutschland, und auch die USA unter Joe Biden und die EU unter Ursula von der Leyen sind in den letzten Jahren deutlich wahrnehmbar auf diesen Pfad eingeschwenkt.

Auch einzelnen großen Unternehmen, zum Beispiel denen im DAX, können individuelle Missionen anvertraut werden. In der Finanzbranche macht der Staat das heute schon. Seit dem Börsencrash im Jahr 2008 müssen sich große Banken und Versicherungen regelmäßigen Stresstests unterziehen. Je nach Ergebnis gibt der Staat ihnen Ziele vor, die sie über die Zeit zu erreichen haben. Er vergibt keine Aufträge, er vergibt Ziele. Einzelne Großkonzerne, wie zum Beispiel VW, Daimler oder BMW, könnten zum Beispiel die Mission erhalten, 50 Prozent ihres Umsatzes bis zum Jahr 2030 nicht mehr mit dem Verkauf von Autos, sondern mit dem von Mobilitätsdienstleistungen zu machen. Dies würde starke Anreize für eine Verkehrswende setzen, also die Abkehr vom Individualverkehr und die Hinwendung zu öffentlichem Verkehr, Sharingangeboten etc. Autokonzerne würden eine Transformation ihres Geschäftsmodells erleben – weg vom Verkaufen von Autos und hin zum Verkaufen von Mobilitätslösungen.

Die große Mehrzahl an kleineren und mittleren Unternehmen brauchen keine Missionen, da beispielsweise Bäckereien, Elektroinstallations-, oder Handwerksbetriebe unmittelbar nützlich sind. Wichtig sind Missionen bei Großunternehmen, da deren Verhalten aufgrund ihrer Kapital- und Technologiestärke und der umfangreichen Lieferketten maßgeblich ist für das, was in weiten Teilen der Wirtschaft passiert. Der globale Wettbewerb, in dem gerade Großunternehmen stehen, ist kein Gegenargument. Ja, er schränkt ein, was Gesellschaften von Unternehmen erwarten können. Aber das Ziel ist nicht, eine ideologische Politik gegen den Markt zu machen, sondern den Markt pragmatisch so zu gestalten, wie man ihn in Zukunft haben will. Die EU hat sich heute schon durch viele Standards vom Weltmarkt emanzipiert – so sehr, dass sie mittlerweile als »regulatorische Supermacht« gilt: Sie schreibt der Welt ihre Standards vor – etwa für USBC-Ladekabel oder Lebensmittel und bis hin zur Datensouveränität.[54] Durch Missionen kann die Gesellschaft Branchen und Unternehmen gezielt in ihrem Sinne entwickeln. Das Ziel ist nicht das Überstülpen einer Ideologie, sondern das machbarkeitsorientierte Gestalten von wirtschaftlicher Aktivität mit etwas mehr Planung und etwas weniger neoliberalem Laisser-faire – ganz im Sinne von Henry Mintzberg.

54 Anu Bradford (2020): The Brussels Effect: How the European Union rules the World.

Deutlich zu sagen, was man als Gesellschaft von Unternehmen will, ist der erste Schritt, um der heutigen Dystopie zu entkommen, die eine entkoppelte Wirtschaft geschaffen hat.

Missionen verknüpfen Wirtschaft und Gesellschaft, Gesellschaft und Ökologie, Arbeit und Sinn. Jeder, der nachhaltige Unternehmen fordert, gibt damit Unternehmen eine Mission. Missionen machen Wirtschaft lebensdienlich.

Der Markt bleibt die Arena, in der sich Unternehmen bewähren müssen. Aber sie stehen nun für mehr als Profit. Sie leben nicht mehr, um Profit zu atmen. Sie leben, um Beiträge zu leisten. Aber warum sollten sich Unternehmen ihrer Mission annehmen? Was dafür getan werden muss, dass sie es tun, darum geht es im Rest dieses Buches.

■ III Soziale Lizenzen: Werte über Desinteresse

»Die Herausforderung der Zukunft ist, Unternehmen selbst für die Verbesserung des Lebens verantwortlich zu machen.«
Mihály Csíkszentmihályi, 2003[55]

Ein Ruf nach Nachhaltigkeit, der nicht mit Interessen und Macht hinterlegt ist, ist nur ein folgenloser Appell. Von außen auferlegte Missionen helfen darum nicht viel, wenn es keine Wächter im Inneren der Unternehmen gibt, deren ehrliches Interesse der Nachhaltigkeit gilt und deren Macht so groß ist, dass ihre Stimme auch gehört wird.

Wir müssen also die Frage beantworten, wie Interessen und Macht in Unternehmen neu organisiert werden können. Ich starte dabei mit der Geschichte von Unternehmen, um zu erklären, warum sie zu dem geworden sind, was sie heute sind. Danach erläutere ich zwei Designs, die dazu geeignet scheinen, Nachhaltigkeit rechtlich und organisatorisch in Unternehmen zu verankern. Ein pluralistisches Design, das, vergleichbar mit der Arbeitnehmermitbestimmung, ein zweites Machtzentrum schafft, und ein unitaristisches Design, bei dem aus einem Machtzentrum heraus eine Vielfalt von Zielen verfolgt werden kann.

Interessen und Macht

»Was Unternehmen machen können, ist, ihre Ordnung auf erstrebenswerten Prinzipien zu bauen, und nicht auf niederen [...] Wo ihre Gedanken sind, da werden – langfristig und mit Ausnahmen – auch ihre Handlungen sein.«
R. H. Tawney[56]

---

55 Mihaly Cisikzentmihalyi (2003): Good Business: Leadership, Flow and the Making of Meaning, S. 208 Kindle Edition.

56 R. H. Tawney in: E. F. Schuhmacher (1973): Small is Beautiful: Economics as if People mattered, S. 221, Übersetzung durch den Autor.

Die Geschichte der Unternehmen

Gemeinschaften, die sich zu kommerziellen Zwecken zusammenfinden, gab es schon vor Tausenden von Jahren. In Sumer, Assyrien, Ägypten, Phönizien, Griechenland, Rom und später in den Stadtstaaten der Hanse und Norditaliens – überall, wo Menschen lebten. Aber wie Gewerbe betrieben wurde, war zu jeder Zeit eingebettet in kulturelle, soziale, religiöse, technologische, politische, geografische und ökologische Rahmen.[57] Orte, Personen, Jahreszeiten und Risiken spielten eine ungleich größere Rolle als in der heutigen anonymen, technisierten und juristisch gesicherten Geschäftswelt. Geschäfte waren persönlicher. Sie mussten es sein, weil die Durchsetzung von Verträgen schwerfiel, je weiter man sich von der eigenen Stadtgrenze oder Dorfgemeinschaft entfernte. Als dann mit den europäischen Entdeckern, dem Atlantikhandel und dem Kolonialzeitalter Geschäfte immer globaler, riskanter und finanzintensiver wurden, stieg auch der Bedarf an neuen Lösungen. In dieser Zeit entstanden zum Beispiel die doppelte Buchführung, nationale Währungen, Banken, Kapitalmärkte und, der Schwerpunkt dieses Buchs, die Kapitalgesellschaft.

Die ersten Kapitalgesellschaften bildeten sich zu Anfang des 17. Jahrhunderts: im Jahr 1600 die britische East India Company und im Jahr 1602 die niederländische Ostindien-Kompanie. Viele andere etwa in Dänemark, Schweden, Portugal und Frankreich folgten. Damit begannen die europäischen Staaten damit, einen Rechtsrahmen zu schaffen, der sich durch vier Innovationen auszeichnete:

Haftungsbegrenzung: Zuvor hatte jeder Kaufmann mit seinem persönlichen Vermögen gehaftet – nun konnte er seine Haftung auf das eingelegte Kapital begrenzen.

Rechtspersönlichkeit: Zuvor waren vor Gericht nur Menschen als Kläger oder Beklagte aufgetreten – nun konnten auch Nichtmenschen, nämlich Unternehmen, ihre eigenen Interessen vor Gericht vertreten.

Institutionalisierung: Zuvor waren Menschen die alleinigen Akteure in einer Gesellschaft gewesen – nun gab es Institutionen, die unabhängig von Individuen entsprechend ihren Algorithmen der kollektiven Entscheidungsfindung agierten.

Unsterblichkeit: Zuvor war die Ambition mit dem Menschen, der sie gehegt hatte, gestorben – nun gab es Akteure, deren Ambition ewig andauern würde.

Dass da etwas sehr Mächtiges entstand, war schon vielen Zeitgenossen im 17. Jahrhundert klar. Ein unsterblicher, nichtmenschlicher Akteur, der die Fähigkeiten von Tausenden von Menschen nutzen kann, um bis in alle Ewigkeit engstirnig

57 Jason W. More (2015): Capitalism in the Web of Life.

und entschlossen nur nach einem Ziel zu streben, nach Profit. Ein Akteur wie aus einem Marvel-Film.

Das war auch damals schon vielen unheimlich. Aber Krone und Staat waren nicht bereit, auf die lukrativen Einnahmen zu verzichten, die ihnen das anbrechende Kolonialzeitalter versprach. Dennoch baute der Gesetzgeber einen Kontrollmechanismus ein: Er verlangte einen »Company Charter«, einen Gesellschaftsvertrag. Der Staat behielt sich vor, nur solche Kapitalgesellschaften zuzulassen und zu erhalten, die in seinem Interesse waren. Vom Staat sanktionierte Gesellschaftsverträge waren das Kryptonit, da mit ihnen die Superkräfte der »Corporation« kontrolliert werden konnten.

Etwas über 200 Jahre später, im Wettstreit um die industrielle Vorherrschaft im 19. Jahrhundert, wurde diese Sicherung aufgegeben, um so die Kräfte des Marktes und der Finanz noch stärker zu entfesseln.[58] Mit dem Joint Company Stock Act von 1844 und dem Limited Liability Act von 1855 wurden englische Unternehmen frei, ihre eigenen Ziele zu verfolgen. Andere Länder folgten, Deutschland um 1870. Damit war die Kapitalgesellschaft da angekommen, wo sie heute noch immer ist: Sie ist ein von expliziten gesellschaftlichen Zielen unabhängiges Instrument des Kommerzes. Ein aufgrund seiner Blindheit für alles, was nicht Profit ist, Supervillain. Mit Kräften, die denen normaler Menschen um ein Vielfaches überlegen sind.

Die Macht der Unternehmen wuchs seitdem immer mehr an. Durch die Globalisierung, vor allem ab den 1980er-Jahren, wurden große und zusehends sogar mittlere Unternehmen von »Rule Takern« zu »Rule Seekern«, die in einem internationalen Standortwettbewerb staatliche Strukturen gegeneinander ausspielen konnten.[59] Heute sind die größten der Unternehmer sogar »Rule Maker«. Viele Unternehmen wie Exxon, Shell, Nestlé oder die drei großen deutschen Automobilhersteller schreiben durch erfolgreiche Lobbyarbeit nicht selten direkt an Gesetzen mit. Und die fünf Herrscher des Internets – Apple, Microsoft, Alphabet, Amazon und Meta – geben sich ihre Regeln im globalen digitalen Raum gleich weitgehend selbst.

Nun, in Sichtweite von existenziell bedrohlichen Kipppunkten, ist es meines Erachtens höchste Zeit, Unternehmen wieder an Zwecke zu binden – sie wieder zu »chartern«. Nachhaltige Unternehmen sind eben keine ungebundenen Instrumente des Kommerzes – sie sind missionsgebundene Instrumente der Gesellschaft. Das

58 Alfred Chandler (1977): The Visible Hand: The Managerial Revolution in American Business.
59 Richard N. Langlois (2023): The Corporation in the Twentieth Century: The History of American Business Enterprise.

dem Begriff Unternehmen vorangestellte Attribut »nachhaltig« bedeutet, dass ein Unternehmen keine Monokultur eines Zieles ist, sondern sich einer Vielzahl von Zielen öffnet. Ein differenziertes Unternehmen, das nicht mehr wirtschaftliche Aktivität um jeden Preis verfolgt, sondern Ziele abwägt. Ein Unternehmen, das in seinen Gedanken Gutes trägt und Handlungen erzeugt, die Gutes bewirken.

Um einen Ansatzpunkt zu finden, die Unternehmen dazu bringen, nicht mehr nur Profite in ihren Gedanken zu haben, ist es notwendig zu verstehen, wie Interessen und Macht in heutigen Unternehmen geregelt sind. Die Frage lautet: Warum agieren die Akteure in heutigen Unternehmen so, wie sie es heute tun?

Eigentümer

»Je stärker die Macht von externen Stakeholdern, umso weniger kooperativ sind Unternehmen nach innen.«
Sabine Konzelmann et al.[60]

Den Eigentümern gehört das Unternehmen. Sie sind manchmal Unternehmer, aber viel häufiger, gerade bei großen Unternehmen, sind sie nur Kapitalgeber. Der Gewinn ist das zentrale Interesse aller Eigentümer. Natürlich haben manche von ihnen auch andere Interessen. Aber die meisten Unternehmen sind im Streubesitz, sie gehören sehr vielen. Andere Interessen können so nicht durchdringen. Das Profitinteresse, der kleinste gemeinsame Nenner, ist systemisch gesetzt. Dieses systemische Interesse verdrängt in der heutigen hochkapitalisierten Welt jedes andere individuelle Motiv. Egal ob Kleinanleger oder Millionär, kaum ein Eigentümer bringt sich noch direkt in Unternehmen ein. Heute lassen Eigentümer managen – und dies gleich zweifach: Sie lassen ihre finanziellen Interessen durch professionelle Vermögensverwalter vertreten, und diese lassen Manager Unternehmen führen. Eigentümer zu sein, bedeutet für die meisten, egal ob Kleinanleger oder Superreicher, oft nicht mehr, als gelegentlich einen Blick auf das Onlinewertpapierdepot zu werfen. Der Rest passiert ferngesteuert, institutionalisiert. Eigentümer sind, heute mehr denn je, abwesende Rentiers. Die Schnittstelle zwischen der Gesellschaft und den Machtzentren der Wirtschaft hat deswegen eine extrem niedrige Bandbreite, in der nur die Forderung nach Profit Platz findet. Unternehmen werden von Managern geführt und von institutionellen Vermögensverwaltern bewacht, die wiederum bewacht werden von reichlich unbeteiligten Out-

60 Sabine Konzelmann et al. (2006): Corporate Governance and HRM, in: British Journal of Industrial Relations 44:3 September 2006, pp. 541–567.

sidern, den Eigentümern. Alle eint einzig und allein nur das Interesse an Profit. Eine verselbstständigte Wirtschaft, deren Profitinteressen so stark, eindeutig und machtvoll vertreten werden, dass es dem Staat zunehmend schwerfällt, irgendetwas anderes als wirtschaftliche Interessen zu vertreten. Aber damit nicht genug. Die geringe Bandbreite der von der Gesellschaft an die Wirtschaft übermittelten Ziele und die weitgehende Abwesenheit der Kontrolleure (der Vermögensverwalter und Eigentümer) geben den Managern immer mehr Gelegenheit, sich zu verselbstständigen.

Manager

Die Manager eines Unternehmens bilden eine spezielle Gruppe unter den Mitarbeitern.[61] Sie sind die Erfüllungsgehilfen der Eigentümer. Wenn es nach den Eigentümern ginge, wären die Motive der Manager deckungsgleich mit ihren eigenen. Aber das sind sie nicht. Schon seit der Antike haben Manager einen entscheidenden Vorteil: Sie sind Insider und die Eigentümer sind Outsider. Eigentümern fällt es schwer, an Informationen über das zu gelangen, was im Inneren von Unternehmen vor sich geht. Noch schwieriger ist es für sie, dieses Geschehen zu bewerten. In der Wirtschaftstheorie ist dies unter dem Prinzipal-Agenten-Problem bekannt: Manager (die Agenten) verselbstständigen sich umso mehr, je mehr Informationen sie und je weniger Informationen die Eigentümer (die Prinzipale) haben – oder sich zu vertretbaren Kosten erarbeiten können.

Vieles spricht dafür, dass die Macht der Manager in den letzten Jahrzehnten rasant gewachsen ist. Unternehmen sind heute größer, globaler, komplexer, verschachtelter und vor allem im Besitz von so vielen Eigentümern, dass es sich für den Einzelnen kaum lohnt, das Treiben von Managern zu hinterfragen. Selbst die größten Vermögensanleger, Versicherungen und Banken, kontrollieren in der Regel nur einen kleinen Unternehmensanteil, weil es für sie sinnvoll ist, ihre Investitionen breit zu streuen. Die Portfoliologik des Finanzmarkts führt zur Verselbstständigung des Managements.

Die seit den 1980er-Jahren unternommenen Versuche, die Interessen von Eigentümern und Managern durch die Vergabe von Aktienoptionen oder Boni besser in Einklang zu bringen, sind weitgehend gescheitert. Nicht dass Manager auf solche Anreize nicht reagieren würden. Im Gegenteil, sie überreagieren und setzen alles daran, die ihnen gesetzten Ziele zu erreichen. Sie setzen alle ihnen *als Insidern* zur Verfügung stehenden Mittel ein, um genau das zu erreichen, was ihnen vorgegeben

61 Die Dilemmas des Managements schildert eindrucksvoll Robert Jackall (1988): Moral Mazes: The World of Corporate Managers.

wurde. Wenn dies die Erhöhung des Aktienkurses ist, dann machen sie genau dies. Koste es, was es wolle. Als Insider sind sie in der Lage, kurz- bis mittelfristig Unternehmen auf eine Weise auszuhöhlen, dass Wachstums- und Gewinnzahlen auch über Jahre hinweg wunderbar erscheinen, aber im Rückblick deutlich wird: Diese »guten« Ergebnisse konnten nur auf Kosten der Substanz erzielt werden.[62]

Manager sind machtvolle Insider, die sich in der modernen Wirtschaft der Kontrolle durch Eigentümer weitgehend entzogen haben. Sie sind, obwohl Angestellte, die heute dominante Macht in Unternehmen. Dies zeigen die explodierenden Vorstandsbezüge: Beispielsweise in DAX-Unternehmen waren diese im Jahr 1980 »nur« zwanzig Mal so hoch wie das Durchschnittgehalt der Mitarbeiter, im Jahr 2022 aber bereits 53-mal so hoch.[63] Die Verselbstständigung des Managements hat große Konsequenzen für unser Vorhaben, neue Interessen in Unternehmen zu verankern. Denn nicht nur die Bandbreite der zwischen Gesellschaft und Wirtschaft übermittelten Ziele ist zu gering, auch hören die eigentlichen Wirtschaftslenker, die Manager, diese Signale nur noch stark verzerrt. Stattdessen hören sie nicht nur allein: »Gewinn!«, sie hören: »Gewinn jetzt!« Kurzfristig, am besten sofort. Ein Manager, der über seine oft kurze Amtszeit hinausdenkt, ist eine Rarität, denn er handelt entgegen den Anreizen des Systems. Die Orientierung an der kurzen Frist drückt sich auch in der immer größeren Verschuldung von Unternehmen aus, die einhergeht mit immer höheren Ausschüttungen an Kapitalgeber über Aktienrückkäufe.[64] Um jetzt Gewinne auszuschütten, wird nicht nur ökologischer Raubbau betrieben, es wird auch die wirtschaftliche Substanz ausgehöhlt. Dass dieser Substanzverlust nicht noch deutlicher sichtbar ist, mag vor allem dem Fakt geschuldet sein, dass sich kein großes Unternehmen dem beschriebenen Anreizsystem entziehen kann. Wenn alle Unternehmen durch und durch finanzgetrieben sind, fehlen einfach die Beispiele, die zeigen können, dass es anders geht.

Um in dieser Gemengelage nachhaltige Ziele zu verankern, muss erstens die Bandbreite der Ziele zwischen Gesellschaft und Wirtschaft vergrößert werden: Der Staat muss anfangen, Forderungen an Unternehmen zu stellen. Zweitens müssen Unternehmen diese Forderungen auch hören können: Es braucht Missionen und es braucht Missionstreue.

62 Philipp M. Rosenzweig (2007): The Halo effect: and the Eight Other Business Delusions That Deceive Managers.

63 Deutschland: Deutscher Schutzverein für Wertpapier Besitz e. V., DSW-Studie zur Vorstandsvergütung 2022; USA: Economic Policy Institute (2022): https://www.epi.org/publication/ceo-pay-in-2021/, Zugriff am 14.12.2023.

64 S&P Global (2022) Global Stock buybacks hit record high in (2022), https://www.spglobal.com/marketintelligence/en/news-insights/latest-news-headlines/global-stock-buybacks-hit-record-high-in-2022-north-america-drives-activity-75910446, Zugriff am 14.12.2023.

Mitarbeiter

Auch Mitarbeiter gehen zur Arbeit, um Geld zu verdienen. Aber dennoch spielen ihre anderen Interessen, wie zum Beispiel Selbstverwirklichung, Neugier, Sicherheit, Fairness, Ansehen oder Gemeinschaft, eine große Rolle. Sie investieren halt nicht nur Geld wie die Kapitalgeber, sondern sich selbst – ihre Lebenszeit, ihren Lebensschwerpunkt, ihre mentale und körperliche Gesundheit, ihre Ideale. Sie werden von Unternehmen geformt. Das wird der typische Investor nicht. Er lebt woanders.

Auch aus betriebswirtschaftlicher Sicht können die nichtmonetären Interessen von Mitarbeitern nicht ignoriert werden. Menschen erscheinen zwar wegen des Geldes am Arbeitsplatz, aber das heißt nicht, dass sie sich auch wirklich einbringen. Arbeitsverträge sind eher Beitrittserklärungen als Lieferzusagen. Nach dem Eintritt ins Unternehmen, ja sogar jeden Tag beim Durchschreiten des Werkstores muss ein Unternehmen die ganze Diversität an menschlichen Motiven bedienen, damit etwas Produktives dabei herauskommt. Es spielt folglich für die Organisation von Unternehmen eine kritische Rolle, welche Motive sie nutzen. Und da haben Unternehmen im Umgang mit Mitarbeitern eine ähnlich geringe Bandbreite wie die Gesellschaft im Umgang mit der Wirtschaft. Um das zu erklären, möchte ich Ihnen eine umfassende Motivationstheorie, die von den US-Ökonomen Avner Ben-Ner und Louis Putterman in einer Metastudie entwickelt wurde, vorstellen. Diese Studie umfasst auch populäre Theorien wie zum Beispiel die Maslow'sche Bedürfnispyramide, die Herzberg'sche Zwei-Faktoren-Theorie oder die Self-determination theory.[65] Putterman und Ben-Ner unterscheiden drei Motive, wie in Abbildung 7 dargestellt.[66]

Motiv	Inhalt	Quelle
Ich-bezogen	Die Sorge um Ergebnisse für sich selbst	Egoismus
Auf andere-bezogen	Die Sorge um Ergebnisse für andere	Altruismus
Prozess-bezogen	Die Sorge über die Art, wie Ergebnisse zustande kommen	Psychologie, Soziologie, Kultur, Ethik

Abbildung 7: Die Drei-Motiv-Theorie

65 Abraham Maslow (1954): Motivation and Personality.
66 Avner Ben-Ner und Louis Putterman, ebd., S. 17ff.

Heutige ökonomischen Theorien fokussieren fast ausschließlich auf die ichbezogenen Motive. Das ist nur allzu verständlich, denn diese erscheinen zugleich stark und gut operationalisierbar: Arbeit ist Ungemach; die Notwendigkeit Geld zu verdienen, macht Menschen verfügbar; und Anreize (»Carotts and Sticks«) richten menschliche Aktivität auf die Ziele des Unternehmens aus. Ein valider Ansatz, um Unternehmen zu organisieren.

Die auf andere bezogenen Motive spielen hingegen fast keine Rolle. Dass Menschen sich um andere kümmern, ist gut und schön. Aber damit ein Unternehmen funktioniert, reicht es, wenn Mitarbeiter sich nur um einen Menschen kümmern, ihren Chef oder ihre Chefin. Die Kollegen sind ebenso Beiwerk wie alle Ziele, die nicht vom eigenen Chef gesetzt werden. Sicherlich macht ein gutes Unternehmensklima vieles einfacher, aber so wie Unternehmen heute organisiert sind, in Form einer Managementhierarchie, ist es entbehrlich. Unternehmen setzen allein auf die egoistischen Motive jedes Einzelnen, weil sie systemisch allein durch Über- und Unterordnung auf Mitarbeiter wirken.

Ebenso systemfremd sind auch die prozessbezogenen Motive. Dazu gehört die Sorge der Menschen darüber, wie Ergebnisse zustande kommen. Die Fairness, die Mitsprache, die Einflussmöglichkeiten, der Grad der Selbstwirksamkeit – all das geht in einem System verloren, das keine Augenhöhe zwischen Mitarbeitern und Managern vorsieht. Fairness ist immer beschränkt auf das Niveau, das Autokratie hervorbringen kann. Maximal gibt es zeitweise gutmütige Autokraten, mehr ist in einer Managementhierarchie nicht möglich. Führungstraining kann helfen, die systemische Wunde bleibt aber bestehen.

Heute steht die Managementlehre im Speziellen und die Wirtschaftslehre im Allgemeinen auf nur einem Drittel dessen, was Menschen ausmacht: dem Egoismus. Menschen in Unternehmen werden so zu einer hässlichen, kleinkarierten Karikatur. Die Möglichkeit, ein Wirtschaftssystem auf höheren ethischen Werten aufzubauen – was gut wäre für die Gesellschaft –, bleibt ungenutzt. Aber gleichzeitig bleiben aus betriebswirtschaftlicher Sicht auch zwei Drittel der Zugänge zur Motivation von Menschen ungenutzt – was für die Leistungsfähigkeit von Unternehmen nicht gut sein kann. Wie fatal gerade betriebswirtschaftlich die Folgen der Überbetonung von ichbezogenen Motiven bei gleichzeitiger Ignoranz gegenüber den auf andere bezogenen und der prozessbezogenen Motive ist, ist ein Thema, das sich durch dieses ganze Buch zieht.

Die Drei-Motiv-Theorie gilt für alle Menschen, auch für Eigentümer und für Manager. Nur sind die Interessen von Eigentümern und Managern sehr viel stärker durch ihre Rollen geprägt. Die Interessen der Mitarbeiter sind vielfältiger, weil es hier nicht um institutionelle, sondern um menschliche geht. Sie kommen daher im Gegensatz zu Eigentümern und Managern als Ganzes in Unternehmen an.[67]

Verlassen wir die Interessen und schauen wir auf die Machtmittel der Mitarbeiter. Formelle Machmittel haben sie kaum. Sie sind weisungsgebunden. Ihnen wird befohlen und sie schulden Gehorsam. Dennoch sind sie nicht machtlos, aber ihre Machtmittel sind eher informell. Albert O. Hirschmann, ein amerikanischer Ökonom, unterscheidet drei Machtmittel, über die Mitarbeiter verfügen und mit denen sie Mächtigen begegnen können: Loyality, Exit und Voice.[68] Abbildung 8 gibt einen Überblick.

Machtmittel	Details	Vorteile	Nachteile
Loyality	Sich fügen und unterstützen	Sicherheit, Zusammenhalt, Gestalten im Detail	Anpassung eigener Präferenzen
Voice	Offene und kritische Äußerung	Klare Positionierung	Erhöhte Verletzbarkeit
Exit	Sich entziehen	Unangreifbarkeit	Kosten der Flucht

Abbildung 8: Die drei Machtmittel von Mitarbeitern

Loyalität ist ein Machtmittel, denn sie sichert einem Mitarbeiter Einfluss auf das Verhalten seines Chefs. Vorgesetzte reagieren auf Loyalität positiv – oft mit ebensolcher Loyalität. Loyalität schafft Vertrauen, eine Währung, die Mitarbeiter nutzen können, um Sicherheit und Freiheit zu erlangen. In Managementhierarchien gibt es nur eine Machtquelle, den Chef. Für Mitarbeiter ist Loyalität der einzige relativ verlässliche Weg zu dieser Machtquelle.

Das zweite Machtmittel der Mitarbeiter, Voice, bedeutet, die eigene Stimme zu erheben und auszusprechen, was man meint. Man bezieht eine Position und stellt so einen Anspruch auf eine eigene Sicht der Realität. Für Loyalität ist das nicht nötig. Da reicht es, die Sicht des Chefs zu übernehmen. Voice ist für Unternehmen ungemein wertvoll, weil Voice der wesentliche Weg für Unternehmen ist, die Wahrnehmung, Expertise, Intelligenz und Weisheit von Menschen zu nutzen. Aber zugleich ist Voice brandgefährlich. Wer Position bezieht, wird nicht nur angreifbar – er handelt sogar gegen das fundamentale Prinzip der Managementhierarchie, das Prinzip von Befehl und Gehorsam. Bei falscher Antizipation der Gemütslage des Chefs kann jede klare Aussage, auch wenn sie in loyaler Absicht

67 Isabelle Ferraras (2017): Firms as Political Entities.

68 Albert O. Hirschman (1970): Exit, Voice, and Loyality: Responses to Decline in Firms, Organizations and States.

gemacht wurde, als ein Akt der illoyalen Subordination aufgefasst werden. Wer seine Stimme erhebt, kann verletzt werden. Nur wer einfach nur loyal folgt, der ist sicher. Je stärker die Machtasymmetrie zwischen Chef und Mitarbeiter, desto riskanter und seltener ist Voice.

Das dritte Machtmittel des Mitarbeiters ist Exit. In der extremen Form geht es dabei um den Exit aus der Organisation durch Versetzung oder Kündigung. Viel häufiger als die Flucht ist aber der Rückzug ins Innere. Mitarbeiter, die innerlich gekündigt haben, müssen nicht apathisch, missgelaunt oder zynisch wirken. Die innere Kündigung kann sich auch unter einem Mantel aus wohltemperierter Loyalität verbergen. Statistisch ist Exit heute die am häufigsten gewählte Strategie in Unternehmen. Laut einer schon viele Jahre wiederholt durchgeführten weltweiten Studie des größten amerikanischen Meinungsforschungsinstituts Gallup bezeichnen sich in deutschen Unternehmen 85 Prozent der Mitarbeiter als nicht oder nur mäßig engagiert.[69] In Europa und weltweit ist es nicht viel anders. Nur etwa jeder Siebte tut das, was ein Unternehmen erwartet, und engagiert sich bei der Arbeit. Man kann also behaupten, der durchschnittliche Wirkungsgrad der heutigen Art, Unternehmen zu organisieren und zu managen, liegt bei 15 Prozent. Das Modell von Albert Hirschmann lässt ahnen, warum dies so ist: Schuld ist nicht die Unfähigkeit der Manager, sondern das ungeeignete System: Weil Menschen sich vor Machtasymmetrien schützen, erzeugt die Managementhierarchie viel oberflächliche Loyalität, minimiert Voice und maximiert den inneren Exit. Mitarbeiter setzen ihre informellen Machtmittel ein, um sich zur Wehr zu setzen. Aber um wirklich gut zu funktionieren, sollten Unternehmen doch tiefe Loyalität, viele kritische Stimmen und nur wenig Exit produzieren.

Unternehmen sind heute also genau verkehrtherum organisiert. Sie drängen über ihre Machthierarchien Mitarbeiter in Verhaltensweisen, die im kompletten Widerspruch zu ihrem eigentlichen Ziel der Leistungsoptimierung stehen. Diese Epidemie des Disengagements liegt nicht an den Managern, sie liegt am System. Die Managementhierarchie unterdrückt das, was sie eigentlich erzeugen sollte, und erzeugt das, was sie eigentlich unterdrücken sollte. Sie schießt sich selbst ins Knie. Warum das so ist, dazu mehr im nächsten Kapitel. An dieser Stelle nur so viel: Die Antwort hat etwas mit Profit zu tun.

69 Gallup Inc (2022): Bericht zum Engagement Index Deutschland, https://www.gallup.com/de/472028/bericht-zum-engagement-index-deutschland, Zugriff am 14.12.2023.

Abbildung 9 fasst das erste Drittel dieses Kapitels zusammen.

	Interessen	Machtmittel	Effektives Machtpotenzial
Eigentümer	Gewinn	Formelle Macht	Eher mäßig
Management	Gewinn und individuelle Motive	Delegierte formelle Macht	Dominant
Mitarbeiter	Ergebnisse für sich und andere sowie das faire Zustandekommen der Ergebnisse	Informelle Macht: Loyality, Exit, Voice	Gering

Abbildung 9: Interessen und Machtmittel in Unternehmen

Manager haben de facto die dominante Position, sodass sie ihre Interessen durchsetzen können. Eigentümer haben diese dominante Position nur de jure, sind aber de facto kaum genug involviert und ausreichend beteiligt. Manager können zwar nicht die Interessen der Gruppe der Eigentümer ignorieren, aber sie können als Insider diese bedienen und gestalten. Mitarbeiter haben die schlechtesten Karten in puncto Durchsetzung ihrer Interessen. Ihre »Winning Strategy« ist Loyalität, weil nur die ihnen Zugriff auf die Mächtigen gibt, aber die häufigste Strategie, um in Unternehmen zu überleben, ist der innere Exit. So viel zum Status quo. Lassen Sie uns im nächsten Abschnitt damit beginnen, Interessen und Macht auf Nachhaltigkeit zu trimmen.

Ankerplätze

»Das Recht ist der Stoff, aus dem Unternehmen geschnitten sind.«
Frei nach Katharina Pistor, The Code of Capital[70]

Wer nachhaltige Unternehmen will, muss andere Interessen als bisher in Unternehmen verankern und sie mit Macht ausstatten. Nämlich das Interesse an gesellschaftlichen und das an ökologischen Zielen. Das geht nur mithilfe des Rechts. Aber wie genau? Zur Beantwortung dieser Frage sind drei Schritte nötig: zunächst die Untersuchung, wie Macht und Interessen heute in Unternehmen organisiert sind. Dazu haben Sie schon einiges erfahren, jetzt werden wir es auf ein höheres Abstraktionsniveau ziehen. Anschließend folgen zwei konkrete Ansätze dazu, wie Interessen und Macht in Unternehmen anders organisiert werden können.

70 »Capitalism is enabled by law: Law is the cloth from which capital is cut« - Katharina Pistor (2019): The Code of Capital: How the Law create Wealth and Inequality, S. 209 Kindle Edition.

Der Status quo

Interessen und Macht – die Wissenschaft, die sich um diese Begriffe kümmert, ist die Politologie. Deren Ziel ist es letztlich, bessere Herrschaftssysteme zu entwickeln. Dabei denken wir meist an Staaten. Aber auch Unternehmen sind durch und durch Herrschaftssysteme. In ihnen wird Macht, sehr viel Macht, ausgeübt. Sie herrschen über Ziele, Menschen und Ressourcen.

Politologisch gesehen, sind Unternehmen, so wie sie heute meist organisiert sind, Autokratien. In ihnen herrscht ein Einzelner, der Chief Executive Officer. Dessen Macht ist nur begrenzt durch den Einfluss, den Eigentümer auszuüben in der Lage sind, und durch die Bereitschaft des Staates, Gesetze zu erlassen und deren Einhaltung zu kontrollieren. Diese beiden Einflüsse reichen meist dafür aus, dass CEOs Autokraten bleiben und nicht zu Diktatoren werden.

Nun ist der Begriff Autokratie politisch aufgeladen. Politologen verwenden daher gern einen verwandten Begriff und bezeichnen heutige Unternehmen als unitaristische Systeme.[71] Das sind Systeme, die aus einem Machtzentrum heraus handeln. Dieses bilden Eigentümer und Manager.

Der große Vorteil einer unitaristischen Lösung ist die Klarheit: Es ist klar, wer Ziele bestimmt, was der Maßstab ist, wer weisungsbefugt ist, wer Risiken trägt und wem Erträge zustehen. Diese großen Vorteile werden aber durch den Nachteil erkauft, dass alle Interessen, die das dominante Machtzentrum nicht vertritt, ignoriert werden. Jeder, der nicht zum Machtzentrum gehört, wird zum Outsider und ist ohnmächtig. Die Ohnmacht der Mitarbeiter tut ihnen nicht gut, weswegen dieser Punkt schon immer von Sozialreformern kritisiert wurde.

Im aktuellen autokratisch-unitaristischen System kann der Staat Nachhaltigkeit nur aufwendig von außen durch bürokratische Regeln erzwingen. Von innen wird dieses System immer versuchen, Profit zu machen und alle anderen Interessen, wo es irgend geht, zu ignorieren.

Aber nicht alle Unternehmen in Deutschland sind Unitaristen. Manche sind auch Pluralisten. In diesen existiert ein zweites Machtzentrum mit anderen, oftmals konkurrierenden Interessen und eigenen Machtpotenzialen. Dieses zweite Machtzentrum wird gebildet durch eine betriebsspezifische Kombination von Betriebsräten und Gewerkschaften sowie in großen Unternehmen auch durch Arbeitnehmervertreter in Aufsichtsräten. 45 Prozent aller Erwerbstätigen in Deutschland arbeiteten im Jahr 2021 in Unternehmen, die ein solches zweites Machtzentrum

71 Edmund Heery (2016): Framing Work: Unitary, Pluralist and Critical Perspectives.

der Arbeitnehmer kennen. Es ist gesetzlich abgesichert und bildet sich durch Eigeninitiative von Mitarbeitern, die sich in Gewerkschaften oder Betriebsräten organisieren, oder wegen gesetzlicher Auflagen. Das erste Machtzentrum (Eigentümer und Manager) ist dazu verpflichtet, bei gewissen betrieblich oder gesetzlich festgelegten Fragen mit dem zweiten Machtzentrum zu verhandeln.

Der Vorteil von pluralistischen Organisationsformen ist, dass ein breiteres Interessenspektrum berücksichtigt wird. Über ihre Nachteile wurde in der zweiten Hälfte des 20. Jahrhunderts im Zusammenhang mit Arbeitnehmerrechten viel gestritten. Unstrittig ist, dass Eigentümer an Macht verlieren, Mitarbeiter an Macht gewinnen und die betriebswirtschaftliche Leistung der deutschen Unternehmen seit Einführung der Mitbestimmung nicht gelitten hat.[72] Um Umweltinteressen zu verankern, könnte man nun diesem Blueprint folgen und ein drittes Machtzentrum in Unternehmen verankern, das ebendiese Umweltinteressen vertritt.

Der Umweltrat

So wie ein Betriebsrat, eine Gewerkschaft oder ein mitbestimmter Aufsichtsrat heute die Interessen von Arbeitnehmern vertritt, so könnte auch ein Umweltrat die Interessen der Umwelt vertreten. Gehen wir dieser Idee nach. Als Erstes muss die grundsätzliche Frage beantwortet werden, wer dazu geeignet ist. Dazu braucht es eine Gruppe von Menschen, denn Wälder, die Atmosphäre oder Hamster tun sich eher schwer damit, pünktlich in Meetings zu erscheinen und ihre Anliegen zu kommunizieren. Ein Umweltrat könnte sich aus Repräsentanten von staatlichen Umweltbehörden, gemeinnützigen Stiftungen, nichtstaatlichen Organisationen (NGOs) wie BUND, NABU oder Greenpeace zusammensetzen. Er müsste in Entscheidungen, die wesentliche Interessen der Umwelt berühren, einbezogen werden, ganz ähnlich wie das bei Arbeitnehmervertretungen ist. Das Betriebsverfassungs- und das Mitbestimmungsgesetz können als Vorlage dienen – nur dass es eben jetzt darum geht, die Interessen der Umwelt zu vertreten. Ein Unternehmen hätte dann, ab einer bestimmten Größe, bis zu drei Machtzentren: die Eigentümer, die Arbeitnehmervertreter und die Mitglieder des Umweltrats.

Ich halte solch ein pluralistisches System aus drei Gründen für keine gute Idee. Hauptsächlich deswegen, weil Arbeitnehmerinteressen etwas fundamental anderes sind als Umweltinteressen. Arbeitnehmerinteressen sind viel begrenzter

72 Walter Müller-Jentsch (2021): Entspricht die Mitbestimmung wirtschaftlichen Bedürfnissen? In: Industrielle Beziehungen Jg. 28 Nr. 4, S. 369-383.

als Umweltinteressen, sie beschränken sich auf die Arbeitsbedingungen. Umweltinteressen werden überall in Unternehmen tangiert: bei jedem Produkt und jedem Prozess. Ein Umweltrat wäre in nahezu jede betriebswirtschaftliche Entscheidung einzubinden. Arbeitnehmervertretungen interessiert es in der Regel nicht, was produziert wird, wie Produkte designt, welche Materialien eingesetzt, woher diese Materialien beschafft, zu welchen Zwecken die Produkte des Unternehmens eingesetzt werden und in welche Technologien investiert wird. Eine Arbeitnehmervertretung wird erst dann aktiv, wenn Mitarbeiterinteressen betroffen sind. Der eigentliche betriebswirtschaftliche Leistungsprozess ist für Arbeitnehmervertreter von sekundärer Bedeutung. Für den Umweltrat ist aber der betriebswirtschaftliche Kernprozess das Zentrale. Er kann sich gar nicht heraushalten. Er ist immer dabei. Heute bilden die Themen, zu denen Arbeitnehmervertretungen gehört werden, pluralistische Enklaven in einem ansonsten unitaristischen System – für die Themen, zu denen Umwelträte gehört werden müssten, gilt das nicht. Wenn alles und jedes zwischen zwei Interessenvertretern, dem der Eigentümer und dem der Umwelt, ausgehandelt werden muss, kann das Unternehmen lähmen. Die in den heutigen Unternehmen noch klare unitaristische Verantwortung der Eigentümer, die auch in mitbestimmten Unternehmen aufgrund der klar umrissenen Arbeitnehmermitsprache vorhanden ist, würde durch ein Duopol mit überlappenden Verantwortlichkeiten ersetzt. Dazu kommt noch, dass in diesem Duopol nur eine Seite (die Eigentümer) alle Risiken tragen würde, während die andere Seite (der Umweltrat) kein »Skin in The Game« hätte. Eine sehr ungesunde Macht- und Interessenkonstellation, da der Umweltrat die Eigentümer erpressen könnte – und die Eigentümer versucht sein würden, den Umweltrat zu bestechen.

Die Durchdringung eines Unternehmens mit Umweltfragen führt zu einem zweiten Problem. Je mehr Machtzentren es gibt, desto größer ist der Bedarf, klare bürokratische Regeln aufzustellen, damit jeder weiß, wer wofür verantwortlich ist. Aber der Luxus klarer Regeln steht in einem fundamentalen Widerspruch zu der Komplexität von ökologischen Fragen. Sie sind allzu oft Fragen der Qualität, die nicht durch quantitative Messung oder einfache Wenn-dann-Beziehungen gelöst werden können. Der Versuch, Komplexität zu regeln, würde Unternehmen stark bürokratisieren – und dennoch wäre das Regelwerk voller Widersprüche und Schlupflöcher. Dies lähmt Unternehmen, führt zu Frustration bei allen Beteiligten und ist so letztlich auch für Gesellschaft und Umwelt kontraproduktiv.

Das dritte Problem hat mit der Geschichte der Mitbestimmung zu tun. Auch fast 75 Jahre nach der Verabschiedung des Betriebsverfassungsgesetzes im Jahr 1950 ist die Arbeitnehmermitbestimmung immer noch unvollständig. Immer noch arbeiten weniger als die Hälfte der Beschäftigten in mitbestimmten Unternehmen. Die Zahl der Beschäftigten in Unternehmen mit Betriebsräten ist sogar langfristig rückläufig. Nur für die letzten Jahren lässt sich ein leichter Anstieg des Organisationsgrads feststellen.[73] Es gab viele politische Gründe, die zur Stagnation der Mitbestimmung führten. Insbesondere aber scheint die visionäre Kraft der Arbeitnehmerbewegung seit den 1980er-Jahren verloren gegangen zu sein, gerade auch durch den Umbruch von der Industrie- zur Dienstleistungsgesellschaft.[74] Seit Jahrzehnten führen Arbeitnehmervertretungen Rückzugsgefechte. Sie beschränken sich auf die Defensive und betreiben Klientelpolitik. Vom Gedanken der demokratischen Mitgestaltung, der sich vor allem im Jahr 1973 verabschiedeten Mitbestimmungsgesetz ausdrückte, ist nicht mehr viel zu spüren. Dies ist kein Vorwurf an die Arbeitnehmervertretungen. Sie können nur innerhalb der Rahmen agieren, die ihnen Gesetze, Gesellschaft und Unternehmensführung setzen. Große gesellschaftliche Änderungen brauchen aber eine Vision. Von 1950 bis 1970 gab es ein Leitmotiv, die soziale Marktwirtschaft, aber von dieser Vision hat sich der Neoliberalismus der 1980er-Jahre verabschiedet. Für die ökologische Transformation der Gesellschaft wird ein mitreißendes Leitmotiv benötigt, damit sie sich mit der Geschwindigkeit vollziehen kann, die naturwissenschaftlich geboten ist. Nachhaltigkeit kann nur gelingen, wenn sie nicht als zusätzliches Gepäck einer Gesellschaft oder Unternehmen aufgebürdet wird. Nachhaltigkeit kann meines Erachtens nicht als Nebenbedingung gedacht werden, sondern nur als gemeinsame Gestaltungsaufgabe auf dem Weg in eine bessere Welt. Deswegen sollte sie gleichzeitig ein soziales und ein ökologisches Leitmotiv verfolgen.

Das grüne Unternehmen

Mein Vorschlag ist, Unternehmen von autokratischen zu demokratischen Unitaristen zu machen. Also zu Unternehmen, die verschiedene Interessen in einem Machtzentrum organisieren.

Heute wählen die Vertreter der Eigentümer das Management, den Stellvertreter ihrer Interessen. Dieser Stellvertreter regiert manchmal despotisch, manchmal wohlwollend, aber immer autokratisch. Das Management kann vieles selbstständig entscheiden. Nur eines nicht: Profit für irgendwelche anderen Ziele zu opfern. Genau deswegen kann es mit solch einer Führungsform kein nachhaltiges Unter-

73 Statista (2023): Gewerkschaften in Deutschland, https://de.statista.com/themen/3099/gewerkschaften-in-deutschland/#editorsPicks, Zugriff am 14.12.2023.

74 Isabelle Ferraras, ebd.

nehmen geben. Diese Form der Herrschaft über Unternehmen wird von einigen Autoren auch Kapitaldemokratie, »Capitalocracy« oder auch »Corporatocracy« genannt.[75] Autokratisch-unitaristische Unternehmen legitimieren Herrschaft durch das Votum der Eigentümer.

Grüne Unternehmen sind demokratische Unitaristen. Auch sie haben nur ein Machtzentrum. Allerdings legitimieren nicht die Eigentümer, sondern die Mitarbeiter das Machtzentrum. Die Arbeitnehmer wählen das Management. Durch diesen Schritt wird die Dominanz des Profitinteresses über Unternehmen gebrochen. Abgeschafft ist das Profitinteresse nicht. Nicht nur, weil auch die Arbeitnehmer davon abhängig sind, dass die Unternehmen, in denen sie arbeiten, profitabel sind. Sondern auch, weil alle anderen Rechte der Kapitalgeber unverändert gelten: zum Beispiel das Recht an Gewinnen, das Recht, über Veräußerung oder Veränderung von Unternehmen oder Unternehmensteilen zu bestimmen, oder das Recht, die Entlohnung der Mitarbeiter festzulegen. Wir werden auf diese Rechte noch detaillierter eingehen. Das Unternehmen gehört weiterhin den Kapitalgebern, doch durch die Neudefinition des Rechts auf Bestellung des Managements wird die Dominanz des Kapitals gebrochen. Die Kapitalgeber können nicht mehr allein über Unternehmen herrschen. Die Interessen des Unternehmens werden so breiter, sie inkludieren auch die Arbeitnehmerinteressen.

Das allein reicht aber natürlich nicht, um ein Unternehmen nachhaltig werden zu lassen. Deswegen ist es unerlässlich, dass der Staat Unternehmen Missionen gibt, also verlangt, dass sie sich um mehr als sich selbst kümmern. Nun ist es aber etwas ganz anderes, ob man einem autokratischen oder einem demokratischen Unternehmen Ziele von außen auferlegt. Autokratischen Systemen fällt es sehr viel einfacher als demokratischen Systemen, diese Ziele zu unterlaufen. In einem autokratischen System sind alle nur dem Autokraten, dem CEO, verpflichtet. Dieser hat viel Raum, um sein Wirken nach außen so darzustellen, als arbeite er treu an den Zielen. Durch seine Machtfülle kann er alle Untergebenen allein auf sich einschwören. Ein Insider, der alle Machtmittel in der Hand hat, um seine Wächter, den Staat und die Kapitalgeber, zu manipulieren.

Im Gegensatz dazu haben die Führer eines demokratischen Systems nicht genügend Machtmittel in der Hand, um alle Mitarbeiter verlässlich auf sich einzuschwören. Gesunde demokratische Systeme sind transparent. Sie schützen abweichende Meinungen. Sie verfügen über Checks and Balances, die eine Führung

75 Jeffrey D. Sachs (2011): The Price of Civilization.

gegenüber den Mitarbeitern, aber auch den Kapitalgebern und dem Staat verantwortlich macht. Demokratische Unternehmenssysteme eigenen sich viel weniger für Verschwörungen gegen die Allgemeinheit als die heutigen autokratischen Managementhierarchien.

Das Schlüsselwort ist Missionstreue. Die ist gegeben, wenn ein Unternehmen die Ziele erfüllt, die ihm auferlegt worden sind. Heute wird Missionstreue erzeugt, indem der Erfolg des von den Eigentümern eingesetzten Statthalters, des Managements, mithilfe der buchhalterischen Rechnungslegung gemessen wird. Dieses Verfahren ist so wichtig, dass der Staat gewaltige Mengen von Vorschriften erlassen hat und viele jährlich erneuert, um eine ordentliche Rechnungslegung zu gewährleisten. Hierfür sind zudem im öffentlichen (zum Beispiel in Steuerbehörden) und privaten (zum Beispiel bei Wirtschaftsprüfern) Bereich sehr viele Menschen beschäftigt. Die moderne Finanzbuchhaltung ist eine Technik zur Produktion von Missionstreue. Die Kapitalgeber wollen Missionstreue, weil sie Profit wollen. Und der Staat will Missionstreue, weil er Steuern einnehmen will. Das Interesse an Missionstreue ist so groß, dass in den meisten Unternehmen ein Chefbuchhalter, der CFO, dem CEO an die Seite gestellt wird.

In nachhaltigen Unternehmen versagt aber diese Art, Missionstreue herzustellen. Die Komplexität der Ziele ist zu groß, um durch einfache finanzielle Messungen erfasst werden zu können. Zudem geht es eher um qualitative Ziele, und wenn Leistungen nicht mehr hinreichend quantifiziert werden können, dann muss Missionstreue anders organisiert werden. Wir kennen dieses Verfahren als Gesellschaft. Es nennt sich Demokratie. In gesunden Demokratien werden Ziele im Diskurs abgewogen, und das auf vielen Ebenen. In Demokratien herrschen eben nicht Experten, sondern es herrscht das Volk, weil komplexe Dinge immer wieder neu aus vielen Perspektiven gesehen werden müssen, um zu guten Handlungen zu kommen.

Gibt man Einzelnen so uneingeschränkt das Recht, über Ziele und Handlungen zu entscheiden, wie in heutigen Unternehmen, können sie sich jeder Kontrolle entziehen. Niemand ist dann mehr in der Lage, ihre Leistungen zu messen. Sie sind einfach nicht mehr zu greifen. Nachhaltige Unternehmen haben komplexe Ziele. In welchem Ausmaß diese erreicht werden, kann man weniger messen, sondern eher abwägen. Faire Abwägung braucht einen Prozess der Beratschlagung, der in autokratischen Systemen unmöglich ist. Er funktioniert nur in machtgleichgewichtigen, also demokratischen Systemen. Gesunde Demokratien sind für Gruppen von Menschen die wahrscheinlich besten Systeme, um komplexe Ziele gemeinsam zu verfolgen. Der Verzicht auf Dominanz einer Partei sorgt so für Missionstreue.

Auch andere ökologisch sinnvolle Verhaltensweisen kommen so zum Vorschein. Demokratische Unternehmenssysteme fordern alle Mitarbeiter auf, für ihr Unternehmen als Ganzes zu denken. Die Perspektive eines Mitarbeiters öffnet sich. Es wird nun mehr erwartet, als sich nur um den Job zu kümmern. Die Fragen »Warum?« und »Wozu?« werden häufiger gestellt – weil die Antwort nicht mehr nur »Wegen des Profits« lautet. So vergrößert sich der Kreis dessen, worum sich ein Unternehmen sorgt. Und genau das bedeutet einen zivilisatorischen Fortschritt.

Demokratie in Unternehmen bedeuten Wahlen in Unternehmen. Aber das ist nichts Neues. Auch in heutigen Unternehmen wird gewählt, nur sind die entscheidenen Wahlen den Kapitalgebern vorbehalten. Sie wählen meist jährlich auf Gesellschafterversammlungen, meist über Stellvertreter von großen Kapitalanlagefirmen und häufig über Beschlussvorlagen, die vom Management initiiert oder vorbereitet sind. Dies bleibt auch so in demokratischen Unternehmen. Es kommt lediglich eine Wahl hinzu: die Wahl der Führung des Unternehmens durch die Mitarbeiter. Wie genau die abläuft, dazu kommen wir im Kapitel V. Von jeher fragwürdig ist, warum gerade die Menschen, die ihren Großteil des Lebens im Unternehmen verbringen, bisher keinen Einfluss auf dessen Zukunft in Form einer Wahlberechtigung haben, während abwesende, monointeressierte Outsider die Einzigen sind, die über den Betrieb bestimmen. Es mutet eher nach einem historischen Irrweg als nach einer bewussten gesellschaftlichen Entscheidung an. Im Interesse der Gesamtgesellschaft liegt es auf jeden Fall kaum, Kapital über Arbeit zu erheben. Wer das tut, stellt auch – weil Arbeit die Schnittstelle zur Natur ist – Kapital über Umwelt. Die Folgen sehen wir heute.

Grüne Unternehmen werden von niemandem dominiert. Weder von den Eigentümern noch von den Mitarbeitern, noch vom Staat. Sie werden zwar von Mitarbeitern geführt, diese brauchen aber das Wohlwollen der Kapitalgeber und des Staates. Sie sind demokratisch organisiert, sodass es ihnen schwerfällt, die Interessen anderer zu ignorieren. Im Gegenteil, sie sind dazu ausgelegt, Interessen zu prozessieren. Dabei bleiben sie privatwirtschaftliche Unternehmen, aber sie sind auch dezentrale Agenten der Gesellschaft. Sie wollen Geld verdienen mit dem, was sie tun, und haben zugleich das Bestreben, der Gesellschaft zu dienen. Sie verfolgen mehrere Ziele gleichzeitig, so wie alle Demokratien.

Privater und gesellschaftlicher Nutzen: Wer beide Ziele zusammendenken will, der muss das Instrument benutzen, das sich Menschen ausgedacht haben, um gemeinsam in einer komplexen Welt gut zu leben: die Demokratie. Abbildung 10 fasst diesen Abschnitt zusammen.

Eigenschaften	Status quo	Umweltrat	Das Grüne Unternehmen
Wächter über Umweltinteressen im Unternehmen	**Niemand** Verhalten rein profitorientiert	**Umweltrat** Unabhängig bestellter Expertenrat	**Staat und Mitarbeiter** Staatliche Lizenzierung von selbstorganisierten Unternehmen
Funktionsweise	**Unitaristisch**	**Pluralistisch**	**Unitaristisch**
Legitimation	**Autokratisch**	**Überwiegend autokratisch**	**Demokratisch**

Abbildung 10: Drei Alternativen zur Organisation von Interesse und Macht in Unternehmen

Traditionelle Unternehmen geben den Interessen der Kapitalgebern Vorrang und setzen diese durch Autokratie im Inneren der Unternehmen um. Sie sind gemacht für eine einfache, neoliberale, fiktionale Welt. Grüne Unternehmen fokussieren sich auf gesellschaftlichen und ökologischen Nutzen durch Demokratie. Sie sind für eine komplexe, kooperative und reale Welt gemacht.

Aber Unternehmensdemokratie ist eine andere Form der Demokratie als die, welche jeder aus dem öffentlichen Raum kennt. Sie fordert mehr, ist zielorientierter, gestaltender, verbundener, kleiner, vernetzter, konsultativer und direkter. Wie »grüne« Unternehmensdemokratie funktioniert, ist Inhalt der nächsten beiden Kapitel. Zuvor schauen wir uns noch an, wie Missionen in Unternehmen verankert werden können.

Mission Economy

»Die Harmonie der Hierarchien entsteht, wenn das übergeordnete System den Rahmen vorgibt, in dem sich die untergeordneten Systeme mit ihren verschiedenen Ansprüchen frei organisieren können. Zentral für diese Harmonie ist, dass die Summe der Aktivitäten der untergeordneten Systeme zugleich die Bestimmung des übergeordneten Systems ermöglichen.«

Frei nach Donella Meadows[76]

Wenn Unternehmen das wollen, was auch die Gesellschaft will, und die Gesellschaft das, was die Biosphäre will, dann ist jede Lösung, egal auf welcher Ebene, eine Lösung für alle Ebenen. Die US-Forscherin Donella Meadows bezeichnet diesen Zustand als »Multisolving«. Wie bringt man Unternehmen dazu, mehr zu wollen als Profit? Dazu

76 Donella H. Meadows (2008): Thinking in Systems, S. 15 Kindle Edition.

braucht es zwei rechtliche Anker: eine »soziale Lizenz« für Unternehmen und eine andere rechtliche Fundierung im Gesellschaftsvertrag. In einer ähnlichen Form hat dies auch Elizabeth Warren, eine US-Präsidentschaftskandidatin der Demokratischen Partei im Jahr 2020, in ihrem »Accountable Capitalism Act« fomuliert.[77]

Unternehmenslizenzen

Mein Vorschlag ist, große Unternehmen wieder zu chartern, sie durch Lizenzierung an eine Mission zu binden. Große Unternehmen sind laut Definition der EU im Wesentlichen alle Unternehmen mit mehr als 250 Mitarbeitern. Das sind, Stand 2011, nur 0,7 Prozent aller Unternehmen. Diese beschäftigen aber 44 Prozent aller Erwerbsstätigen und machen 71,3 Prozent aller Umsätze aus.[78] Dadurch, dass man nur 0,7 Prozent aller Unternehmen lizenziert, kann man folglich den Großteil der Wirtschaft auf gesellschaftliche und ökologische Ziele ausrichten, zumal auch viele kleinere Unternehmen von der Auftragsvergabe großer Unternehmen abhängig sind. Wer große Unternehmen nachhaltig aufstellt, organisiert fast die gesamte Wirtschaft nachhaltig.

Der Staat muss dazu seine Erwartungen an Unternehmen explizit formulieren, seine Ziele mit den Unternehmen vereinbaren und das Erreichen kontrollieren. Die Bedingungslosigkeit der heutigen Unternehmen gehört abgeschafft, weil nachhaltiges Wirtschaften ein bedingtes Wirtschaften sein muss. Wirtschaftliche Aktivität muss unter den Vorbehalt des gesellschaftlichen und ökologischen Nutzens gestellt werden. Das Mittel dazu ist die Lizenz.

Durch Lizenzierung werden ökologische und gesellschaftliche Ziele in Betrieben rechtlich verankert. Gleichzeitig beschleunigt die klare Auftragsvergabe an Unternehmen die Konversion zu einer nachhaltigen Wirtschaft. Lizenzierung erlaubt, ähnlich wie zu Kriegszeiten die Aktivität der Wirtschaft zu fokussieren. Ein nicht geringer Teil des Konsums ist, naturwissenschaftlich, aber auch soziologisch und psychologisch gesehen, nicht notwendig. Ein Selbstzweck, den wir uns nicht mehr leisten können.

Lizenzen sind überall in der Wirtschaft zu finden: Restaurant- und Handelsketten lizenzieren ihre Konzepte; Industrieunternehmen lizenzieren Produktionsverfahren; Softwareunternehmen lizenzieren Anwendungen. Auch der Staat lizenziert heute schon jedes Unternehmen, weil er von ihnen die Eintragung in das

77 Elizabeth Warren (2020): Accountable Capitalism Act https://www.warren.senate.gov/imo/media/doc/Accountable%20Capitalism%20Act%20One-Pager.pdf, Zugriff am 14.02.2023

78 Destatis (2021): Wirtschaftsabschnitte insgesamt für das Jahr (2021), https://www.destatis.de/DE/Themen/Branchen-Unternehmen/Unternehmen/Kleine-Unternehmen-Mittlere-Unternehmen/Tabellen/wirtschaftsabschnitte-insgesamt.html?nn=208440, Zugriff am 14.12.2023.

Handelsregister verlangt. Nur ist diese Lizenzauflage sehr einfach zu erfüllen: Ein Firmensitz, die Offenlegung der Eigentumsverhältnisse, die Angabe eines ungefähren Unternehmenszwecks, ein rechtskonformer Name und der Nachweis einer hinreichenden Finanzierung reichen, um Unternehmen zu gründen.

Auch ist die Idee, Unternehmen um Missionen herum zu organisieren, Unternehmen alles andere als fremd. Jedes gut geführte Unternehmen optimiert sich heute schon für Missionen. Ob Apple nun seine Mission im Design von Consumer Devices sucht, Rheinmetall in Hightechwaffensystemen auf dem digitalisierten Schlachtfeld oder Edeka im Maximieren das Deckungsbeitrags pro Quadratmeter Ladenfläche – alle Unternehmen nehmen Organisationsformen an, von denen sie vermuten, dass sie auf ihre Ziele einzahlen. Die Mission in traditionellen Unternehmen ist ein Mittel zu mehr Profit. In grünen Unternehmen ist die Mission nicht mehr nur ein Mittel, sondern sie wird zum eigentlichen Grund, aus dem Unternehmen existieren. Das hat auch in puncto Leistungsfähigkeit sehr heilsame Folgen. Diese beschrieb der US-amerikanische Ökonom John Kenneth Galbraith wie folgt:[79] »Wenn Sie eine Organisation so aufsetzen, dass sie Parfüm, Milchprodukte, oder Flugzeugrümpfe herstellt, werden diejenigen in der Organisation, wenn man sie lässt, ihr Bemühen darauf konzentrieren, besseres Parfüm, bessere Milchprodukte oder bessere Flugzeugrümpfe herzustellen – und nicht permanent darüber nachdenken, wie Eigentümer mehr Geld machen können.«

John Kenneth Galbraith war ein Berater John F. Kennedys und kein Sozialist. Er sprach nur eine unbequeme Wahrheit an: die ungesunde Politologie der heutigen Unternehmen. Die Interessen und Machtarchitektur der Unternehmen sollte auf immer besseres Parfüm, bessere Milch und bessere Flugzeugrümpfe gerichtet sein, nicht auf immer mehr Profit. Es geht darum, Gutes zu verkaufen, und nicht mehr darum, gut zu verkaufen.[80] Die Politologie der heutigen Unternehmen ist fundamental falsch, weil die Gesellschaft in der Mitte des 19. Jahrhunderts allein die Eigentümer zu Wächtern über Unternehmen bestimmt hat. Damit sind die Kapitalmärkte in den Rang einer demokratischen Institution erhoben worden, die prüft, ob das Treiben von Unternehmen der Gesellschaft nutzt. Grüne Unternehmen bestimmen demgegenüber einen neuen Wächter: das demokratische Unternehmen, dessen Grundlage eine Lizenz, eine »social license to operate« ist.

79 John Kenneth Galbraith in David Graber (2015): The Utopia of Rules: On Technology, Stupidity and the secret joys of Bureaucracy, S. 17. Kindle Edition.
80 Pavel Sukhdev, ebd.

Letztendlich geht es in heutigen ebenso wie in grünen Unternehmen um die Minimierung des Mission Drift. Nur versuchen in den aktuellen Betrieben die Eigentümer, durch Finanzbuchhaltung und Aufsichtsräte Manager nah an ihren Zielen zu halten. In grünen Unternehmen sorgen dagegen zum einen der Staat von außen durch Lizenzierung und zum anderen ein demokratisches Organisationssystem im Inneren dafür, dass sich die Unternehmen nicht zu weit vom Interesse der Gesellschaft entfernen.

Unternehmen sind Herrschaftssysteme. Es ist kein Naturgesetz, sondern ein historischer Zufall, dass sie heute autokratisch organisiert sind und nur die Interessen der Kapitalgeber verfolgen. Kein großer Wandel wurde jemals erreicht, ohne dass eine Gruppe etwas von ihrer Macht abgegeben musste.

Ein »grüner« Gesellschaftsvertrag

»Schreiben Sie Missionen in Gesellschaftsverträge. Das Gesellschaftsrecht ist dann eine Zielverpflichtung und nicht nur eine Ansammlung von Regeln.«

Colin Mayer[81]

Missionen lassen Freiräume. Wie sie genutzt werden, hängt davon ab, wie Unternehmen organisiert sind. Heutige Unternehmen würden nur oberflächlich (de jure) ihren »grünen« Lizenzbedingungen nachkommen. Sie würden ihren Freiraum aber de facto nutzen, um ihren Profit weiterhin zu maximieren. Das grundsätzliche Verhalten der Unternehmen wäre unverändert, es würde nur etwas Bürokratie hinzukommen. Die Überlastung des Staates als einziger Wächter über gesellschaftliche Ziele in einem Meer des Eigennutzes würde bleiben. Wenn Unternehmen je von einem Instrument der Eigentümer zu einem Teil des gesellschaftlichen Projektes werden sollen, dann müssen ihre inneren Interessen und Machtverhältnisse neu sortiert werden. Das rechtliche Mittel hierzu ist der Gesellschaftsvertrag.

Ein Gesellschaftsvertrag definiert den rechtlichen und organisatorischen Rahmen für alles, was in einem Unternehmen geschieht. Er regelt insbesondere:

- den Zweck des Unternehmens
- die inneren Herrschaftsverhältnisse, also wer über was wie entscheidet
- die äußeren Verhältnisse mit Dritten, vor allem durch die Wahl der Rechtsform

81 Mayer ist Professor ist «Professor for Management Studies« an der University of Oxford. Colin Meyer (2013): Firm Commitment: Why the Corporation is failing us and how to restore trust in it. Übersetzung durch den Autor.

Wenn Unternehmen nicht mehr nur den Interessen der Eigentümer dienen sollen, sondern stärker als bisher auch den Interessen der Gesellschaft, muss der Staat beginnen, einige Inhalte von Gesellschaftsverträgen zu fordern – und er muss diese zur Lizenzauflage machen. Zunächst einmal darf der Zweck des Unternehmens nicht dem der Lizenz widersprechen. Gesellschaftliches Engagement wird so zum Preis der unternehmerischen Tätigkeit. Im Grunde genommen bedeutet die Aufnahme von Missionen in Gesellschaftsverträge nichts anderes, als all die öffentlichen Verkündigungen zur Nachhaltigkeit und »Corporate Social Responsibility« ernst zu nehmen. Und es sollte doch kein Unternehmen etwas dagegen haben, beim Wort genommen zu werden, oder?

Aber schriftliche Zielverpflichtungen sind nur dann effektiv, wenn sie nicht durch den Staat erpresst werden, sondern wenn Interessen und Macht von Unternehmen in dieselbe Richtung zeigen wie gesellschaftliche Interessen. Heute verweisen Gesellschaftsverträge allerdings nur auf privatwirtschaftliche Interessen. Durch sie verabreden sich Kaufleute dazu, gemeinsam Geld zu verdienen, mehr nicht. Die Mission Drift geht immer in Richtung Profit, weil es einfach nichts gibt, was Unternehmen sonst noch interessiert. Daher muss die Monozielhierarchie heutiger Unternehmen durch eine Multizielunternehmensdemokratie ersetzt werden, die mit Checks and Balances dafür sorgt, dass ein Abweichen von der Mission auch von innen heraus unterbunden wird. Die Art, wie Herrschaft in Unternehmen ausgeübt wird, muss sich ändern. Dazu sind die Eckpfeiler eines demokratischen Organisationsmodells in den Gesellschaftsvertrag aufzunehmen, ähnlich wie das Grundgesetz Eckpfeiler für die deutsche Gesellschaft festlegt. Was diese Eckpfeiler in Unternehmen sind, dazu komme ich in den nächsten beiden Kapiteln.

Aber nicht nur die Eigentümer, auch die Mitarbeiter müssen sich der im Gesellschaftsvertrag niedergeschriebenen Mission verpflichten. Die Arbeitsverträge sollten daher auf diesen verweisen. Mit ihrer Unterschrift erhalten die Mitarbeiter das Recht und die Pflicht, zur Erfüllung der Mission beizutragen. So entsteht eine fordernde Demokratie. Verletzt jemand seine Pflicht, hat das Unternehmen letztendlich genauso das Recht, einen Mitarbeiter zu kündigen, wie heutige Unternehmen auch. Ja, es muss das sogar tun. Nur wenn alle im Unternehmen auch rechtlich den Zielen des Unternehmens verpflichtet sind und auch die Mittel haben, sich gegenseitig zur Verantwortung zu ziehen, entsteht Missionstreue. Es wird legitim, ja sogar erwartet, sich um mehr als sich selbst zu kümmern. So wird der blinde Gehorsam, die Kombination aus innerem Exit und äußerer Loyalität, die heute Unternehmen kennzeichnet, überwunden. Jeder wird zum Missionswächter, was das Risiko einer Verschwörung gegen die Ziele der Gesellschaft und für den eigenen Profit, das unweigerlich in jedem Unternehmen vorhanden ist, minimiert. Koalitionen zum Unterlaufen eines rechtlich verbindlichen Ziels sind nur schwer aufrechtzuerhalten, wenn die Anzahl der Mitwisser, die dichthalten müssen, sehr groß ist. In den heutigen hierarchischen Unternehmen hingegen ist dieses Verschwörungsrisiko sehr groß. Hier braucht es nur sehr wenige Mitwisser, um selbst grobe Gesetzesverstöße zu decken, wie zum Beispiel die Fälle Enron, Worldcom, Wirecard, FTX, Flowtex und der Emissionsskandal der deutschen Autobauer gezeigt haben. In Unternehmen mit demokratischen Unternehmensverfassungen sind Verschwörungen sehr viel schwerer durchzuhalten als in heutigen Unternehmen.

Der dritte Sachverhalt, den ein Gesellschaftsvertrag regelt, sind die Rechtsbeziehungen des Unternehmen nach außen. Grundlegend hierfür ist die Wahl der Rechtsform. Grüne Unternehmen sind in ihrer Rechtsform nicht festgelegt. Sie funktionieren als Kapitalgesellschaft (zum Beispiel GmbH oder AG) oder als Personengesellschaft (OhG oder KG).

Aber natürlich ist es im Detail denn doch nicht so einfach, weil das heutige Recht Annahmen über Ziele und Innenverhältnisse von Unternehmen macht.[82] Daraus erwachsen Schwierigkeiten, die einige Unternehmen dazu bringen, Ziele jenseits des Profits durch die Überordnung einer Stiftung zu verankern, Beispiele dafür sind Bosch und Zeiss.[83] Auch gibt es in Europa und in den USA spezialisierte Rechtsformen, wie etwa die Benefit Corporation oder die in Deutschland zurzeit diskutierte Gesellschaft mit gebundenem Vermögen, die es Unternehmen erlauben, sich von der vollständigen Dominanz des Profitmotivs zu lösen.[84] Die Schaffung einer spezialisierten Rechtsform für Unternehmen, die sowohl profitorientiert sind als auch gesellschaftliche Ziele haben, wäre zur Etablierung von grünen Unternehmen hilfreich. Damit könnten rechtliche Klimmzüge vermieden werden, und es würde Verbrauchern klar kommuniziert, für welche Werte ein Unternehmen steht. Trotzdem: Auch heute bietet das Gesellschaftsrecht Unternehmen alles, was sie brauchen, um sich guten Zielen zu verschreiben. Sie müssen das nur wollen.

82 Katharina Pistor, ebd.
83 Die Robert Bosch Stiftung und die Carl-Zeiss-Stiftung verfolgen Ziele jenseits des Profits – aber die ihnen gehörenden Unternehmen nicht. Die Stiftung verlangt keine höheren Ziele von den Unternehmen, die sie beherrscht.
84 www.stiftung-verantwortungseigentum.de, Zugriff am 14.12.2023

Gesellschaftsverträge sind die Verfassungen von Unternehmen. Sie geben jedem Mitarbeiter Rechte und erlegen ihm Pflichten auf. Der heutige Verzicht auf demokratische Unternehmensverfassungen lässt der Autokratie des Kapitals freien Lauf.

Neue Erwartungen an Unternehmen

»Durch die Ziele, an denen wir arbeiten, machen wir die Welt.«[85]
Frei nach Jedediah Purdie

Eine lebenspositive Wirtschaft braucht ein neues Navigationssystem für Unternehmen. Eines, das uns erlaubt, Arbeit auf Werte und nicht auf Preise auszurichten. Dazu müssen wir unsere Einstellungen dazu, was Unternehmen sind, in drei grundlegenden Punkten erneuern – hin zu folgenden Sichtweisen:

- Unternehmen können sich um mehr als sich selbst kümmern.
- Unternehmen können qualitative Ziele haben, statt nur Geld verdienen zu wollen.
- Unternehmen können demokratisch sein.

Wenn wir diese drei Haltungen zu Unternehmen einnehmen, dann können wir die mächtigsten Werkzeuge der Menschheit von Zerstörung auf Lebensdienlichkeit umlenken. Es gibt dazu vermutlich keine wirkliche Alternative. Paul Hawken, ein amerikanischer Autor, schreibt: »Umweltschutz sollte weder eine Sache der Wohltätigkeit noch des Staates sein. Solange er das bleibt, ist die Natur nur Schmuck, den Finanzen, dem Wachstum und der Technologie untergeordnet. Unternehmen müssen drei Fragen beantworten: was sie nehmen, was sie machen und was sie opfern. Diese drei Fragen sind eng miteinander verbunden.«[86]

Diese drei Fragen sind ethische Fragen, die der Markt nicht beantworten kann und die den Staat überfordern. Nur direkt bei der Arbeit, in Unternehmen, sind genug Kompetenz und Aufmerksamkeit da, um gute Antworten zu finden. Nur wenn sich Unternehmen diesen Fragen stellen, werden sie zu wertvollen Mitgliedern der Gesellschaft und verwandeln sich von Profitmaschinen in Wertegemeinschaften. Gemeinschaften, die finanzielle, gesellschaftliche und ökologische Werte schaffen. Denn nur da, wo die Gedanken von Unternehmen sind, werden auch ihre Handlungen sein.

85 Jedediah Purdy, ebd.
86 Paul Hawken (2010): The Ecology of Commerce: A Declaration of Sustainability, S.14. Übersetzung durch den Autor. Hawken spricht statt »opfern« von »waste they create«.

Die Vorstellung von ethischen Unternehmen wirkt auf viele unrealistisch und auf manche sogar befremdlich. Unrealistisch, weil immer dort, wo eine Zahlungsbereitschaft ist, sich auch ein Unternehmen finden wird, das diese ausnutzt. Ich bestreite das nicht, aber daraus folgt nicht, dass jede Nachfrage bedient werden sollte. Drogen, Waffen, Sprengstoffe, Nuklearmaterial, – es gibt viele Wünsche, bei denen wir als Gesellschaft beschlossen haben, sie nicht zu erfüllen. Wir verzichten auf Produkte, die schaden und töten. Diese Liste müssen wir erweitern. Um fossile Energien, um Beton, um Plastik, um Glyphosat – um alle Güter, deren Produktion maßgeblich zum Zusammenbruch der Ökosysteme beiträgt. Auch Beton, Plastik etc. tötet, also weg damit. Einer meiner zentralen Punkte in diesem Buch lautet: Wir müssen die Entscheidung darüber, was gesellschaftlich gewollt und was nicht gewollt ist, dezentralisieren. Rücksichtslose Unternehmen wird es immer geben, aber wir sollten es ihnen nicht so leicht wie heute machen, sich von jeder Moral freizusprechen. Die bisherige Wirtschaft ist nicht entpolitisiert – sie ist entdemokratisiert und damit unempfänglich für alle gemeinsamen Interessen.

Allerdings ist auch jedes unterlassene Angebot zu einer bestehenden Nachfrage eine Art von Bevormundung der Bürger durch ein Unternehmen. Dennoch muss ein nachhaltiges Unternehmen zwangsläufig darüber entscheiden, was es Kunden anbietet und was nicht. Auf den ersten Blick wirkt das befremdlich, ja es schmerzt. Aber auch heute wählen Unternehmen aus, was sie herstellen und was nicht. Nur denken sie dabei nicht in ethischen Dimensionen, sondern nur daran, was Geld bringt und legal ist. Grüne Unternehmen werden daher nicht nur einige Dinge nicht anbieten, sie werden auch viele neue Dinge anbieten. Dinge, deren Produktion zwar keine maximale Rendite verspricht, die aber eine große positive gesellschaftliche und ökologische Wirkung haben.

Mir erscheint es viel klüger, Ethik in Unternehmen zu verankern, als sie wie heute aus Unternehmen zu verbannen und an den Markt outzusourcen. Das klingt progressiv, ist aber auch konservativ: Grüne Unternehmen setzen auf den Markt, auf Ethik und auf die Bewahrung der Schöpfung. Konservativer geht es kaum.

Auch ist trotz der scheinbaren Verbannung der Ethik aus dem Inneren von Unternehmen Wirtschaft heute von Ethik nur so durchtränkt. Nur ist dies eine Ethik des Konsums und Profits, des Eigennutzes und der gedanklichen Verzwergung des eigenen und kollektiven Denkens auf das, was Profit bringt. Eine Ethik, die zu einem großen Teil auf einer schalen Definition von Freiheit gründet, nämlich auf der Konsumfreiheit.

Bei der ökologischen Transformation handelt es sich um die Gestaltung einer Postwachstumsgesellschaft. In dieser geht es dem Staat nicht mehr um die Maximierung des Bruttosozialproduktes und den Unternehmen nicht mehr um die Maximierung des Gewinns. Das Ziel ist eine Gesellschaft, die im Einklang mit der Natur lebt und eher auf Glück als auf Konsum abzielt. Grüne Unternehmen nehmen eine positive, aktive Rolle im Kampf gegen die multiplen Krisen unserer Zeit ein. Sie arbeiten aktiv an dem, was der Gesellschaft wirklich wichtig ist, anstatt durch Greenwashing und Lobbyarbeit diese Ziele zu hintertreiben. Der Staat als moralisierender Wächter und die Unternehmen als moralbefreite Marktschreier: Das ist eine Arbeitsteilung, die wir uns nicht länger leisten sollten. Staat und Unternehmen sollten nicht eins, aber sie sollten Teamplayer werden.

Grüne Unternehmen führen dazu, dass Wirtschaftslehre aufhört, wie es der Nobelpreisträger für Ökonomie Robert Solow ausdrückte, eine »Wissenschaft der kleinen Fragen« zu sein. Damit ist eine Wissenschaft gemeint, die reich an Know-how und arm an Know-why ist. Um nachhaltig zu werden, muss Wirtschaftslehre die großen Fragen, also die Warum-Fragen der Werte und der Ethik, integrieren. Und das nicht nur in der Theorie, sondern direkt vor Ort, wo die Dinge passieren: in den Unternehmen. Ökonomie kann sich nicht auf kleine Fragen beschränken, wenn sie so große Aktivität und so wirksame Technologien entfesselt, dass alles Leben bedroht ist.

Die Ziele der Wirtschaft machen den Unterschied. Die heutigen Ziele lassen blinder Zerstörungswut freien Lauf. Wir sollten Unternehmen sagen, was wir von ihnen wollen. Und wir sollten sie auf unsere gesellschaftlichen Ziele verpflichten. Die unsichtbare Hand des Marktes ist ein nützlicher Indikator für vieles, aber eben nur für einen Bruchteil von dem, was eine Gesellschaft braucht. Nachhaltige Unternehmen sind unmöglich, solange Gesellschaft und Ethik in ihnen kein Platz haben. Indem wir Unternehmen durch Lizenzbindung und Demokratisierung zu dezentralen Agenten der Gesellschaft machen, holen wir Wirtschaft zurück in die Gesellschaft, richten ihre produktiven Kraft auf das, was wirklich wichtig ist, und demokratisieren obendrein noch das tägliche Leben jedes Erwerbstätigen. Arbeit ist so nicht wie bisher lediglich eine individuelle Notwendigkeit, sondern sie gibt der Gemeinschaft wieder Sinn.

Mein jahrzehntelang währendes ungutes Gefühl in Bezug auf die Art, wie wir arbeiten, hat der englische Poet David Whyte wie folgt ausgedrückt:[87] »Es ist immer wieder erstaunlich für mich, dass wir angesichts ökonomischer Realitäten

87 David Whyte (2002): The Heart Aroused: Poetry and the Preservation of the Soul in Corporate America, 2nd edition, S. 183. Kindle Edition. Übersetzung durch den Autor.

dazu angehalten werden, irgendwelche romantischen Sichtweisen in Bezug auf unser Leben beiseitezulegen – obwohl die Wissenschaft jeden Tag neue Universen aufdeckt, die überraschender sind, als wir sie je in Mythen, Märchen oder unser eigenen Vorstellungskraft finden könnten.

Jeder einzelne Mensch, der eine Firma betritt, sollte sich fragen, warum die Situation solch ein Opfer verlangt. Die Pracht der Welt außen vor zu lassen, heißt auch, jedes Verlangen, in der realen Welt zu leben, aufzugeben. Unser Arbeitsleben wird reduziert zu Asche ohne die Energie unserer tieferen persönlichen Leidenschaften. Es wird zu einer unbewussten Art des Selbstmords. Ohne unsere Seele mit der Welt in Verbindung zu bringen, erfahren wir eine Armut, die keine materielle Entlohnung oder Aufmerksamkeit je lindern kann.«

Arbeit ist zutiefst persönlich. Wir sollten aufhören, so zu tun, als hätten wir alle nur Jobs und ginge uns die Welt nichts an. Deswegen sollten wir das System der Arbeit, das Unternehmen, umbauen.

■ IV Regenerative Governance: Verbundenheit über Vereinzelung

»Die Verfassung von Unternehmen kann betrachtet werden als das Gesetz der Ökonomie und Geschäftspraktiken als staatstragend.«
Frei nach Adolf Berle und Gardiner Means, 1932[88]

Eine Managementhierarchie kann nur so nachhaltig sein, wie ein Autokrat gerecht sein kann: sporadisch. In diesem Kapitel geht es um die Suche nach einem Organisationssystem, das in der Lage ist, die Managementhierarchie zu ersetzen. Dazu analysiere ich die Fähigkeiten der Managementhierarchie und stelle Ihnen mit der Kreisorganisation ein System vor, das sich für nachhaltige Unternehmen besser eignet. Zudem werden wir uns anschauen, wie dieses System gesellschaftsrechtlich verankert werden kann.

Managementhierarchie

Wir haben uns bereits mit der Geschichte der Unternehmen befasst. Nun zoome ich in deren Inneres, auf die »Knochen und Nervenbahnen« der meisten heutigen Unternehmen: auf die Managementhierarchie. Vielfach wird eine Managementhierarchie einfach nur als Hierarchie bezeichnet. Ich halte dies für verkürzt. Die Managementhierarchie ist nur ein Weg von vielen, wie hierarchische Strukturen angewendet werden können. Es gibt bessere Wege, die mehr Raum für Demokratie und Selbstorganisation lassen. Hierarchien sind unverzichtbare Werkzeuge, um Handlungen auf übergeordnete Ziele auszurichten. Aber auf Managementhierarchien kann und sollte man verzichten.

Warum? Hierarchien sind natürlich. Sie bilden sich auch, wenn Menschen privat zusammenkommen. Beispielsweise entstehen sie in der Familie, unter Freunden oder im Sport – insbesondere dann, wenn man gemeinsam etwas er-

88 »The law of corporations, accordingly, might well be considered as a potential constitutional law for the new economic state, while business practice is increasingly assuming the aspect of economic statesmanship.« Adolf Berle und Gardiner Means (1932): The Modern Corporation and Private Property S. 357.

reichen will. Denken Sie zum Beispiel an Umzüge, große Familienevents oder Fußballspiele. Dort ergeben sich Hierarchien, weil es für Menschen sinnvoll ist, geführt zu werden. Im Unterschied zu Managementhierarchien ist jedoch in diesen Fällen jeder freier, sich zu assoziieren. Er wird nicht gezwungen. Im Alltag entstehen Hierarchien ganz natürlich von unten heraus (bottom-up). Sie werden nicht wie im Unternehmen von oben verfügt (top-down). Daher kritisiere ich nicht die Hierarchie an sich, sondern die Managementhierarchie – also das spezifische Verfahren, wie Über- und Unterordnung heute in Unternehmen verordnet werden.

Wir werden sehen, dass Managementhierarchie kein Naturgesetz ist, welche vier Funktionen sie hat und was passiert, wenn man versucht, sie auf Nachhaltigkeit zu trimmen.

Die Geschichte der Managementhierarchie

Unsere Gesellschaft ist fixiert auf Managementhierarchie. Vom einfachen Arbeiter bis zum Topmanager: Kaum jemand kann sich einen anderen Weg vorstellen, Unternehmen zu organisieren. Chef und Mitarbeiter, Weisungsbefugnis und Gehorsam, all das zu Pyramiden aufgetürmt: Das ist für viele geradezu ein Naturgesetz. Dabei ist eine Managementhierarchie nur eines von vielen möglichen Systemen für die Organisation eines Betriebs – und sie ist ein sehr extremes System. Um das zu verstehen, lohnt sich ein Blick auf die Historie.[89]

Ein guter Startpunkt für eine Geschichte der Managementhierarchie ist, wie für so vieles in der westlichen Kultur, die Geschichte Roms. Die römische Legion war eine Managementhierarchie. Sie gab den römischen Truppen die Fähigkeit, arbeitsteilig, standardisiert und koordiniert vorzugehen. Eine römische Legion hatte einen festen, pyramidalen Bauplan, der jedem Legionär, egal welchen Rangs, Ausrüstung und Aufgaben zuteilte. Das war ungemein effizient und skalierungsfähig. Tausende Soldaten konnten so mobilisiert, koordiniert, versorgt und ersetzt werden. Natürlich kannten auch andere Völker Hierarchien – der Begriff geht auf das griechische *hierarchia*, das Priesteramt, zurück. Aber die römische Legion setzte die Managementhierarchie am konsequentesten um. Die römischen Legionen wurden so zu einer Militärmaschine.

Wissenschaftlich gesehen, ist Führung eine gesellschaftliche Konvention, die ganz unterschiedlich begründet werden kann. Charismatisch, aristokratisch, plu-

89 Eine ausführliche und unterhaltsame Geschichte bietet James Hoope (2007): False Prophets: The Gurus who created modern Management and why their ideas are bad for businesses today.

ralistisch, theokratisch, demokratisch, zentral, dezentral, spontan, institutionalisiert – es gibt viele Arten zu führen. Aber bei der Auswahl der Art der Führung gab es zu jeder Zeit, da sind sich die Anthropologen sicher, ein großes Thema, das Menschen umtrieb: die Vermeidung übermäßiger Machtkonzentration. In der Evolution des Menschen waren die größten Bedrohungen nicht etwa Raubkatzen, es waren andere Menschen. Insbesondere solche, welche die Macht hatten, über viele Menschen zu befehlen. Daher trieben Gesellschaften zu allen Zeiten viel Aufwand, um einzelne Menschen nicht zu mächtig werden zu lassen. Wir tun dies heute noch: in einem System, das wir Demokratie nennen.

Auch die Römer sorgten dafür, Einzelne nicht übermäßig mächtig werden zu lassen. Die römische Republik war um das Prinzip von Checks and Balances gebaut. Auch die Legion wurde eingehegt, damit sie treu zu der Mission stand, die der römische Senat ihr zuwies. So wurde zum Beispiel der Führer der Legion, der Legat, aus der Mitte des Senates gewählt; die Soldaten waren keine Söldner, sondern wurden aus dem Volk und auf Zeit rekrutiert; Legionen war es untersagt, sich in der Nähe von Rom aufzuhalten; die Legionen waren Provinzgouverneuren unterstellt, sodass kein einzelner Gouverneur zu viel Macht erlangte. Solange diese und andere Maßnahmen griffen, prosperierte die Republik. Als dann aber die Macht der Legionen durch Einzelne innerhalb nur weniger Jahrzehnte mehrfach usurpiert wurde – durch Marius, Sulla, Caesar und letztendlich Augustus –, stieg Rom zu einer globalen Macht auf und sorgte zugleich für seinen eigenen Untergang. Das ungleichgewichtige Machtgefüge führte zu immer mehr Kämpfen innerhalb der Eliten Roms. Das Militär selbst wurde zur Elite und löste den Senat ab. Am Ende fiel Rom nicht durch Barbaren, sondern durch Bürgerkriege – und auch deshalb, weil die »Topmanager« der Legionen sich von der Gesellschaft entkoppelten.[90]

Rom vererbte viele soziale Innovationen an westliche Nationen, allen voran die Sprache und das Rechtssystem, aber auch die Managementhierarchie. Diese Organisationsform wurde zur Blaupause für den Aufbau der Kirche und spätestens ab der Renaissance auch für das Militär und die Verwaltung. Die moderne Managementhierarchie heutiger Prägung entstand dann mit der Kolonialisierung zu Beginn des 17. Jahrhunderts. Die wohl profitabelste moderne Managementhierarchie aller Zeiten, die britische East Indian Company, kontrollierte sogar zeitweise 50 Prozent des Welthandels. Kein Staat und erst recht kein Unternehmen hat dies je zuvor oder danach geschafft. Aber auch in kleineren Einheiten fand sich die Managementhierarchie. Etwa in der Art und Weise, wie Zusammenarbeit

90 Adrian Goldsworthy (2000): Roman Warfare.

auf Segelschiffen – den größten Maschinen ihrer Zeit – oder die Arbeit auf den Sklavenplantagen Amerikas organisiert war. Die ersten Managementhandbücher entstanden schon vor der industriellen Revolution – sie wurden von Sklavenhaltern in der Karibik und den amerikanischen Südstaaten geschrieben.[91] Sie lehrten damals schon, wie menschliche Aktivität auf die Maximierung des Profits der Plantage ausgerichtet werden konnte. Und sie legten dar, ganz ähnlich wie ihre heutigen »Nachfahren«, dass Zwang oft nicht der beste Weg zu mehr Profit ist, sondern dass mehr Produktivität auch mit mehr Wohlwollen, mehr Freiheiten und mehr Empathie erreicht werden kann. Ja, es gab den Typus des aufgeklärten Sklavenhalters, der seine Sklaven – wie man heute sagen würde – »empowered«. Es gibt eben viele Arten, Dominanz zu leben.

Für die Masse der Europäer und Nordamerikaner wurde die Managementhierarchie aber erst ab dem Jahr 1750 mit Beginn der industriellen Revolution zum vorherrschenden Organisationsprinzip der Wirtschaft. Zu diesem Zeitpunkt ergab sich in Europa die Notwendigkeit, große Massen von Menschen in arbeitsteiligen Prozessen zu organisieren. Die handwerkliche Produktion der Familien wurde durch die maschinelle in Fabriken ersetzt, um zunächst Textilien herzustellen, dann Kohle, dann Stahl und schließlich Konsumgüter. Dazu wurde die Organisationsvorlage des Militärs kopiert – und diese basierte immer noch im Kern auf der römischen Legion. Das war auch weitgehend alternativlos, da unserer abendländischen Kultur zu der Zeit keine anderen Baupläne zur massenhaften Mobilisierung und Koordination von menschlicher Aktivität bekannt waren. Sehr bekannt hingegen war jedem Menschen im Abendland der wohl elementarste Baustein der Hierarchie, die Unterordnung. Ein im häuslichen, feudalen, aristokratischen, bürokratischen, kirchlichen und auch im Zunftsystem nur zu allgegenwärtiges Prinzip. Wenn man die Unterordnung nimmt und zu einer Pyramide auftürmt, dann ist man sofort in genau dem System, das schon die römischen Legionen nutzten. Und so hätte ein römischer Legionär, der vor über 2000 Jahren gegen Hannibals Elefanten kämpfte, vermutlich kein Problem damit, sich in das grundsätzliche Organisationsprinzip eines heutigen Unternehmens hineinzudenken.

Damit wäre im Hinblick auf die Bedeutung für den Alltag eigentlich alles zur Geschichte der Managementhierarchie gesagt. Die passende Theorie dazu entstand erst sehr viel später und änderte dann auch nicht mehr allzu viel an der Praxis. Wer heute wissen will, wie Unternehmen organisiert sind, der muss

91 James Breeden (1980): Advice among Masters: The Ideal in Slave Management in the Old South.

im Grunde nur drei Bücher lesen: Frederick Winslow Taylors »Scientific Management« von 1911 erläutert die analytische Seite des Managements (die Vermessung von Arbeitsvorgängen), Henry Fayols »Administration Industrielle et Générale« dessen Funktion, und Max Webers »Wirtschaft und Gesellschaft« von 1916 erklärt Soziologie und Philosophie des Managements. Natürlich gibt es heute leichter lesbare Abhandlungen, manche Ecken haben die erwähnten drei nicht beleuchtet, aber alles Wesentliche wurde schon vor über hundert Jahren vollständig beschrieben.

Nun ist es aber nicht so, dass die Organisationstheorie sich in den letzten hundert Jahren nicht weiterentwickelt hätte. Das hat sie, nur ist dieser Fortschritt kaum praxisrelevant. Machen Sie sich einen Spaß und fragen Sie einmal einen Manager, welcher Ansatz der modernen Organisationstheorie ihm denn am ehesten zusagt, der neoinstitutionalistische, der institutionsökonomische, der soziotechnische oder der systemtheoretische. Sie werden wohl keine Antwort bekommen. Dabei verkaufen sich Bücher über Management sehr gut. Auch boomt der Trainings- und Coachingmarkt. Nur wird in Büchern und Seminaren nicht Organisationstheorie gelehrt, sondern es wird stattdessen zeitgeistig-motivierend erläutert, wie man sich in Managementhierarchien zurechtfindet, wie man das bestehende System bedient. Das Self-help-Genre eben. Die Organisationstheorie kennt aber längst andere Organisationssysteme, welche die Managementhierarchie ersetzen könnten. Leider werden diese, wenn überhaupt, nur oberflächlich diskutiert. Sie werden ins Reich des Geistes verbannt. Man fordert ein »Second Operating System«, das Manager im Kopf haben sollten, oder verschiebt das Neue ins nebulöse Reich der Unternehmenskultur.[92] So gut wie alles, was heute im Management gelehrt wird, wird unter den Vorbehalt der Managementhierarchie gestellt. In der Praxis spielt moderne Organisationswissenschaft keine Rolle. Es zählt einzig, wer für was verantwortlich ist. Wer Macht hat und wer nicht. Alles andere sind Petitessen für Feingeister.

Eine solche Blindheit gegenüber der modernen Organisationslehre wäre ja vollkommen in Ordnung, hätte nicht die Managementhierarchie einige fatale Fehler. Diese schauen wir uns nun an.

92 John P. Kotter (2014): Accelerate: Building Strategic Agility for a Faster-Moving World.

Die vier Funktionen der Managementhierarchie

Jedes Organisationssystem hat vier Grundfunktionen: Entscheidungsfindung, Koordination, Motivation und Verteilung. Die ersten drei Funktionen finden sich in der einen oder anderen Formulierung in jedem Lehrbuch.[93] Die vierte Funktion nicht, weil betriebswirtschaftliche Literatur einen großen Bogen um Verteilungsfragen macht. Nachhaltige Unternehmen stellen aber Verteilungsfragen, da sie sich nicht nur dem einen Ziel der Profitmaximierung, sondern auch gesellschaftlichen und ökologischen Zielen widmen. Die Managementhierarche erledigt diese vier Funktionen in ganz spezieller Weise.

Entscheiden

In Managementhierarchien entscheidet der Vorgesetzte, wie immer er will und kann. Organisatorisch ist kein Entscheidungsprozess vorgedacht. Die Managementhierarchie schiebt die Verantwortlichkeit für Entscheidungen in das Reich der persönlichen Arbeitstechnik von Führungskräften. Diese können, müssen sich aber nicht beraten. Eine Managementhierarchie regelt Verantwortung, aber keine Entscheidungsprozesse. Sie bestimmt nur, wer befugt ist, etwas zu entscheiden.

Dabei ist der modernen Managementlehre klar, dass gute Entscheidungen organisiert werden müssen. Sie rät von isolierten Top-down-Entscheidungen ab und empfiehlt stattdessen Beratung mit Experten und Betroffenen. Sie empfiehlt Subsidiarität und Delegation, sodass untergeordnete Stellen den Freiraum haben, innerhalb breit gesteckter Parameter nah am eigentlichen Geschehen selbst zu entscheiden. Und sie empfiehlt psychologische Sicherheit, sodass alle Menschen, die am Prozess beteiligt sind, auch tatsächlich alle Informationen einbringen, also den Mut haben, sich ihres eigenen Bestandes zu bedienen. Sie empfiehlt die Betrachtung von Problemen aus vielen Perspektiven. Und sie empfiehlt, Entscheidungsprozesse zu differenzieren, damit wichtige Entscheidungen sorgfältiger und unwichtigere schneller prozessiert werden können. Gute Ratschläge, aber diese wären gar nicht nötig, wenn das Organisationssystem selbst vorgeben würde, wie Entscheidungen zu prozessieren sind. Genau das macht die Managementhierarchie nicht. Sie regelt nur eines: Der Chef entscheidet. Wie immer auch sie oder er das macht.

93 Siehe dazu Kapitel VI, Abbildung Sechs Sichten auf die Aufgaben eines Managers.

Managementhierarchien entscheiden autokratisch – und autokratische Entscheidungen sind erratisch. Wer aber gute Entscheidungen will, muss sie organisieren und nicht zur persönlichen Arbeitstechnik erklären. Alle erwähnten Ratschläge, alle Leadership-Weisheiten sind nur Notbehelfe gegen das fundamentale Problem der Managementhierarchie: die autokratische Entscheidungsfindung.

Besonders verheerend ist dies in puncto der wohl wichtigsten aller Entscheidungen: der über Ziele.[94] Hier wäre besondere Sorgfalt angebracht, da die Festlegung von Zielen genau genommen eine Entscheidung über Entscheidungen ist. Ziele definieren die Maßstäbe, an denen sich alle Entschlüsse messen lassen müssen. Sie definieren das »Warum?« eines Unternehmens. Managementhierarchien ignorieren das Warum – abgesehen von der Fixierung auf Profit. Sie leisten als Organisationssystem keinerlei Beitrag dazu, wie weitergehende Ziele überhaupt entstehen. Sie vertrauen stattdessen darauf, dass diese irgendwie einem Vorgesetzten einfallen. Der Prozess der Zielfindung hängt so organisatorisch in der Luft. Weil er der persönlichen Arbeitstechnik einer Führungskraft überlassen wird, werden Ziele im betrieblichen Alltag ebenso sprunghaft, unzureichend, fantasielos, inkompetent, isoliert und politisch motiviert festgelegt und fallen gelassen, wie es halt im Kopf des Chefs zugeht. Mehr noch: Die systematisch angelegte Missachtung der Untergebenen bei Entscheidungen macht Mitarbeiter zu Befehlsempfängern. Sie lernen, dass oben gedacht und unten ausgeführt wird. Sie legen sich Scheuklappen an für all das, was außerhalb ihres Jobs passiert. Sie kultivieren eine fatalistische Hilflosigkeit – weil es strukturell im System angelegt ist, dass Entscheidungen vom Himmel regnen. Kein Manager muss sich erklären, und wenn sie oder er etwas macht, ist es für Mitarbeiter sicherer, das nicht allzu genau zu hinterfragen. So erhält man sich das Wohlwollen des Chefs.

Managementhierarchien tragen nichts zur Entscheidungsfindung bei. Sie lassen es zu, dass Ziele nicht als Prozess im Unternehmen, sondern nur im Kopf des Chefs entstehen. Das, was Managementhierarchie vermag, ist das Setzen von Zielen. Das ist aber zu wenig, denn wer sich falsche Ziele setzt, kann sich hocheffizient in den Abgrund arbeiten. Effektivität ist viel wichtiger als Effizienz. Trotzdem schiebt Managementhierarchie gerade den kritischen Prozess der Entscheidungsfindung in die Köpfe von Führungskräften ab. Eine unterlassene organisatorische Hilfeleistung, an der auch Leadershiptrainings nichts ändern können.

94 Herbert A. Simon (1976): Administrative Behavior: A Study of Decision-Making Behavior in administrative Organizations, 3rd Edition.

Koordinieren

Koordination ist die Ausrichtung von Aktivität und Ressourcen auf ein Ziel. Die Managementhierarchie kann das zweifellos, aber sie macht es auf eine brachiale Art. Das liegt vor allem daran, dass sie im Kern auf zwei Koordinationsmechanismen setzt: Stellen und Hierarchie. Stellen sind Bündel von Aufgaben. Sie definieren, wofür jemand verantwortlich ist und was jemand machen soll. Stellen geben jedem einen »Job«. Sie sind die Bausteine einer Managementhierarchie. Die Hierarchie bringt Stellen miteinander in eine Beziehung und verbindet sie zu einer Pyramide. Damit ist klar, wer was verantwortet und wer an wen berichtet. Eine gut definierte Stellenpyramide sorgt dafür, dass Verantwortung vollständig und überschneidungsfrei zugeordnet wird. So wird keine Aufgabe vergessen, es gibt keine ineffiziente Doppelarbeit, und es ist stets sichtbar, wer seine Aufgaben erfüllt und wer nicht. Natürlich gibt es in Unternehmen noch viel mehr Wege zu koordinieren als Stellen und Hierarchien, zum Beispiel Regeln, Berichte, Prozesse oder Meetings. Aber das ist Beiwerk. Den Kern der Koordinationsfrage »Wer macht was?« regelt eine Managementhierarchie sehr klar und analytisch. Und genau diese klare Analytik führt in einer komplexen Realität zu brachialen Ergebnissen.

Es fängt damit an, dass die Managementhierarchie eine statische Ordnung ist. Sie gibt Managern eine Analytik dafür an die Hand, wie eine Situation zu gliedern ist – hierarchisch, vollständig und überschneidungsfrei. Sie enthält aber keine Mechanismen, die regeln, wie Organisationen sich ändern. Unternehmen sind damit genauso dynamisch, wie das Denken eines Chefs es ist. Nein, noch nicht mal das. Sie sind sogar weniger dynamisch, weil konsequente Änderungen in autokratischen Systemen eher vermieden werden. Änderungen bedrohen die Machtbasis des Chefs, weil jede Änderung Gewinner und Verlierer hervorbringt. Strukturelle Änderungen erzeugen Illoyalität und unterminieren damit die Machtbasis des Chefs. Alles stabil beim Alten zu halten, ist in den allermeisten Fällen die machtpolitisch viel klügere Lösung. Aber nicht nur die Investition von politischem und emotionalem Kapital ist hoch, auch die finanziellen Kosten können es sein, weil neue Arbeitsteilungen erst erlernt werden müssen und zudem noch viele Prozesse, Berichts- und IT-Systeme fest mit den vorhandenen Strukturen verschweißt sind.

Trotzdem sind Reorganisationen in heutigen Unternehmen nicht selten. Allerdings handelt es sich dabei meist um kosmetische Änderungen – wie Namensänderungen, die Neubesetzung einer Managementposition oder das Umhängen und Zusammenfassen von Hierarchiezweigen. Von Natur aus sind Managementhierarchien statische Systeme. Sie sind es nicht zuletzt deshalb, weil sie die Statik – das Organigramm – zum obersten Ordnungsprinzip erheben. Auf die Frage, wie sich Organisationen ändern, haben sie keine Antwort, Dynamik ist ihre Sache nicht. Alles reduziert sich auf persönliche Arbeitstechnik. Auch hier ist die moderne Managementlehre »dran« und verteilt Pflaster. So wird die »agile« Organisation empfohlen, aber die strukturelle Dimension von Agilität wird ausgeklammert – und diese widerspricht, wie im nächsten Kapitel klar werden wird – der Managementhierarchie diametral.

Die zweite unschöne Eigenschaft der Art, wie Managementhierarchie koordiniert, ist die Vereinzelung. Ein Elefant im Raum, denn das Problem ist so groß, dass man es kaum noch sieht. Weil alle nur dafür bezahlt werden, dass sie ihren Job machen, kümmert sich jeder nur noch um sich. Dann gibt es keine Gemeinschaft, sondern nur noch individuelle Abarbeiter. Dann geht es nur noch darum, Jobs zu erledigen, aber nicht darum, die Köpfe zusammenzustecken. Die Urgeschichte, die hinter der Managementhierarchie steht, geht so: Wenn jeder nur seinen Job erfüllt, hat das Unternehmen Erfolg. Jeder Vorgesetzte setzt die richtigen Ziele, und jeder Mitarbeiter erfüllt diese Ziele und ... mission accomplished. Jeder für sich. Nichts zusammen. Zahnräder. Kälte.

Aus der Vereinzelung entsteht das dritte Problem: das Erblinden des Unternehmens. Wie im letzten Kapitel beschrieben, stoppt Machtasymmetrie den Fluss von Informationen von unten nach oben – weil Mitarbeiter sich durch Exit und oberflächliche Loyalität schützen und weil gleichzeitig Vorgesetzte fokussierter sind auf das, was über ihnen passiert, als auf das, was unter ihnen vor sich geht. Aber nicht nur der vertikale, auch der horizontale Informationsfluss wird trockengelegt, weil Beziehungen zwischen Mitarbeitern überhaupt kein Element des Organisationsmodells sind. Sie sind systematisch unnötig und damit entwertet. Das Kümmern umeinander ist überflüssig, nur das Kümmern um den Chef ist erforderlich. Eine Managementhierarchie kanalisiert Informationsflüsse in Berichtslinien, aber sie macht vertikale Informationsflüsse zu Rinnsalen und lässt horizontale Flüsse ganz austrocknen. Das ist weder für Menschen noch für die Leistung eines Unternehmens gut.

Eine Managementhierarchie koordiniert analytisch sauber, aber sie macht ein Unternehmen statisch, vereinzelt Menschen und lässt ein Unternehmen erblinden. Das lässt nichts Gutes für die Fähigkeit der Managementhierarchie vermuten, die dritte Funktion von Organisationssystemen zu erfüllen: die Motivation.

Motivieren

Motivation ist die Gesamtheit der Beweggründe eines Menschen, die zu Entscheidungen und Handeln führen. Ohne Motivation kann ein Unternehmen nichts schaffen, weil kein Mensch etwas macht. Alle Ziele und alle Koordination laufen ohne Motivation ins Leere. Eine Managementhierarchie motiviert systematisch durch zwei Mechanismen: Gehalt und Zwang. Das Gehalt ist der zentrale Grund, warum ein Mitarbeiter sich für ein Unternehmen entscheidet. Gehalt ist ein hervorragender Motivator. Wer schon mal Freiwillige in Vereinen oder Parteien organisiert hat, der weiß, wovon ich spreche.

Motivation in einer Managementhierarchie ist kein ausgeklügeltes System, sondern es ist eher eine transaktionale Beziehung, wie auf einem Markt. Natürlich gibt es auch in Managementhierarchien noch andere Wege zu motivieren, zum Beispiel die Delegation von interessanten Aufgaben, das Versprechen von Aufstieg und Privilegien, ein gutes Unternehmensklima – aber die zwei Hebel, welche die Managementhierarchie systemisch liefert, sind allein Gehalt und Zwang. Der Rest ist wie auch bei der Koordination persönliche Arbeitstechnik des Vorgesetzten.

Managementhierarchie setzt eher auf etwas anderes als auf Motivation. Sie etabliert ein System der Kontrolle, um sicherzustellen, dass das Unternehmen auch tatsächlich die vom Mitarbeiter versprochene Arbeitsleistung erhält. Und das war es dann auch. Mehr kann das Organisationssystem Managementhierarchie nicht. Es verschiebt die Last der Motivation auf die Führungskraft, die idealerweise eine heldenhafte Kombination aus Fachexperte, empathischem Psychologen und hartem Antreiber ist. Es vereinzelt Menschen in einem System, das auf Zwang und Dominanz aufgebaut ist. Es entwertet die Beziehungen zwischen Mitarbeitern, weil nur die Beziehung zum Chef wirklich wichtig ist. Motivieren tut, wenn die Führungskraft in diesem Punkt versagt, lediglich das Gehalt, aber das würde es auch in jedem anderen Organisationssystem. Wie eines aussieht, in dem Motivation eingebaut ist, dazu werden wir noch kommen.

Verteilen

»The Social function of hierarchy is not technical efficiency, but accumulation.«
Stephan A. Marglin[95]

Organisationssysteme verteilen Aufgaben – und sie verteilen gleichzeitig Macht und damit auch Ohnmacht, Einkommen, Status, Sicherheit und Angst. Die Managementhierarchie ist das Organisationssystem, das Macht so ungleich verteilt wie kein anderes. Sie fokussiert alle Macht auf die Spitze. Strukturell gesehen, ist die Managementhierarchie ein extremistisches System, denn es gibt kein anderes, das mehr Macht auf einen Punkt konzentriert.

Diese Konzentration ist gewollt. Einerseits, um das Unternehmen zu koordinieren, wie im letzten Abschnitt beschrieben. Aber andererseits auch, um den Eigentümern die Erträge des Unternehmens zu sichern. Durch die Konzentration der Macht an der Spitze sichern sie sich hundert Prozent des Gewinns. Jeder machtpolitische Kompromiss bedeutet, dass sie etwas davon abgeben müssten. Wer Teilhabe zulässt, erntet Ansprüche. Anders als häufig in der Wirtschaftslehre dargestellt, ist das Ziel von Unternehmen eben nicht der Gewinn, sondern der Gewinn für die Eigentümer. Kein anderes Organisationssystem eignet sich so gut wie die Managementhierarchie dafür, den Gewinnanspruch der Eigentümer durchzusetzen: »Die soziale Funktion von Hierarchie ist Akkumulation« ist ein Lehrsatz der Soziologie.[96] Die Managementhierarchie ist ein System zum vollständigen Durchsetzen der Ansprüche derjenigen, die über Kapital verfügen. Historisch wurde aus diesem Punkt viel gemacht – was für den einen die faire Entlohnung des Risikokapitals darstellt, hält der andere für Ausbeutung. In diesem Buch geht es aber weniger um Verteilungsfragen als um Nachhaltigkeit. Aber leider ist beides miteinander verzahnt: Wenn man die Dominanz des Profitmotivs in Unternehmen brechen will, damit diese nachhaltige Entscheidungen treffen können, lohnt es sich zu verstehen, warum die Managementhierarchie heute so universell verwendet wird. Warum sie, obwohl sie zu Entscheidungen wenig beiträgt, schwere Koordinationsdefizite hat und motivational eher eine Nullnummer ist, der Regelfall in Unternehmen ist. Kurz gefasst lautet die Antwort: weil sie wie kein anderes System die Interessen der Eigentümer durchsetzt. Das ist ihre wahre Stärke.

95 Stephan A. Marglin (1974): What Do Bosses Do? The Origins and Functions of Hierarchy in Capitalist Production. In: Review of Radical Economics 6:60

96 Murray Bookchin (2005): The Ecology of Freedom: The emergence and dissolution of hierarchy, 3rd edition.

Managementhierarchien sind nicht für die Gesellschaft gebaut. Sie sind nicht für die Leistung von Unternehmen gebaut und erst recht nicht für die Mitarbeiter. Sie sind für die Eigentümer gebaut. Es könnte also sein, dass Managementhierarchien nicht das beste Organisationssystem sind, das im Feuer des Wettbewerbs geschmiedet wurde, sondern einfach nur ein historisch tradierter Weg, den Mächtigen ihre Macht zu sichern. Meine Kritik ist nicht die eines Klassenkämpfers, ich bin ja von Haus aus Manager und Unternehmensberater, sondern die eines wirtschaftlich Denkenden: Ich glaube, dass Unternehmen heute nicht so leistungsfähig sind, wie sie es sein könnten, weil sie sich als Managementhierarchie organisieren und damit Akkumulation über alles stellen. Es gibt andere Systeme, die bessere Ziele finden, besser koordinieren, besser motivieren und, ja auch gerechter verteilen. Vor allem aber zerstört die Dominanz der Managementhierarchie in einer anonymen hochkapitalisierten Wirtschaft das Leben auf diesem Planeten mit der gedankenlosen Gewalt einer Maschine.

Gibt es nachhaltige Managementhierarchien?

Einem Unternehmen, das als Managementhierarchie organisiert ist, fällt es schwer, nachhaltig zu sein. Managementhierarchien sind dafür gebaut, Businesspläne auszuführen. Sie entscheiden autokratisch und statisch, sie vereinzeln, sie machen Unternehmen blind für das, was an der Basis passiert, sie motivieren Menschen nicht dazu, sich um irgendetwas außer sich selbst zu sorgen. Und sie sind dafür gebaut, Macht und Ressourcen an der Spitze zu konzentrieren.

Sollte der Staat Managementhierarchien mit Nachhaltigkeit beauftragen, würden Manager den Zwischenraum, der durch die gleichzeitige finanzielle und ökologische Zielsetzung entsteht, nutzen. Sie werden in einem Akt der Schaukelpolitik ihre beiden Herren, den Staat und die Eigentümer, gegeneinander ausspielen, um ihre eigenen Interessen durchzusetzen. Eine ökologische Wirtschaft auf Basis von Managementhierarchien wäre somit eine Wirtschaft der Apparatschiks. Die heute ohnehin schon deutliche Verselbstständigung der Manager würde nochmals um ein Vielfaches größer werden. Für die Gesellschaft, aber auch für die Eigentümer entstünde dabei wenig Nützliches: Bürokratisierung von Unternehmen, Korruption, Ungleichheit und Zynismus. Apparatschiks können mit einzelnen Eigentümern und Staatsbeamten »dealen«. Sie haben mit den Ressourcen des Unternehmens, das sie führen, viele Mittel zur Verfügung, um sich ihren Kontrolleuren zu entziehen, sie zu beeinflussen oder sogar zu korrumpieren. Ebenso wie im Ostblock in der zweiten Hälfte des 20. Jahrhunderts könnte sich so eine korrupte Elite bereichern, weil sie alle Machtmittel in der Hand hätte. Greenwashing und Zynismus wären Tor und Tür geöffnet. Ein noch so gut gemeinter ökologischer Aufbruch würde so schnell an Glaubwürdigkeit verlieren.

Um nachhaltig zu sein, müssen Unternehmen rücksichtsvoll und aufmerksam sein. Sie müssen sich auf die Interessen der Gesellschaft und der Biosphäre einlassen. Es genügt nicht mehr, nur Businesspläne auszuführen. Nun geht es darum, Probleme zu lösen, die so widersprüchlich und komplex sind, dass das nur im Diskurs gelingt. Theodor W. Adorno schreibt: »Intoleranz für Unsicherheit ist das Zeichen einer autoritären Persönlichkeit.«[97] Komplexität und Autokratie sind Gegensätze. Darum reicht es nicht, die Spitze eines Unternehmens mit Nachhaltigkeit zu beauftragen – auch nicht, wenn diese Spitze gewählt wird. Wenn nur eine Stelle in einem Unternehmen mit tausend Mitarbeitern demokratisch besetzt wird, bleibt die Realität in diesem Betrieb zu 99,9 Prozent eine autokratische. Eine dünne, fragile Kruste der Demokratie um einen autokratischen Kern. Menschen in Krustendemokratien führen weiterhin nur aus. Grüne Unternehmen aber brauchen Mitdenker.

Demokratische Organisation von Unternehmen

»Hierarchie wacht über Gleichheit. Gleichheit verhindert Dominanz.«
Inspiriert von David Graeber[98]

Das System par excellence zur Verfolgung von breiten Zielen ist die Demokratie. Aber können Unternehmen demokratisch organisiert sein, ohne an Leistungsfähigkeit zu verlieren? Wir werden uns der Antwort auf diese Frage im Folgenden annähern. Ich fange mit einer Analyse der Funktionsweise der repräsentativen Demokratie an. Sie wäre das Szenario für Unternehmen, wenn man einfach nur das Management von den Mitarbeitern wählen lassen würde. Da dieser Ansatz aber nicht reicht, braucht es ein demokratisches Organisationssystem, das für Unternehmen besser geeignet ist: die Kreisorganisation.

97 Theodor Adorno et al. (1973): Studien zum autoritären Charakter. Hrsg. von Ludwig von Friedeburg.
98 David Graeber (2015): The Utopia of Rules, ebd.

Die vier Funktionen der Demokratie

Demokratie ist die Herrschaft der vielen und das Gegenstück zur Herrschaft des Einzelnen, der Autokratie. Beide, Demokratie wie Autokratie, sind Organisationssysteme: Sie richten menschliches Handeln auf ein Ziel aus. Arbeiten wir die vier Funktionen der Demokratie als Organisationsystem heraus und benutzen dabei wiederum dessen vier Funktionen. Das Ergebnis finden Sie in Abbildung 11.

Funktion	Management-hierarchie	Repräsentative Demokratie
Entscheiden	Autokratisch	Wahlen
Koordinieren	Dominanz	Regeln
Motivieren	Zwang	Freiwilligkeit
Verteilen	Akkumulation	Ausgleich
Primärzweck	***Ausführung***	***Koexistenz***

Abbildung 11: Organisationsfunktionen:
Managementhierarchie vs. repräsentative Demokratie

Im Unterschied zu Managementhierarchien investieren repräsentative Demokratien viel mehr Energie in die Gestaltung von Entscheidungen. Sie belassen den damit verbundenen Prozess nicht im Kopf eines einzelnen Menschen, sondern regeln ihn explizit. Große Richtungsentscheidungen werden durch Wahlen getroffen. Bedeutende Entscheidungen werden in Gesetzgebungs- und Ordnungsverfahren prozessiert. Und Entscheidungen im Detail werden den Repräsentanten der Exekutive einer Demokratie überlassen (Ministern, Bürgermeistern, Landräten etc.). Entscheidungen werden nicht personalisiert, sondern prozessiert. Ziele werden nicht top-down definiert, sondern sie werden in einem politischen Prozess auf allen Ebenen einer Gesellschaft entwickelt. Es gibt Anführer, aber diese sind keine Autokraten, sie sind Repräsentanten. Damit sie sich nicht allzu weit vom Wählerwillen entfernen, wird ihr Mandat zeitlich und durch eine Verfassung begrenzt. Repräsentative Demokratien sind für das Prozessieren komplexer Probleme gebaut. Genau das macht Demokratien als Organisationssystem für nachhaltige Unternehmen so attraktiv.

Allerdings ist die zweite Funktion der repräsentativen Demokratie, die Koordinationsfunktion, alles andere als gut für Unternehmen geeignet. Demokratien koordinieren mit Regeln, zum Beispiel Gesetzen und Verordnungen.[99] Die Gesamtheit aller Regeln schafft einen für alle verbindlichen Handlungsrahmen, der das friedliche Zusammenleben der in dieser Gemeinschaft lebenden Menschen ermöglicht. Aber das reicht Unternehmen nicht. Unternehmen wollen nicht friedliches Zusammenleben, sie wollen Leistung.

Repräsentative Demokratien heutiger Prägung können ihren Bürgern nur in seltenen Ausnahmefällen etwas abverlangen, zum Beispiel in Kriegszeiten.[100] Sie sind eher Systeme der Koexistenz als der zielbezogenen Leistung. Dieser mangelnde Ziel- und Leistungsbezug macht die repräsentative Demokratie als Organisationssystem für Unternehmen unbrauchbar. Unternehmen wollen mehr von ihren Mitarbeitern als nur Regeltreue. Sie sind fokussierter und ambitionierter als Demokratien. Eine Managementhierarchie ist mit ihrer Dominanz sehr viel besser darin, Leistungen von Mitarbeitern einzufordern. Unternehmen brauchen mehr als Handlungsrahmen. Sie brauchen Ambition. Ohne Ambition keine Leistung.

Das bringt uns zur dritten Funktion von Organisationssystemen, der Motivation. Über die wird im Zusammenhang mit Demokratien selten nachgedacht, aber sie ist allgegenwärtig. Werfen Sie einfach einen Blick auf eine beliebige Nachrichtenseite im Internet, oder schauen Sie sich eine Nachrichtensendung an. Demokratien motivieren Menschen über Öffentlichkeit zum freiwilligen Engagement, zum Beispiel dazu, zur Wahl zu gehen. Jedes Engagement ist freiwillig. Natürlich hat der demokratische Staat eine Fülle von Machtmitteln zur Verfügung. Er kann zwingen und fördern, aber ob er das macht, liegt letztlich daran, ob es ihm gelingt, ausreichend öffentliche Unterstützung für sein Anliegen herzustellen. Unternehmen aber können nicht ihre Mitarbeiter bezahlen, um dann auf freiwillige Beiträge zu hoffen. Sie brauchen auch die Möglichkeit, Mitarbeit zu erzwingen. Sie erwarten mehr als Regeltreue.

Auch in puncto der Funktion Motivation kann Managementhierarchie einfach mehr als die repräsentative Demokratie. Die Schwäche, mit der die repräsentative Demokratie motiviert, ist für Unternehmen ein klares Argument gegen diese Organisationsform.

Die vierte Funktion von repräsentativen Demokratien, die Verteilungsfunktion, ist für grüne Unternehmen sehr interessant. Repräsentative Demokratien streben nämlich nicht nach Akkumulation von Gewinnen für wenige, sondern nach einer fairen Verteilung für alle. Mithilfe von Wahlen werden grundsätzlich

99 Lorraine Deston (2022): Rules: A short History of what we live by.
100 Das Overton-Fenster: der Bereich in der Mitte eines Meinungsspektrums, der Machtoptionen bietet.

alle Interessen bei Entscheidungen berücksichtigt. Dadurch, dass Regeln demokratisch beschlossen werden und jeder sich politisch engagieren kann, entstehen fairere, ausgeglichenere demokratisch legitimierte Ergebnisse als in autokratischen Systemen. Die Fähigkeit zum Ausgleich von Interessen und Ergebnissen ist genau das, was nachhaltige Unternehmen brauchen.

In Summe ist repräsentative Demokratie als Organisationsystem für Unternehmen keine gute Idee. Ja, ihre Entscheidungs- und die Verteilfunktion ist für nachhaltige Betriebe interessant. Entscheidungen durch Wahlen und demokratische Verfahren zu prozessieren, ist in komplexen Umfeldern besser, als autokratisch zu entscheiden. Und weil repräsentative Demokratien nicht einseitig akkumulieren, sondern ausgeglichen verteilen, wird Nachhaltigkeit überhaupt erst möglich. Allerdings sind die Mängel der repräsentativen Demokratie so groß, dass diese für Unternehmen insgesamt nicht geeignet erscheint: Ihre Koordinations- und ihre Motivationsfunktion sind nicht stark genug. Eine repräsentative Demokratie bietet vor allem Freiheit, Gleichheit und Selbstwirksamkeit[101] - aber sie fordert kaum etwas, noch motiviert sie Bürger in einem Maße, wie Unternehmen ihre Mitarbeiter motivieren müssen. Allerdings gibt es ein Organisationssystem, das es möglich macht, die Vorteile der Demokratie zu nutzen, und das es gleichzeitig erlaubt, trotzdem zupackend zu koordinieren und zu motivieren. Dieses System möchte ich Ihnen jetzt vorstellen.

Demokratie ohne Idioten: Kreisorganisation

In den alten griechischen Demokratien bezeichnete man die Bürger, die sich nicht am öffentlichen Leben beteiligten, als *idiotes*, als Privatmenschen. Ob dies damals abwertend zu verstehen war, wissen wir nicht, aber der Begriff Idiot, der von seinem griechischen Ursprung abgeleitet ist, hat auf jeden Fall eine negative Bedeutung. Die negative Konnotation mag auch von einer angeblichen Äußerung des französischen Gelehrten Alexis de Tocqueville im 19. Jahrhundert herrühren. Der soll gesagt haben, dass »man als idiotes geboren wurde und es blieb, wenn man nicht durch Erziehung und Bildung zu einem politisch bewussten Bürger wurde«.[102] Jemand, der sich nicht für die Gemeinschaft engagiert, ist unzivilisiert, ungebildet, ein Idiot.

Das geht natürlich für das heutige Verständnis zu weit. Unsere Gesellschaft akzeptiert, dass Menschen sich nicht für die Gemeinschaft engagieren. Unsere Wirtschaft

101 Die drei wesentlichen Vorteile der Demokratie laut Jamie Suskind (2022): Digital Republic: On Freedom and Democracy in the 21st Century.

102 Walter C. Parker (2005): Teaching Against Idiocy, in: Phi Delta Kappan, Vol. 86, No. 5, January 2005, S. 344-351.

ist ein System, das meint, ohne Gemeinsamkeit auszukommen. In ihren heutigen Unternehmen reicht es, wenn jeder nur seinen Job erledigt. Polemisch formuliert: Unsere Gesellschaft akzeptiert Idioten, und die Wirtschaft produziert Idioten.

Unternehmensdemokratien können aber *idiotes* nicht akzeptieren. Im Gegenteil, sie brauchen *poletai* – Menschen, die sich für die Gemeinschaft engagieren. Kreisorganisationen sind Organisationsysteme ohne *idiotes*. Sie fordern von jedem, sich in die Gemeinschaft einzubringen.

Sie finden die Kreisorganisation in den Textbüchern der Organisationslehre als eine von vielen möglichen alternativen Organisationsstrukturen für Unternehmen.[103] In diesen Texten wird jedoch kaum erklärt, wie sie funktioniert. Schauen wir sie uns also detailliert an: Die Kreisorganisation ist ein dreigliedriges Organisationssystem, dessen Teile selbstorganisierte Teams sind und dessen Führung demokratisch legitimiert ist. Man kann sie sich als Pfirsich vorstellen: drei ineinanderliegende Kreise wie in Abbildung 12.[104]

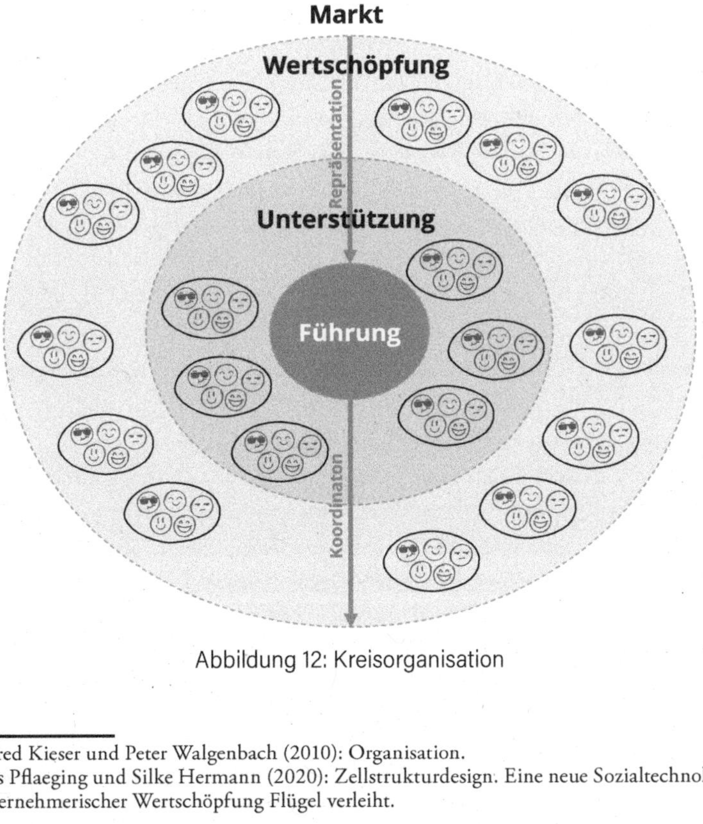

Abbildung 12: Kreisorganisation

103 Alfred Kieser und Peter Walgenbach (2010): Organisation.
104 Nils Pflaeging und Silke Hermann (2020): Zellstrukturdesign. Eine neue Sozialtechnologie, die unternehmerischer Wertschöpfung Flügel verleiht.

Die Masse der Mitarbeiter befindet sich im Wertschöpfungsbereich, dem äußeren Kreis. Der mittlere Kreis sorgt für Synergien und Dienstleistungen. Die Führung der Kreisorganisation befindet sich im Kern. Auf allen drei Ebenen arbeiten selbstorganisierte Teams miteinander, die in mehr (symbolisiert mit einer Verbindungslinie) oder weniger intensiven Austauschbeziehungen stehen. Russell L. Ackhoff, ein US-Organisationswissenschaftler, bezeichnet die Kreisorganisation (Circular Organisation Structure) als eine »demokratische Hierarchie«.[105] Man kann sie sich einerseits vorstellen als eine Managementhierarchie, die es gelernt hat, Entscheidungen partizipativ zu gestalten – oder andererseits als eine egalitäre Netzwerkorganisation, die auch Hierarchie nutzt. Die Kreisorganisation ist eine Fusion aus Hierarchie, Demokratie und selbstorganisiertem Netzwerk: Sie ist demokratisch, weil Führungspositionen gewählt werden; sie ist hierarchisch, weil sie aus einem zentralen Kern heraus lenkt; und sie ist selbstorganisiert, weil jeder Mitarbeiter mindestens einem Team angehört, dem gegenüber er sich verantworten muss, aber keinen direkten Vorgesetzten hat.

Kreisorganisationen vereinen Hierarchie, Netzwerk und Demokratie. Das gibt ihnen große Fähigkeiten, macht sie aber auch schwieriger zu verstehen und aufwendiger zu managen. Managementhierarchien sind viel einfacher, weil sie allein durch ihre Struktur beschrieben werden können. Die Pyramide enthält die eine Regel, die alles erklärt: Der Vorgesetzte entscheidet. Diese Regel macht alle anderen Regeln überflüssig. Um Kreisorganisationen zu erläutern, braucht es viel mehr. Es braucht Prozesse, Standards und Regeln. Ich fasse diese drei Begriffe unter dem Wort Praktiken zusammen. Es sind die Praktiken, die eine Kreisorganisation ausmachen. Kreisorganisationen sind also weniger eine Struktur als vielmehr ein Geflecht. Sie sind, ebenso wie Demokratien im Allgemeinen, die Summe ihrer Praktiken und keine statischen Verantwortungsstrukturen wie Managementhierarchien.

Ihnen ist in diesem Buch eine ganz ähnliche Form, drei ineinanderliegende Kreise, schon in Kapitel II in Abbildung 4 begegnet: das Vorrangmodell der Ökologie. Das ist kein Zufall. Wer Kreise ineinander anordnet, drückt Gemeinschaft aus: Alle sind Teil eines Systems. Und mit der Wahl des äußeren Kreises, der alle anderen umfasst, ist klar, welches System wirklich bedeutsam ist. Im Vorrangmodell ist es die Ökologie, welche die Welt belebt. In Kreisorganisationen sind es die Mitarbeiter, die ein Unternehmen beleben. In der Darstellungsform drückt

105 Russell L. Ackhoff (1999): Re-Creating the Corporation: A Design of Organizations for the 21st Century.

sich das Wesen von Kreisorganisationen aus: der Übergang vom Reduktionismus der Managementhierarchie zu einem Holismus, zur Sorge um das Ganze. Die Darstellung steht für die Abkehr von betriebswirtschaftlicher Engstirnigkeit und die Hinwendung zur gesellschaftlichen Rücksichtnahme. Anders sind auch nachhaltige Unternehmen nicht denkbar.

Es gibt neben der Struktur und den Praktiken noch ein drittes wesentliches Merkmal, das Kreisorganisationen von Managementhierarchien unterscheidet: Sie funktionieren nur in kleinen Organisationen von idealerweise 150 Mitarbeitern. Warum das so ist, wird im nächsten Abschnitt klar. Und welche Möglichkeiten es gibt, sie trotzdem auf Zehntausende von Mitarbeitern zu skalieren, erfahren Sie im nächsten Kapitel.

Die vier Funktionen der Kreisorganisation

Abbildung 13 vergleicht die Funktionen der drei vorgestellten Organisationssysteme. Die Kreisorganisation habe ich in der Mitte zwischen Managementhierarchie und Demokratie angeordnet, weil sie sowohl hierarchische als auch demokratische Elemente enthält.

Funktion	Management-hierarchie	Kreisorganisation	Repräsentative Demokratie
Entscheiden	Autokratisch	Diskurs	Wahlen
Koordinieren	Dominanz	Verbindung	Regeln
Motivieren	Zwang	Gemeinschaft	Freiwilligkeit
Verteilen	Akkumulation	Regeneration	Ausgleich
Primärzweck	***Ausführung***	***Verbindung***	***Koexistenz***

Abbildung 13: Vergleich der Funktionen von Organisationssystemen

Genauso wie Demokratien organisieren Kreisorganisationen Entscheidungsprozesse, statt sie wie Managementhierarchien einzelnen Managern zu überlassen. Aber sie organisieren sie nach einem anderen Prinzip. Nicht durch periodische Wahlen, sondern dadurch, dass sie alle drei Wege der demokratischen Entscheidungsfindung – die repräsentative, die konsultative und die direkte Demokratie – in einem Organisationsystem verweben. Ihr Ziel ist es, Mitarbeiter permanent in einem betrieblichen Diskurs zu halten statt nur periodisch zu Wahlzeiten.

Diskurs ist ein Begriff der Soziologie. Betriebswirte nutzen ihn selten. Dabei ist ein aktiver Diskurs genau das, was man bekommt, wenn Menschen engagiert in einem Unternehmen arbeiten. Je aktiver Menschen zusammenarbeiten, desto mehr Diskurs. Aktivität ohne Diskurs – das können nur Maschinen. Wer Engagement will, der braucht Diskurs.

Diskurs enthält das, was gesagt wird, und auch das, was ungesagt bleibt. Jürgen Habermas, ein deutscher Philosoph, definiert Diskurs als »den Schauplatz kommunikativer Rationalität«.[106] Im Diskurs entsteht das, was Menschen als real, als wichtig und unwichtig, als wahr und falsch ansehen. Diskurs ist der Prozess, mit dem Menschen sich ein Bild von ihrer Welt machen. Engagement, Denken, Innovation, Sorge und Rücksicht – all das wird durch Diskurs geformt. Indem wir miteinander kommunizieren, deuten wir die Welt. Indem wir sie deuten, formen wir sie. Ohne Diskurs wären wir allein auf unsere eigenen Sinne zurückgeworfen, auf das, was uns widerfährt. Dies wäre eine kümmerliche Sicht der Welt. Sie würde uns abergläubisch machen und irrational, so wie Tom Hanks im Umgang mit seinem Freund, dem Volleyball Wilson. Kein Mensch ist eine Insel. Wir prägen einander durch Diskurs.

Aufgrund der grundsätzlichen Bedeutung des Diskurses für rationales Handeln haben philosophische Schwergewichte wie Jürgen Habermas und Michel Foucault jeweils einen Großteil ihres Werkes dem Diskurs gewidmet. Dabei haben sie Diskurs vor allem mit einem weiteren Begriff in Beziehung gebracht: der Macht. Diskurs ist immer »vermachtet«, denn was gesagt und was nicht gesagt wird, hängt davon ab, wer Macht über wen hat. Über die Zeit definiert Macht damit auch, was Menschen überhaupt denken und sehen können – und wollen. Sie unterdrücken ihre eigenen Weltsichten und fügen und machen sich die Weltsichten der Mächtigen zu eigen – weil es sich lohnt und sicherer ist. Ohne egalitären Diskurs gibt es keine Rationalität. Die modernen Philosophen haben diese Einsicht aber nicht als Erste gewonnen. Sie ist viel älter. Schon im 17. Jahrhundert formulierte Kondiaronk, ein Diplomat der Huronen in Nordamerika, einen Satz, der die grundlegende Bedingung für Rationalität auf den Punkt bringt: »A man motivated by interest cannot be a man of reason.«[107] Machtvolle Interessen verleiden Menschen das Denken. Wer Wahrheit ins Spiel bringen will, muss machtvolle Interessen herausnehmen. Ein Leitsatz, den wir in der Wissenschaft und im Justizsystem kennen, in der Wirtschaft aber ignorieren.

---

106 Jürgen Habermas (1981): Theorie des kommunikativen Handelns.

107 Kandiaronk, Native American Diplomat (1649-1701), in Graeber and Wengrow (2021): The Dawn of Everything: A New History of Humanity.

Habermas nennt fünf Bedingungen für optimalen Diskurs, für eine, so wie er es formuliert »ideale Sprachsituation«. Sind diese Bedingungen erfüllt, ist die Chance maximal, dass sich das beste Argument durchsetzt:[108]

1. Jeder mit der Kompetenz, zu sprechen und zu handeln, darf am Gespräch teilnehmen.
2. Jedem ist erlaubt, jede Behauptung zu hinterfragen.
3. Jedem ist erlaubt, etwas zu behaupten.
4. Jedem ist erlaubt, seine Meinungen, Wünsche und Bedürfnisse zu sagen.
5. Kein Redner darf durch inneren oder äußeren Zwang davon abgehalten werden, die oberen Rechte wahrzunehmen.

Managementhierarchie ist auf machtvolle Interessen aufgebaut. Sie kann Diskurs nicht erzeugen, weil sie alle Mitarbeiter in starke Abhängigkeitsverhältnisse eingliedert. Ohne Diskurs gibt es aber keine kollektive Rationalität. Es gibt nur genau so viel Rationalität, wie der CEO und jede untergeordnete Führungskraft entlang der Befehlskette zu produzieren in der Lage sind. Managementhierarchie begünstigt irrationales Verhalten, weil sie Diskurs unterbindet.

Managementhierarchie verteilt Macht maximal asymmetrisch. Sie ist allein aufgrund ihres Bauplans fundamental diskursfeindlich. Das ist auch der heutigen Managementlehre bewusst. Sie empfiehlt daher Führungskräften, für »psychologische Sicherheit«, Führung auf Augenhöhe oder Empowerment zu sorgen. Damit ist gemeint, dass Führungskräfte den Mut zur freien Meinungsäußerung bei ihren Mitarbeitern fördern sollten. Es ist schon amüsant zu sehen, welche Volten die Managementliteratur mit der Erfindung von immer neuen Begriffen schlägt, nur um Worte wie Diskurs, Mitbestimmung und Demokratie zu umgehen.

Ein System, in dem der Manager denkt und der Mitarbeiter ausführt, ist für blinde Gefolgschaft ausgelegt und nicht für Diskurs. Man kann Diskurs nicht verordnen. Man kann nur Kontexte bauen, die den Diskurs fördern. Diskurs in einer Managementhierarchie zu fordern, das ist, wie das Fenster zur Außenwelt zuzumauern und dann alle aufzufordern zu sagen, was sie denn da draußen so sehen. Diskurs als ein Add-on zur Hierarchie geht nicht. Auf Ungleichheit hinauslaufende Machtverteilungen machen alle blind – den Chef ebenso wie die Mitarbeiter.

Nachhaltige Unternehmen können sich es nicht leisten, auf Diskurs zu verzichten. Ihre Ziele sind viel umfassender, viel mehrdeutiger und komplexer als in

108 Jürgen Habermas, ebd.

heutigen Unternehmen. Sie müssen aufmerksam beobachten und abwägen. Ihnen bleibt gar nichts anderes übrig, als über Diskurs herauszufinden, welche Ziele sie wie verfolgen sollten. Das geht nur, wenn Menschen nicht zögern, ihre Stimme zu erheben. Wenn sie offen und angstfrei diskutieren und hinterfragen können. Nur dann werden Experten und Betroffene auch gehört.

Viele moderne Unternehmen haben den Wert von Diskurs längst erkannt. Gerade dort, wo komplexe Probleme gelöst werden sollen: in der Softwareentwicklung, in der Fertigung und Entwicklung, in Start-ups, in Kreativbereichen, im Teammanagement oder auch ganz allgemein in der Wissensarbeit. In diesen Bereichen stellt sich Erfolg nur ein, wenn miteinander geredet wird, wenn ständig Handlungen, Ergebnisse und Ziele reflektiert werden. Wenn Diskurs die Quintessenz von Rationalität und Wahrheit ist, dann muss ein Unternehmen daran interessiert sein, Diskurs zu fördern. Und das geht allein durch das Verweben von repräsentativer, direkter und konsultativer Demokratie zu einem organisatorischen Betriebssystem. Nur so kann eine Balance zwischen klaren Ansagen und sorgfältiger gemeinsamer Abwägung gefunden werden.

Koordination

Ähnlich wie in einer Kreisorganisation Entscheidungen nicht als persönliche Aufgabe, sondern als Prozess organisiert werden, gilt das auch für Koordination. Managementhierarchien weisen Managern koordinative Aufgaben zu. Es ist der Manager, der bestimmt, wer was macht. Kreisorganisationen tun dies auch: durch die Vergabe von Rollen. Aber nicht nur, denn sie dezentralisieren auch koordinative Aufgaben. Sie schaffen die Voraussetzungen dafür, dass Mitarbeiter Aufgaben selbstständig sehen und bearbeiten. Mitarbeiter, die das können, brauchen keinen Manager, der ihnen Aufgaben überträgt (Push-Koordination), sondern sie koordinieren sich selbstständig (Pull-Koordination).

Im Grunde genommen hat Pull-Koordination zum Ziel, genau den Traummitarbeiter, den jedes Unternehmen gerne hätte, zu erzeugen: jemanden, der Aufgaben sieht und verantwortungsvoll bearbeitet und der daher gar nicht geführt werden muss. Für Pull-Koordination gibt es vier wesentliche Voraussetzungen. Erstens braucht sie Praktiken, die es erlauben zu erkennen, wer sich zu welchem Zeitpunkt worum kümmert. Dazu werden in manchen Unternehmen beispielsweise KANBAN Boards verwendet. Diese zeigen in einer Tabelle, wer woran arbeitet, was es noch zu tun gibt und was erledigt wurde. Sie erlauben es jedem Einzelnen in einer Gruppe, genauso informiert zu sein, wie ein Manager es ist. Und sie erlauben es der Gruppe, die Tätigkeit der anderen genauso zu kontrollieren, wie es ein Manager tun würde.

Nur ist diese Kontrolle jetzt eine soziale Kontrolle – die zweite Voraussetzung für Pull-Koordination. Soziale Kontrolle ist mächtig und allgegenwärtig. Unsere Gesellschaft funktioniert zu einem Großteil deshalb, weil Menschen andere Menschen nicht enttäuschen wollen. Jeder will den Erwartungen anderer entsprechen. Nicht vollkommen, denn jeder will auch Identität, aber doch zu keinem geringen Teil. Menschen streben gleichzeitig nach Konformität und Identität. Ob im Straßenverkehr, in der U-Bahn oder beim Bäcker – Menschen achten aufeinander. Kreisorganisationen nutzen das. Sie organisieren Kontrolle sozial und nicht nur hierarchisch. Auch Managementhierarchien kennen soziale Kontrolle. Aber weil für jeden Mitarbeiter nur die Beziehung zum Manager zählt, ist diese entwertet: Es besteht einfach wenig Grund, sich für die Arbeit der Kollegen zu interessieren. Die ist allein Sache des Chefs.

Das Interesse an der Arbeit von anderen kommt nicht von selbst. Es muss für Mitarbeiter relevant sein, über den Tellerrand des eigenen Jobs hinauszudenken. Das ist es, wenn Mitarbeiter an Entscheidungen beteiligt werden. Partizipation ist daher die dritte Vorrausetzung für Pull-Koordination. Freiwilliges Engagement blüht auf, wenn Menschen Macht über ihr Umfeld erlangen – und sie verwelkt, wenn Menschen sich ohnmächtig fühlen. Wer über Push koordiniert, der kann trotz inneren »Exits« von Mitarbeitern trotzdem noch Leistung erzwingen. Wer aber über Pull koordiniert, der kann sich den inneren Exit von Mitarbeitern nicht mehr leisten.

Viertens: Pull-Koordination ist nur erfolgreich, wenn Menschen sich eng miteinander verbunden fühlen. Man muss sich füreinander zuständig fühlen. Nur dann hält man sich auch an Regeln, wenn niemand hinschaut. Eigeninitiative und Eigenverantwortlichkeit funktionieren ausschließlich durch Gemeinschaft.

Die Begriffe Push und Pull werden oftmals gleichgesetzt mit Zwang und Freiwilligkeit. Das stimmt nicht ganz. Erstens, weil auch Pull-Koordination mit Zwang arbeitet – die meisten Mitarbeiter fühlen sich durch den sozialen Druck der Kollegen gezwungen zu arbeiten. Zweitens, weil Push-Koordination nicht immer mit Zwang verbunden ist. In manchen Situationen finden es manche Mitarbeiter einfach angenehmer, Aufgaben zugeteilt zu bekommen und sie abzuarbeiten. Es kann zeitweise anstrengender sein, sich um sich selbst zu kümmern, als einfach das zu machen, was andere wollen.

Weil Pull-Koordination auf Praktiken, Selbstkontrolle, Partizipation und einer engen Verbindung der Mitarbeiter untereinander aufbaut, können Managementhierarchien diese nicht nutzen. Sie sind auf Push-Koordination beschränkt. Sie koordinieren, indem sie dominieren. Kreisorganisationen koordinieren vor allem, indem sie verbinden.

Motivation

»Managementhierarchie frisst ihre Figuren. Selbstorganisation spielt Schach.«
Inspiriert durch Earl Shorris[109]

In Kreisorganisationen ist jeder Teil eines Teams. Jeder ist eng mit seinen Kollegen verbunden. Gemeinschaft motiviert: einer für alle und alle für einen. Das Motto der Managementhierarchie »Jeder für sich« kann da nicht mithalten.

Gemeinschaft entsteht durch das Entscheiden im Diskurs und Koordination durch Verbindung, wie in den letzten beiden Unterkapiteln beschrieben. Menschen, die so zusammenarbeiten, sind nicht mehr Teil einer zufällig zusammengewürfelten Gruppe von Gehaltsempfängern. Wenn Dominanz abnimmt, können Menschen sich tiefer verbinden, sodass Gemeinschaft entsteht.

Gemeinschaft ist aber auch anstrengend. Gemeinschaft bedeutet immer auch Grenzen, Erwartungen und soziale Kontrolle. Ein Urkonflikt des Menschen ist das permanente gleichzeitige Streben nach Gemeinschaft und nach Autonomie, das ihn keine Ruhe finden lässt. Der US-amerikanische Autor Thoreau schrieb: »Solitude and social live are both at once necessary and impossible.«[110] Eine gute Kreisorganisation kann beides: Sie erzeugt gleichzeitig mehr Gemeinschaft und mehr Autonomie. Menschen werden von ihrem Team nicht annähernd so dominiert, wie sie es von einem Vorgesetzten werden. Das Spiel ändert sich: vom unverzichtbaren Bedürfnis, dem Chef zu gefallen – dem Spiel der Lakaien –, zu Teamplay. Ein soziales Spiel, in dem es darum geht, seinen Platz zu finden. Und dieser Platz kann für jeden ein anderer sein. Manche werden sich stark fürs Team engagieren, andere werden einfach nur ihre Arbeit erledigen. Beides ist okay, wenn das Team das so sieht. Etwas gemeinschaftlich zu organisieren, heißt nicht, dass jeder immer und jederzeit für die Gemeinschaft da sein muss. Gute selbstorganisierte Strukturen sind viel besser darin, individuelle Präferenzen zu berücksichtigen, als starre Managementhierarchien. Ein Chef kann kaum auf zumindest oberflächliche Demonstrationen des Engagements von Mitarbeitern verzichten. Das Team

109 Earl Shorris (1981): The Oppressed Middle: Politics of Middle Management, Anchor Press/ Double Day.
110 Henry David Thoreau (1854): Walden. Zitiert in Jedediah Purdy, ebd.

braucht diese nicht. Das Team ist viel näher an der Arbeit. Es weiß, wer arbeitet und wer nur so tut. In Kreisorganisationen kann man sich Businesstheater sparen und der sein, der man sein will. Solange man für die Gruppe arbeitet, kann man das in seinem eigenen Stil machen, ob als engagierter Streiter für das Ganze oder als stiller Arbeiter.

Gemeinschaft heißt nicht Harmonie. Zwischenmenschliche Kämpfe sind in jeder Organisationsform immer ein Bestandteil des Alltags. Im Unterschied zur Managementhierarchie haben Konflikte in einer Kreisorganisation aber eine bessere Chance, transparent gemacht und gelöst zu werden. In Managementhierarchien köcheln sie eher unausgetragen im Hintergrund. Und wenn zwischenmenschliche Konflikte hervortreten, haben Kreisorganisationen Praktiken, um mit ihnen umzugehen. Managementhierarchien haben das nicht, denn sie kümmern sich nicht um Menschen, sondern ausschließlich um die Erledigung von Jobs. Sie unterdrücken Konflikte über die Dominanz des Chefs. So entsteht Exit, aber keine Gemeinschaft.

Kreisorganisationen sind keine Kommunen. Der Fokus einer Kommune ist die Koexistenz. Der Fokus eines Teams in einer Kreisorganisation ist die Erledigung von Aufgaben. Man achtet aufeinander, aber man erwartet auch etwas voneinander. Wir werden dieses Thema in Kapitel VI vertiefen.

Verteilung

Verteilung folgt immer Machtverhältnissen. Deswegen sorgen Managementhierarchien dafür, dass die Spitze viel hat und alle anderen möglichst wenig. Eine repräsentative Demokratie sorgt – im Idealfall – für eine ausgeglichene Verteilung. Das muss keine Gleichverteilung sein, sondern es ist eine, die von einer Mehrheit für fair gehalten wird. Und eine Kreisorganisation? Einerseits sorgt sie als eine demokratische Form ebenfalls für Ausgeglichenheit. Die Statik der Verteilung ist dieselbe, nicht aber die Dynamik. Weil sie Menschen enger miteinander verbindet, fällt es den Einzelnen in Kreisorganisationen leichter, sich solidarisch zu zeigen, also nicht auf Ansprüchen zu beharren. Jeder kann sich dazu entscheiden, in puncto seiner eigenen wirtschaftlichen Ziele zurückzustecken, wenn er meint, dass damit gesellschaftlichen oder ökologischen Zielen besser gedient ist. Kreisorganisationen sind nicht nur eine Ansammlung von Menschen mit Ansprüchen, sondern auch eine Gemeinschaft. Und wie in jeder guten Gemeinschaft machen sich Menschen die Ansprüche der Gemeinschaft zu eigen. Sie internalisieren deren Ziele – in ihre Werte, in ihre Ziele und in ihr Verhalten. Das ist genau der Punkt, den John Kenneth Galbraith machte, wie im letzten Kapitel erwähnt. Er sagte, dass Menschen in einer Organisation, die dafür da ist, »Parfüm, Milchprodukte oder Flugzeugrümpfe herzustellen«, ihre Gedanken genau darauf richten und nicht permanent darüber nachdenken, wie sie Geld machen können. Wenn der Grund der Existenz eines Unternehmens ein guter ist, werden Menschen zur Solidarität fähig. Sie sind dann nicht mehr Zahnräder wie in Managementhierarchien oder stellen vor allem Ansprüche, wie so oft in repräsentativen Demokratien, sondern fangen an, für etwas zu stehen.

Unternehmen, die sich um mehr kümmern als sich selbst, wirken auf ihre Umwelt regenerativ. Sie unterstützen Gesellschaft und Biosphäre und erneuern sie mit ihrer Aktivität. Regeneration bezeichnet in der Ökologie die Fähigkeit, sich nach Störungen wiederherzustellen. Regeneration ist die Grundlage des im zweiten Kapitel vorgestellten Vorrangmodells. Nach diesem kümmern sich untergeordnete um übergeordnete Systeme. Die Wirtschaft hat die Störungen im Blick, die sie unweigerlich in der Gesellschaft und Biosphäre verursacht, und richtet ihre Ziele so aus, dass kein Schaden permanent ist, sondern jeder regeneriert werden kann.

Regeneration ist ein sehr umfassendes ökologisches Konzept: Menschen, Gemeinschaften, Ökosysteme – alles, was lebt, muss sich ständig erneuern, um vital zu bleiben. Welch bessere Grundlage kann es für eine nachhaltige Wirtschaft geben, als wenn ihr Kern, die Unternehmen, nicht mehr länger Akkumulation, sondern Regeneration anstreben? Durch den Austausch der Managementhierarchie gegen die missionsgetriebene Kreisorganisation wird im Kleinen das hergestellt, was das große System braucht.[111]

Managementhierarchie ist geprägt von Autokratie, Dominanz, Zwang und Akkumulation. Jedes dieser Organisationsprinzipien steht eher im Widerspruch zu regenerativen Prinzipien. Die drei Prinzipien der Kreisorganisation – Diskurs, Verbindung und Gemeinschaft – wirken alle regenerativ.

Das war mein »Pitch« für die Kreisorganisation. Sie ist wie gemacht für eine missionsgetriebene Organisation, da sie Gemeinschaften erzeugen kann, die Missionen treu bleiben. Der Prozess der Zusammenarbeit selbst sorgt für Missionstreue. Putterman formuliert das so: »Die beste Chance, missionsbasierte Unternehmen zu realisieren, ist, sie nicht von einer kleinen Anzahl von ausreichend motivierten Wächtern abhängig zu machen, sondern von einer großen Anzahl von Interaktionen – und diese umfassend in Unternehmen zu verinnerlichen.«[112]

111 »Today's economy is divisive and degenerative by default. Tomorrow's economy must be distributive and regenerative by design.« Kate Raworth, ebd., S. 155.

112 Putterman, ebd., S. 433.

Sie fragen sich, wie Kreisorganisationen in der Praxis funktionieren? Dann seien Sie gespannt auf das nächste Kapitel. Zuvor schauen wir uns an, wie sich was an der Governance von Unternehmen ändern muss, um grüne Unternehmen zu ermöglichen.

Eigentum und Herrschaft

Heutige Unternehmen sind nicht entpolitisiert – sie sind nur entdemokratisiert. Damit Nachhaltigkeit systemisch eine Chance hat, dürfen Unternehmen nicht von einem einzigen Interesse dominiert sein. Stattdessen müssen sie demokratisch entwickelten Missionen treu dienen.

Governance ist die Schnittstelle zwischen Menschen und Aktionen: Sie bestimmt die Bandbreite, die Menge an Zielen und Informationen, die zwischen Gesellschaft und Unternehmen ausgetauscht werden. Die heutige Governance (die gesellschaftsrechtlichen Grundlagen) von Unternehmen minimalisiert die Bandbreite zwischen Gesellschaften und Unternehmen auf nur ein Signal: Profit. Ein anderes Signal wird von den Betrieben nicht gehört. Es geht folglich darum, die Bandbreite zu vergrößern. Wir betrachten nun zunächst, wie das rechtlich gehen kann, und anschließend, was das für Eigentümer und Mitarbeiter bedeutet.

Gesellschaftsrecht in Zeiten von planetaren Grenzen

Eigentum verpflichtet. Jemand mit Eigentum soll sich nicht nur um sich sorgen, sondern auch um andere. Das steht so im deutschen Grundgesetz, Artikel 14, Absatz 2: »Eigentum verpflichtet. Sein Gebrauch soll zugleich dem Wohle der Allgemeinheit dienen.« Leider hat dieser Grundsatz es nie in das viel ältere, aus dem Jahr 1897 stammende deutsche Gesellschaftsrecht geschafft. Dieses ist von der Sicht auf Eigentum geprägt, die mehr als 2000 Jahre zuvor schon die Römer gehabt hatten. Das römische Eigentumsrecht kennt vier Rechte:

- Nutzungsrecht (Usus): das Recht, das Unternehmen so, wie es ist, zu nutzen
- Gewinnrecht (Usus fructus): das Recht an den Erträgen des Unternehmens
- Veränderungsrecht (Abusus): das Recht, das Unternehmen zu ändern oder aufzulösen
- Verkaufsrecht (Ius abutendi): das Recht, das Unternehmen ganz oder teilweise zu verkaufen

Durch diese vier Rechte gibt römisches Recht Eigentümern uneingeschränkte Gewalt über ihr Eigentum. Sie können es nutzen, umformen, verändern (sogar zerstören) und verkaufen – sie dürfen damit machen, was sie wollen. Der römische Hausherr, der Dominus – von dem bezeichnenderweise das Verb dominieren abstammt – konnte mit seinem Eigentum (darunter auch Sklaven) machen, was er wollte. Es gibt im römischen Recht keinerlei Verpflichtung, verantwortlich damit umzugehen. Es gibt überhaupt keine Pflichten. Es ist ein totalitäres Recht, das Recht eines Imperiums. Diese extreme Definition von Eigentum ist laut Anthropologen allen anderen Kulturkreisen, egal ob in Asien, Afrika, Indien oder im vorkolonialen Amerika, fremd.[113]

Letztlich ist das römische Recht die Ursache dafür, dass Unternehmen heute so sind, wie sie sind: dominante Egomanen, die sich um nichts außer Gewinn scheren. Bis heute gibt es keine rechtliche Verpflichtung von Unternehmen, sich um irgendetwas anderes zu kümmern. Natürlich existieren jede Menge Auflagen, die Unternehmen in Sachen Arbeitsrecht, Sicherheit, Brandschutz etc. erfüllen müssen. Aber nirgendwo im Gesellschaftsrecht steht, dass Unternehmen »dem Wohle der Allgemeinheit zu dienen« haben, wie es ja eigentlich im Grundgesetz von jedem Eigentum gefordert wird. Ich werde deshalb die Frage beantworten, wie sich das Gesellschaftsrecht ändern muss, damit es mit Artikel 14 des Grundgesetzes vereinbar wird.

Zuvor noch eine interessante Anmerkung: Für die OECD ist die Dominanz des Profitmotivs in Unternehmen unvereinbar mit dem Ziel einer nachhaltigen Wirtschaft. In ihrem Bericht »Beyond Growth« aus dem Jahr 2020 empfehlen namhafte Wissenschaftler, darunter auch Dennis Snower, ehemals Leiter des Instituts für Weltwirtschaft in Kiel, die Macht der Interessen des Eigentums einzuschränken. Die Vorschläge, die ich in diesem Buch mache, stimmen mit den Vorschlägen der OECD überein und konkretisieren diese.

Die Trennung von Eigentum und Herrschaft

Die Trennung von Eigentum und Herrschaft ist heute schon allgegenwärtig. Die allermeisten Eigentümer managen die Unternehmen nicht, an denen sie Anteile haben, und den allermeisten Managern gehört das Unternehmen nicht, das sie managen. De jure herrschen die Eigentümer über Unternehmen, de facto aber die Manager. Eigentümer lassen nicht nur herrschen, der Zugriff jedes einzelnen Eigentümers auf die Macht in Unternehmen ist in einer hochkapitalisierten

113 Greaber und Wengrow, ebd.

Wirtschaft mit breit gestreuten Finanzportfolios kaum vorhanden. Das lässt dem anonymen Kapitalmarkt, der nichts anderes als Rendite kennt, freie Hand. Ein guter Weg, um Unternehmen passend zu Finanzsystemen zu gestalten, aber ein schlechter Weg, um sie nachhaltig werden zu lassen. Daher sollten Eigentümer das Recht verlieren, die Führung ihres Unternehmens zu berufen. Denn dann verliert das Profitmotiv die Dominanz über Unternehmen, weil so die Motive der Eigentümer nicht mehr voll auf Unternehmen durchschlagen. Nachhaltigkeit bekommt so eine Chance. Dann ist auch gesellschaftsrechtlich klar, dass Geiz nicht geil ist.

Das römische Recht bleibt dabei der Ausgangspunkt. Alle vier römischen Eigentumsrechte bleiben grundsätzlich erhalten. Der eine große Einschnitt ist aber, dass Eigentümer, wie gesagt, nicht mehr die Geschäftsführung bestellen dürfen. Diese Intervention hat einige kleinere ergänzende Interventionen zur Folge. Ich möchte das durch ein Beispiel erklären: Hans Meier ist sowohl Alleineigentümer als auch Alleingeschäftsführer einer GmbH mit 200 Mitarbeitern. Ich verwende diese Konstellation, um zu zeigen, dass selbst hier die Trennung von Eigentum und Herrschaft dem Eigentümer zugemutet werden kann. Bei der viel häufigeren Konstellation, in der Eigentum und Herrschaft ohnehin schon getrennt sind, weil die Unternehmen von angestellten Managern geführt werden, fallen die Änderungen weit weniger drastisch aus. Hier ändert sich nur das Verfahren zur Bestimmung der Führungskräfte. Herr Meier ist dagegen stärker betroffen, weil er sich ja nicht nur an den Gewinnen des Unternehmens erfreuen will, sondern auch an der Aufgabe der Unternehmensführung.

Das Gewinnrecht

Herr Meier hat weiterhin den alleinigen Anspruch auf den Gewinn des Unternehmens. Nur weil die Führung seines Unternehmens sich in einer Kreisorganisation demokratisch ergibt, heißt das nicht, dass Gewinne vergemeinschaftet werden. Schon heute würden ja der Rückzug von Herrn Meier aus der aktiven Geschäftsführung und die Anstellung eines Managers keinerlei Auswirkungen auf den Gewinnanspruch des Eigentümers haben. Er müsste dann nur sicherstellen, dass der neue Geschäftsführer auch in seinem Sinn handelt. Diese Aufsichtsrolle behält Herr Meier auch in einem grünen Unternehmen. Missfällt ihm, was er sieht, hat er als Eigentümer weiterhin die gleichen rechtlichen Machtmittel zur Verfügung wie bisher. Nur eines kann er nicht mehr: Er kann Geschäftsführer nicht mehr selbst rauswerfen. Stattdessen muss er über die Ablösung eines Geschäftsführers mit der Belegschaft verhandeln.

Das ist nicht ungefährlich, denn durch den Wegfall der Möglichkeit, dem Geschäftsführer persönlich zu drohen – »wenn du nicht genügend Gewinn erzielst, feuere ich dich« –, kann ein Unternehmen vom einem Extrem (der ausschließlichen Gewinnorientierung) ins andere (keinerlei Gewinnorientierung) fallen. Dem wird aber dadurch entgegengewirkt, dass Herrn Meier alle anderen Machtmittel, wie gesagt, erhalten bleiben. Zum Beispiel bestimmt er weiterhin über den Zugang seines Unternehmens zum Kapitalmarkt. Ohne seine Zustimmung kann es weder Kredite noch Eigenkapital aufnehmen. Auch hat Herr Meier immer noch alle Karten in der Hand, wenn es um wesentliche rechtliche Veränderungen geht, wie zum Beispiel Gründung, Auflösung oder Umstrukturierung. Vor allem aber redet er weiterhin bei der Festlegung der Entlohnung der Mitarbeiter mit. Nur muss er diese Verhandlungen jetzt selbst führen, da die Geschäftsführung nun nicht mehr sein Agent ist. Natürlich würde ihn das meist zeitlich überfordern, aber er kann sich ja weiterhin durch einen Stellvertreter repräsentieren lassen – nur dass dieser Stellvertreter sich eben nur noch um Gehaltsverhandlungen kümmert und nicht mehr um das operative Management.

Gehälter werden in einer Verhandlung zwischen dem jeweiligen Mitarbeiter und einer Gehaltskommission festgelegt. Dies ist nicht unähnlich zu heute, wo Mitarbeiter meistens de facto auch mit einer Kommission verhandeln, die aus dem Vorgesetzten und einem Vertreter der Personalabteilung besteht. Oftmals hat diese Kommission aber noch weitere Mitglieder, wie den Chef des Chefs, den Personalchef oder Gremien, die über Dinge wie Gehaltsbandbreiten entscheiden. Diese nehmen zwar nicht am Verhandlungstisch Platz, bestimmen aber mögliche Ergebnisse vorab mit beziehungsweise müssen diese abzeichnen. De facto sitzt den Mitarbeitern also auch heute schon oft eine ganze Gehaltskommission gegenüber. In einem grünen Unternehmen wird diese nur um eine Person erweitert, den Vertreter der Eigentümer. Ein Mitarbeiter verhandelt nun mit diesem und mit den Vertretern der Unternehmensinteressen aus der Mitarbeiterschaft, also mit zwei Parteien. Beide brauchen ein Vetorecht, damit ausgeschlossen wird, dass Mitarbeiter sich selbst bereichern, zu viele Mitarbeiter eingestellt werden oder auch dass Eigentümer versuchen, einzelne einflussreiche Mitarbeiter zu bestechen. Auch sollte die Zusammensetzung der Mitarbeiter in der Kommission per Wahl oder Los bestimmt werden und sich regelmäßig ändern, damit nicht durch die Hintertür doch einzelne Mitarbeiter in eine beherrschende Stellung gelangen. Wie immer, wenn Menschen über Geld verhandeln, braucht es eine sorgfältige Balance von Macht, um Vorteilsnahme zu verhindern.

Eigentümer bleiben auch in Kreisorganisationen machtvoll. Durch die Trennung von Eigentum und Herrschaft wird ihnen lediglich ein Machtinstrument genommen, aber bei Weitem nicht alle. Es reicht, um ihre Dominanz zu beenden, aber sie behalten so viel Macht, dass ihre Unternehmen weiterhin wirtschaftlich handeln.

Das Nutzungsrecht

Aber Herr Meier, um wieder auf unser Beispiel zu kommen, hat ja noch ein zweites Ziel: Er will die Geschicke des Unternehmens selbst lenken. Das kann er in Kreisorganisationen auch weiterhin, wenn er in die Geschäftsführung gewählt wird. Wenn Herr Meier ein guter Geschäftsführer ist, sollte ihm das nicht schwerfallen, zumal er ja in Personalunion auch Eigentümer ist und damit viel mehr für das Unternehmen bewegen kann als irgendein anderer Kandidat. Herr Meier müsste, wenn andere Bewerber aus der Mitarbeiterschaft sich zur Wahl stellten, nur den Wettbewerb um den Geschäftsführungsposten annehmen. Wenn er nicht gewählt wird, könnte das daran liegen, dass es einen geeigneteren Kandidaten gibt. Die Fähigkeiten eines Menschen als Geschäftsführer korrelieren ja nicht mit der Höhe seiner finanziellen Einlagen. Dass ein fähigerer Mensch Geschäftsführer wird, mag Herrn Meier persönlich kränken, dürfte aber dazu führen, dass er mehr Gewinn für sich einfährt. Trotzdem muss er es nicht aufgeben, sich im eigenen Unternehmen zu engagieren. Es gibt in diesem noch viele andere Positionen, die er sehr wohl einnehmen könnte. Und auch wenn Herr Meier sich entscheidet, nicht in seinem Unternehmen für Lohn tätig zu werden, kann er trotzdem Unternehmer bleiben. Er hat ja immer noch erheblichen Einfluss auf die Geschicke des Betriebs, weil er unverändert über das Gewinnrecht, das Veränderungs- und das Auflösungsrecht verfügt und auch die Gehälter entscheidend mitbestimmt. Dieser große Einfluss wird ihm nicht genommen.

Wer Wettbewerb und Meritokratie befürwortet, sollte die Kreisorganisation lieben. Sie sorgt für Konkurrenz innerhalb der Unternehmen und ermöglicht es den Fähigen aufzusteigen. Letztlich geht es um die Frage, ob es besser ist, Führungspositionen top-down oder bottom-up zu vergeben. In vielen anderen gesellschaftlichen Bereichen haben wir diese Frage längst beantwortet: Der Fähigste soll aufsteigen, nicht der Privilegierteste.

Ein häufiges Argument gegen Führung von unten lautet, dass dazu Wahlen notwendig sind. Wahlen können zu Wahlkämpfen und Wahlversprechen führen, zu Koalitionen und politischen Verhaltensweisen, die Unternehmen ablenken. Kreisorganisationen verfügen aber über viele Praktiken, um einer übermäßigen Politisierung entgegenzuwirken. So ist beispielsweise eine Kreisorganisation mit im Idealfall maximal 150 Mitarbeitern eher klein. Populistische Wahlkämpfe vor einem anonymen Wahlvolk auszutragen, ist daher von vornherein sinnlos. Auch entdramatisieren Kreisorganisationen Wahlen, weil hier nicht Präsidenten für Legislaturperioden durch das ganze Wahlvolk gewählt werden, sondern lediglich über die Besetzung von Rollen innerhalb von Teams abgestimmt wird. Es kommt nicht alle vier Jahre zum Urnengang, in dessen Folge die ganze »Regierung« ausgetauscht wird, sondern es werden laufend Rollen in Teams auf allen drei Ebenen einer Kreisorganisation nachbesetzt. Diese Art der Wahlen sorgen für nicht annährend so viel Wahlzirkus wie die Wahlen, die wir aus der repräsentativen Demokratie kennen.

Trotzdem wird das Unternehmen in Kreisorganisationen zu einem gewissen Grad »politisiert«, weil ja gewählt werden muss, wo nicht von oben herab bestimmt werden soll. Ich glaube aber, dass diese Politisierung notwendig ist, weil sie Leuten Engagement verleiht und sie zu einer Gemeinschaft formt – und auch weil sie transparent macht, was bei Managementhierarchien im Verborgenen passiert. Klug organisiert, kann dies für eine ungeahnte Dynamik und Kompetenz an der Spitze sorgen. Es herrschen die, die jetzt und hier die Kompetenz und den Willen mitbringen, das Unternehmen voranzubringen – und es werden die abgelöst, die eher inkompetent und antriebslos auf ihren Posten kleben.

Das Update des Gesellschaftsrechts

Eine Übersicht aller Änderungen, die nötig sind, um das Gesellschaftsrecht nachhaltiger zu gestalten, finden Sie in Abbildung 14.

Rechte	Heute	Grüne Unternehmen
Bestellung der Geschäftsführung	Eigentümer	Durch Mitarbeiter im Rahmen einer Kreisorganisation
Festlegung der Entlohnung der Mitarbeiter	Durch Manager	Eigentümer und Mitarbeiter (Gehaltskommission)
Aufnahme von Fremdkapital	Eigentümer	Eigentümer und Mitarbeiter

Abbildung 14: Drei gesellschaftsrechtliche Anker für grüne Unternehmen

Die ersten beiden Änderungen haben wir im obigen Beispiel schon besprochen. Der dritte Punkt, der die Macht der Eigentümer zusätzlich einschränken muss, bezieht sich auf die Aufnahme von Fremdkapital: Diese darf nur mit Zustimmung der Mitarbeiter zulässig sein. Eine Regelung, die eine Hintertür schließt, die heute gerne von Hedgefonds benutzt wird, um Gewinn aus Unternehmen zu extrahieren. Bliebe diese Tür offen, könnten die Eigentümer den Handlungsraum von Unternehmen so weit beschränken, dass den Unternehmen gar nichts anderes übrig bliebe, als alle anderen Ziele außer dem Profit über Bord zu werfen.

Sämtliche anderen Rechte bleiben den Eigentümern erhalten. Sie sind nach wie vor die Wächter der Wirtschaftlichkeit. Auch an der Haftung der Geschäftsführer ändert sich nichts. Ob gewählt oder nicht, das macht keinen Unterschied. Die Geschäftsführung muss unverändert die Interessen des Unternehmens wahren. Diese sind jetzt nur breiter definiert. Natürlich gibt es im Detail noch viele Regeln, die überdacht werden sollten. Das Gesellschaftsrecht ist nur allzu durchtränkt von der Vorstellung, dass Eigentum dominieren muss und dass Unternehmen immer hierarchisch organisiert sein müssen. Aber ich glaube, mit diesen drei Änderungen den Kern dessen getroffen zu haben, was es braucht, um Eigentum und Herrschaft zu trennen, damit nachhaltige Ziele relevant werden.

Kreisorganisationen entlassen, zumindest ein Stück weit, Unternehmen aus der Aufsicht der Eigentümer und Manager und geben sie mehr unter die Aufsicht der Mitarbeiter. Es ist die Aufgabe der Governance, die rechtlichen Grundlagen so zu gestalten, dass diese neue Art der Aufsicht gelingt. Unerwähnt habe ich aber bisher gelassen, dass alle anderen Aufsichtsmechanismen, unter denen Unternehmen arbeiten, selbstverständlich weiterhin existieren. Auch grüne Unternehmen müssen ihre Bücher nach den Vorgaben des Handelsrechts führen, werden von Wirtschafts- und Steuerprüfern auditiert und müssen Nachhaltigkeitsberichte vorlegen. Die Kreisorganisation hilft mit ihrem offenen Diskurs dabei, Unternehmen ehrlich zu halten. Aber auch sie braucht externe Leitplanken.

Jedes Unternehmen kann sich selbst dazu entscheiden, ein grünes Unternehmen zu werden. Der Staat kann den Prozess aber erheblich beschleunigen, wenn er eine eigene Rechtsform für diese Art von Unternehmen schafft. Weltweit gibt es heute schon neue gesellschaftsrechtliche Lösungen, die es erlauben, Unternehmen aus ihrer alleinigen Fixierung auf Profit zu lösen.[114] In den USA existieren seit über zehn Jahren die Benefit Corporation[115] und die Limited Liability Corporation (L3C). In England gibt es sogar schon seit 2005 die Com-

114 Benjamin Gidron und Yehesekel Hasenfeld (ed.) (2012): Social Enterprises: An organizational Perspective.

115 Die Benefit Corporation ist eine US-amerikanische Rechtsform. Diese ist leicht zu verwechseln mit der B Corp, einem kommerziellen Unternehmen, das Unternehmen hinsichtlich ihrer Gemeinnützigkeit zertifiziert.

munity Interest Company (CIC), und in manchen europäischen Ländern, zum Beispiel in Dänemark, ist das Stiftungsrecht so reformiert wurden, dass hybride Unternehmen, also solche, die gleichzeitig Profit und Gemeinwohl verfolgen, einfacher möglich sind.

Wissenschaftler haben unterschiedliche Wege dafür ausgemacht, wie sich die Governance von Unternehmen so aktualisieren ließe, dass die Dominanz des Profitmotivs gebrochen werden kann. Immer geht es da um mehr demokratische Governance. So empfiehlt zum Beispiel die belgische Wissenschaftlerin Isabelle Ferraras, aus dem bisherigen Ein-Kammer-System von Unternehmen ein Zwei-Kammer-System zu machen. Diese zwei Kammern, eine Versammlung der Kapitalgeber und eine Versammlung der Mitarbeiter, sollen gemeinsam Unternehmen führen.[116] Ein pluralistisches System, bei dem beide Kammern im Zusammenspiel das Management eines Unternehmens überwachen.

Ich halte es aber für besser, demokratische Herrschaft zuzulassen, als autokratische Systeme besser zu kontrollieren. Die Wissenschaftler, die den bereits erwähnten OECD-Bericht »Beyond Growth« verfassten, sehe ich dabei auf meiner Seite. Sie raten zu drei Maßnahmen, um große Unternehmen nachhaltiger zu machen:[117]

- der Erweiterung der Pflichten der Geschäftsführer um die langfristigen Interessen der Gesellschaft und der Biosphäre
- dem Einbezug der Mitarbeiter in die formale Governance von großen Unternehmen, um die Interessen des Unternehmens zu erweitern, besonders in Aufsichtsräten und in Gehaltskommissionen
- der Schaffung einer staatlichen Unternehmenskommission, welche die Governance von großen Unternehmen reguliert und überwacht

Alle drei Maßnahmen passen genau zu grünen Unternehmen: Die Dominanz des Profitmotivs wird geschwächt, Unternehmen werden demokratisiert, und der Staat wagt es, Unternehmen Ziele zu setzen. Viel besser, als neue Ziele zu »befehlen« und ihre Berücksichtigung kontrollieren zu müssen, ist es, bei der Intention der Unternehmen anzusetzen, also diese zu ändern.

116 Isabelle Ferraras, ebd.

117 IPPR Commission on Economic Justice 2018 Corporate Governance Reform: Turning business towards long-term success, https://www.ippr.org/files/2017-07/cej-cgr-dp-17-07-14.pdf, Zugriff am 14.12.2023.

Der Prozess der Zusammenarbeit selbst sollte für Missionstreue sorgen.[118] Autokratien hingegen fällt es schwer, eine faire Balance zwischen Zielen zu finden.[119] Autokratien korrumpieren die Entscheidungsfindung, und eine demokratische Aufsicht über Autokraten ist viel zu lückenhaft. Ohne interne Demokratisierung kann es kaum gelingen, Unternehmen in einem gesunden und stabilen Gleichgewicht zwischen Gewinn- und Gemeinwohlorientierung zu halten. Demokratisierung heißt nicht Umverteilung oder Vergesellschaftung – weder in meinem noch im Modell von Ferraras oder dem der OECD. Diese Änderungen sind unrealistisch und unnötig. Es reicht, die Rechte, die mit Eigentum verknüpft sind, demokratischer, ökologischer und letztendlich menschlicher zu definieren.

Die neue Rolle der Mitarbeiter

Der englische Wirtschaftswissenschaftler Martin Parker beschreibt, dass der Schlüssel, um Unternehmen der Gesellschaft dienlicher zu machen, nicht im Eigentum liegt, sondern im Management.[120] Der historische Irrtum ist bis heute, sich nur auf Eigentumsfragen zu konzentrieren – und das Management zu ignorieren. Weil Eigentum sehr schwer umzuverteilen ist und auch weil Versuche mit Unternehmen in Mitarbeitereigentum gemischte Ergebnisse zeigten, wurde bisher nicht viel erreicht. Auch den Wissenschaftlern der OECD erscheint es viel erfolgversprechender, die Form des Managements selbst zu verändern – das heißt, den autokratischen Status quo aufzugeben und durch ein demokratisches System zu ersetzen. So entstehen nicht »Volkseigene Betriebe«. Unternehmen bleiben im Privateigentum. Aber es entstehen direkt an der Basis der Wirtschaft, im Arbeitsleben jedes Erwerbstätigen, Demokratie und Selbstwirksamkeit.

Aber können Mitarbeiter Unternehmen führen? Diese Frage ist sehr einfach zu beantworten: Natürlich können sie es. Sie machen es ja heute schon. Manager sind Mitarbeiter. Die Frage sollte eher lauten: Können von Mitarbeitern ausgewählte Manager so gut wie die führen, die von Eigentümern bestimmt werden? Ich kenne dazu keine Studie, aber was genau qualifiziert Eigentümer eigentlich dazu, Geschäftsführer zu bestimmen? Und was qualifiziert diese Manager dann, andere Manager auszuwählen?

118 Ben-Ner und Putterman, ebd.
119 Gidron und Hasenfeld, ebd., S. 25.
120 Martin Parker (2002): Against Management: Organization in the Age of Managerialism.

Sehr wenig, meint Wirtschaftswissenschaftler Jeffrey Pfeffer.[121] Die einzige »Qualifikation« der Eigentümer ist das Geld, das sie in einem Unternehmen angelegt haben. Und die einzige Qualifikation der Manager, andere Manager auszuwählen, ist, dass sie ebenfalls von der nächsthöheren Hierarchiestufe ausgewählt worden sind. Natürlich gibt es professionelle Headhunter, aber selbst wenn diese eingeschaltet werden, bleibt immer noch die Frage, ob sie wirklich nach dem besten Kandidaten und nicht eher nach dem akzeptabelsten suchen. Ihre Bonifikation lässt eher Letzteres vermuten. Und ohne Headhunter? Dann werden, wie zumindest einige Studien nahelegen, Manager nicht den besten Kandidaten einstellen, sondern eher eine Kopie von sich – weil sie am meisten die Eigenschaften schätzen, die sie in sich selbst sehen. Teilweise heben Manager auch bewusst schwache Kandidaten auf Managementposten, denn diese werden ihnen nicht gefährlich.[122] Auch ist fraglich, wer überhaupt der »beste« Kandidat ist, da die Effektivität eines Managers nicht wissenschaftlich gemessen werden kann. Die Effektivität eines Managers ist eher ein Gefühl als ein Messwert.[123]

Wenn man das Spitzenpersonal von den Mitarbeitern aussuchen lässt, wird es häufig aus den Kreisen ebendieser Mitarbeiter rekrutiert. Man bekommt so all das, was man von vielen Eigentümern im Regelfall nicht bekommt: Nähe zum Geschäft; Branchen- und betriebliche Kompetenz; die Chance, einen lokal verankerten Anführer zu gewinnen, für den das Unternehmen keine Zitrone ist, die es auszuquetschen gilt; einen Führer, der oft schon über Jahre vor Ort getestet und für gut befunden wurde, sowie einen, der jetzt und heute motiviert ist und auch bei unzureichender Leistung wieder abgewählt werden kann, ohne Millionen an Abfindung zu kosten. Menschen bestimmen zu lassen, wer sie führt, ist ein Modell, das nicht nur intuitiv sinnvoll erscheint, es ist auch gleichzeitig das Modell, das unsere Gesellschaft überall außerhalb von Unternehmen nutzt.

Natürlich misstrauen wir demokratischen Bauplänen von Unternehmen. Sie sind ja auch ungewohnt. Wir extrapolieren unsere oft lückenhaften, medial geprägten Erfahrungen der öffentlichen Demokratien auf die Arbeitswelt und können nicht verstehen, wie in einem demokratischen System der notwendige Zielbezug entstehen kann, um auch harte unternehmerische Schritte wie Kündigungen vorzunehmen. Wir sind abgeschreckt von all dem Populismus und der Zerrissenheit der Art von Demokratie, die wir im öffentlichen Raum medial erleben. Aber

121 Jeffrey Pfeffer (2015): Leadership BS: Fixing Workplaces and Careers one Truth at a Time.
122 Lazlo Bock (2015): Work Rules! Insights from inside Google that will transform how you live and lead.
123 Rosenzweig, ebd.

genau das ist der Punkt: Grüne Unternehmen sind keine großen Demokratien. Sie sind föderale Netzwerke aus lauter kleinen Demokratien. Und sie sind auch keine repräsentativen Demokratien, sondern Organisationssysteme, die repräsentative, direkte und konsultative Formen der Demokratie miteinander verweben. Weil sie klein sind, lassen sie »die Kuh im Dorf« und eignen sich nicht für Populisten, sondern für Realisten. Und weil sie alle drei Formen von Demokratie nutzen, sind sie auch langfristig so neu und lebendig, so agil und resilient, wie es die multiplen Krisen der Neuzeit von Unternehmen immer stärker verlangen werden. So entstehen keine sozialen Hängematten, sondern miteinander im Wettbewerb stehende sorgende Gemeinschaften – welche die heute miteinander im Wettbewerb stehenden, weltzerstörenden Maschinen ersetzen.

Natürlich wird es auch GINOs, also »Green-in-name-only«-Unternehmen geben. Aber die Kreisorganisation macht es diesen schwer. Erstens, weil bereits heute viele Mitarbeiter ein ehrliches Interesse an der Umwelt haben. Sie alle werden zu Wächtern über die Mission ihres Unternehmens, weil sie Missionstreue im Extremfall sogar einklagen können. Zweitens erzwingen Entscheidungen, die im offenen Diskurs zwischen gleichberechtigten Mitarbeitern getroffen werden, eine hohe Transparenz. Das macht Verschwörungen gegen die Allgemeinheit schwer umsetzbar. Drittens wirkt sich das Mandat, sich auch um Belange jenseits des Profits zu kümmern, auf Menschen prägend aus. Es hilft ihnen, den Sinn bei der Arbeit zu entdecken, der ihnen heute meist fehlt. Mehr Menschen werden so über die Zeit von Söldnern zu Missionaren einer besseren Welt.

Menschen, die aus Apathie erwachen. Unternehmen, die sich sorgen, statt blind drauflos Geschäfte zu machen. Es gibt Schlechteres, was bei der Arbeit passieren könnte. Heute tun wir so, als ob es der Gesellschaft egal sein kann, wie Unternehmen organisiert sind. Wir sehen Organisationsformen als einen zwischengeschalteten, neutralen Mechanismus zwischen Markt und Gesellschaft. Aber dieser Mechanismus ist nicht neutral. Im Gegenteil. Ein System, das Macht extrem bündelt, führt zu extremen Ergebnissen. Die Managementhierarchie ist kein Naturgesetz. Sie ist nur das System, in das wir im Laufe unserer Geschichte hineingedriftet sind. Im nächsten Kapitel stelle ich Ihnen die Alternative dazu im Detail vor.

V Verbindende Baupläne: Netzwerke über Pyramiden

»Es ist sehr viel Schönheit in einem Unternehmen, das Menschen erlaubt, sich zu entfalten und zu wachsen, sie begeistert, sie stolz auf ihre Arbeit macht und sie ihre Verbindung mit der Welt sehen lässt.«

Frei nach David Whyte[124]

Unternehmen gestalten die Welt. Wenn wir sie nach Dominanz und Profit streben lassen, bekommen wir eine Welt der Dominanz und des Profits. Lassen wir sie nach Verbindung und Regeneration streben, stehen die Chancen besser, dass dann, über die Zeit, die Welt entsteht, die wir eigentlich wollen.

In diesem Kapitel lernen Sie die Details der Kreisorganisation kennen. Wie immer in diesem Buch in drei Schritten. Zunächst kommen wir zu der Welt der Organisationssysteme, die man betritt, wenn man sich von der Managementhierarchie abwendet: zur Welt der Selbstorganisation. Ich finde zwar diesen Begriff nicht ganz passend und halte »demokratische Organisationssysteme« für den besseren, aber ich füge mich dem üblichen Sprachgebrauch. Anschließend gehen wir in die Praxis und beschreiben die fünf grundlegenden Bausteine eines selbstorganisierten Unternehmens. Je nachdem, wie man diese Bausteine nutzt, miteinander und mit weiteren Praktiken kombiniert, ergibt sich die individuelle Organisation eines Betriebs. Selbstorganisierte Systeme sind wie Maßanzüge: aufwendiger zu erhalten, aber auch besser. Wie das zu verstehen ist, bildet den Abschluss dieses Kapitels.

124 David Whyte, ebd., S. 180.

Selbstorganisation

»Es ist wahrscheinlich, dass wir eines Tages beginnen werden, Organigramme als eine Reihe von miteinander verbundenen Gruppen zu zeichnen – statt als hierarchische Struktur einzelner Berichtsbeziehungen.«

Douglas McGregor[125]

Das Ziel jeder Organisation ist es, Situationen zu schaffen, in denen Menschen und Gruppen selbstständig und intelligent im Sinne des größeren Ganzen handeln können.

Die Behauptung hinter einer Managementhierarchie lautet, dass diese Situation am besten top-down geschaffen werden kann. Selbstorganisation bestreitet das und baut Organisationen eher bottom-up auf: Selbstorganisation ist eine Organisationsform, bei der formgebende oder gestaltende Einflüsse von den Elementen des Systems selbst ausgehen.

Der Begriff Selbstorganisation ist irreführend. Er suggeriert, dass ein Unternehmen sich irgendwie von selbst organisiert. Das ist aber nicht gemeint. Auch Selbstorganisation sollte organisiert werden. Aber die Akteure sind innerhalb bestimmter Regeln darin frei, wie sie das tun. Es gibt im Gegensatz zur Managementhierarchie nicht nur eine Regel – »Alle Macht geht von oben aus« –, sondern eine Liste von Regeln. Managementhierarchie ist wie eine einzeilige Gebrauchsanweisung, Selbstorganisation dagegen wie ein Spielplan, der durch die Kombination zahlreicher Regeln – meist zwischen dreißig und vierzig – entsteht. Organisation ist dann weniger ein Bauplan, sondern eher ein Spiel, ein evolutionärer Prozess. Dieser Prozess ist ergebnisoffen. Er reagiert auf Änderungen von Zielen, Situationen und Regeln. Das macht Organisationen aufmerksam, dynamisch und resilient.

Die Leistungsfähigkeit und der Charakter eines selbstorganisierten Unternehmens werden davon bestimmt, welche Regeln miteinander kombiniert werden. Das ist anspruchsvoller, als einfach nur Manager von oben herab zu ernennen. Aber es lohnt sich. Werfen wir einen Blick darauf, was man über Selbstorganisation wissen sollte – auf ihre Geschichte, ihre Formen und ihre drei grundlegenden Prinzipien.

Die Geschichte der Selbstorganisation

Die Geschichte der betrieblichen Selbstorganisation ist die Geschichte eines Organisationssystems – also einer spezifischen Art und Weise, die Aktivität von Ak-

125 Douglas McGregor (1960): The Human Side of Enterprise.

teuren auf ein Ziel zu richten. Es ist nicht die Geschichte von alternativen Eigentumsformen, von Unternehmen in Mitarbeitereigentum, von Kooperativen oder von Genossenschaften.[126] Selbstorganisation ist unabhängig von der Eigentumsform. Jedes Unternehmen kann Selbstorganisation nutzen.

Historisch wurde aber der Frage des Eigentums von Unternehmen, genauer des »Eigentums an Produktionsmitteln«, sehr viel mehr Aufmerksamkeit gewidmet. Von den um das Jahr 1820 entstandenen Worker Cooperatives des Waliser Unternehmers Robert Owen über die kooperativen Theorien von Pierre-Joseph Proudhon, die liberale Philosophie von John Stuart Mill, die kommunistische Theorie von Karl Marx, die anarchistischen Theorien von Mikael Bakunin bis zu den sozialistischen Theorien von Benjamin N. Ward, Jaroslav Vanek und Branko Horvat – es gab kaum eine Denkschule der Arbeit, die im 19. und 20. Jahrhundert nicht über die Möglichkeiten von selbstorganisierten Unternehmen nachdachte – und diese empfahl.

Aber der Fokus aller dieser Denker liegt bei der Eigentumsfrage.[127] Die Praktiken der Zusammenarbeit waren eher Randnotizen. Selbstorganisation wurde mehr als Folge der egalitären Eigentumsverhältnisse gesehen denn als ein Objekt, das der unabhängigen Analyse würdig ist. Es wurde viel darüber geschrieben, ob diese Eigentumsverhältnisse sinnvoll sind, um Arbeit gerechter, selbstbestimmter, gesünder, erfüllender und die Arbeitenden leistungsfähig zu machen. Aber es wurde sich viel weniger darüber ausgelassen, welches alternative Arrangement an organisatorischen Praktiken all diese Ziele erreichen kann. Als ob es nur auf eine Vorausetzung ankäme und nicht auf die Praxis der Organisation selbst.

Natürlich hemmt die dominante Stellung des Eigentums Selbstorganisation. Aber trotzdem gibt es heute viele, auch einige große selbstorganisierte Unternehmen. Sie fallen nur in der riesigen Menge von traditionellen Unternehmen kaum auf. Managementhierarchien sind aber nicht deswegen so zahlreich, weil sie seit Anfang der industriellen Revolution unverändert als das effektivste Organisationssystem der Welt gelten. Sie treten vielmehr deshalb so häufig auf, weil sie den Kapitalgebern die vollständige Macht über Unternehmen geben, das Gesellschaftsrecht diese Dominanz zementiert hat und wir unsere kulturelle Vorstellungskraft, was Unternehmen sein könnten, verloren haben.

126 Die Theorie und Geschichte von Unternehmen im Eigentum von Mitarbeitern findet sich in: Gregory K. Dow (2018): The Labour Managed Firm: Theoretical Foundations.

127 Eine Übersicht bietet die International Co-operative Alliance (2015): Guidance Notes to the Co-operative Principles, https://ica.coop/sites/default/files/basic-page-attachments/guidance-notes-en-221700169.pdf, Zugriff am 14.12.2023.

Die mangelnde Aufmerksamkeit der Wirtschaft für Selbstorganisation liegt nicht so sehr an der Wissenschaft im Allgemeinen. Diese hat seit Anfang des 19. Jahrhunderts große Fortschritte gemacht. So hat heute fast jeder zumindest von der Muttertheorie der Selbstorganisation, der Allgemeinen Systemtheorie, gehört – wenn auch oft unter anderen Namen wie Kybernetik, Chaostheorie oder »Blackbox«. Auch die Betriebswirtschaftslehre hat sich diesem Trend nicht entzogen. Sie weiß heute, dass das Netzwerk die bessere Form ist, um Komplexität zu managen und Innovation, Engagement und Agilität zu erzeugen.[128] Aber bislang sind ihre Ergebnisse in der betrieblichen Praxis kaum zu finden, sondern stattdessen lediglich im Businessjargon. Faktisch nutzen Unternehmen immer noch die guten alten Managementhierarchien, und sie sind damit so weit weg von Netzwerken, wie sie es nur sein können. Organisatorische Vorteile schön und gut, aber wenn es darum geht, Macht abzugeben, dann ist doch nun wirklich Schluss. Dann bleibt es halt bei der Managementhierarchie. Eine durch Machtpolitik erzeugte Sackgasse der Evolution des Unternehmens, also genau des Werkzeugs, das die Welt heute mehr formt als alle anderen.

Interessanterweise entstanden parallel zur Allgemeinen Systemtheorie auch systematische Ansätze der betrieblichen Selbstorganisation. Ein gutes Beispiel ist die Soziokratie, eine Art Selbstorganisationsbaukasten mit einer Ansammlung von Regeln, die es Mitarbeitern erlauben, ein Unternehmen selbst zu führen. Der Erfinder der Soziokratie, Kees Boeke, war im letzten Jahrhundert Lehrer in den Niederlanden. Seine Erfindung wäre ihm der Erzählung nach fast zum Verhängnis geworden, als er während der Besatzung der Niederlande in einen deutschen Checkpoint radelte.[129] Die Soldaten überprüften die Inhalte seiner Tasche und fanden merkwürdige Dokumente, Grafiken und Texte, die so aussahen, als ob sie die Organisation einer Widerstandszelle beschreiben: geheimnisvolle vernetzte Strukturen, Verknüpfungsprinzipien und Entscheidungsmethoden. Nur mit Mühe gelang es Boeke, die Soldaten davon zu überzeugen, kein Mitglied eines Netzwerks von Widerstandskämpfern zu sein. Was er mit sich führte, war der erwähnte Baukasten für eine Form von Selbstorganisation, die er Soziokratie nannte. Boeke beschrieb, wie er es sich vorstellte, Schulen zu organisieren – durch Selbstorganisation. Zum Glück für Boeke im Speziellen und die Geschichte der Selbstorganisation im Allgemeinen ließen ihn die Soldaten nach einigem Zögern mit seinen Plänen wieder aufs Rad steigen und weiterfahren. Dabei lagen die

128 Karl E. Weick und Kathleen Sutcliffe (2015): Managing the Unexpected: Sustained Performance in a Complex World.

129 Christian Rüther (2017): Soziokratie, Holakratie, Lalouxs Reinventing Organizations und ... Ein Überblick über die gängigsten Ansätze zur Selbstorganisation und Partizipation.

Deutschen mit ihrem Verdacht gar nicht so falsch: Boeke war ein Widerstandskämpfer. Bloß in einem Ausmaß, das sie sich nicht vorstellen konnten: Seine Pläne erklärten nicht nur den Nazis den Kampf, sondern auch den Hierarchien in Schulen und später auch in Unternehmen. Sie waren der Versuch, bei der Art, wie sich Menschen in Organisationen begegnen, weniger Dominanz und mehr Demokratie zu wagen. Heute gibt es weltweit Tausende von Unternehmen, die in der einen oder anderen Form soziokratische Organisationsprinzipien verwenden – oftmals ohne es zu wissen. Und es gibt inzwischen auch andere Baukästen für Selbstorganisation, die meist mit dem Siegeszug der Informationstechnologie im Allgemeinen und der Software im Besonderen, entstanden sind und die ich noch näher beschreiben werde.

Aber auch ohne Baukästen zu kennen, versuchten sich einige Unternehmen in den Jahrzehnten nach dem Zweiten Weltkrieg von der klassischen Managementhierarchie zu lösen. Es gab Finanzunternehmen, zum Beispiel das Kreditkartenunternehmen Visa oder den Hedgefonds Bridgewater, Industrieunternehmen wie den Hörgerätehersteller Oticon oder den Spezialtextilenhersteller Gore, Einzelhandelsunternehmen wie etwa Mondragon oder Wholefoods, Pflegeunternehmen wie Buurtzorg und Softwareunternehmen wie Valve oder AirBnB, die den Mut zu mehr Selbstorganisation hatten und haben. Zudem haben heute fast alle Großunternehmen bereits über Jahre Erfahrung mit Selbstorganisation gesammelt – wie zum Beispiel Toyota, Nestlé, Unilever, Deutsche Bahn, Deutsche Telekom, Audi oder Mercedes –, wenn auch meist nur in vergleichsweisen kleinen Teilen des Unternehmens. Dabei ist die Unterscheidung zwischen Selbstorganisation und einer lediglich modifizierten Form der Managementhierarchie nicht einfach. Schon konsequentes Empowerment kann als Form der Selbstorganisation gelten, die letztlich zur Abschaffung der Managementhierarchie führt. Der Managementwissenschaft war das schon früh klar. So beschrieb zum Beispiel der US-amerikanische Wirtschaftswissenschafter Renis Likert den Weg, den Empowerment eigentlich hätte nehmen müssen, den nämlich zu »New Patterns of Management«, schon 1960 sehr anschaulich als einen Weg weg von der Autokratie und hin zur Unternehmensdemokratie.[130]

Im Zuge der digitalen Revolution stieg das Interesse an Selbstorganisation – Stichwörter »Agilität« und »New Work« – ab dem Jahr 2001 zunächst bei Softwareentwicklern und in den Folgejahren auch in anderen Unternehmen stark an. Inzwischen hat es alle Branchen erfasst und gehört das Wort »Agilität« zum Alltagsvokabular eines Managers, obwohl nur wenige den hohen Deckungsgrad zwischen agiler Orga-

130 Renis Likert (1961): New Patterns of Management.

nisation und Selbstorganisation verstehen. Sie begreifen nicht, dass konsequente Agilität für Unternehmen dasselbe bedeutet wie konsequentes Empowerment: Selbstorganisation und Demokratisierung. Wer sich trotz dieses Mangels an Verständnis an Agilität und Empowerment versucht, verstrickt sich in Halbheiten, weil er die fundamentalen Prinzipien des eigentlichen Ziels außer Acht lässt. Bevor wir zu diesen Prinzipien kommen, runden wir die Geschichte der Selbstorganisation ab.

Formen der Selbstorganisation

Vier Formen der Selbstorganisation sind heute in Unternehmen zu finden: Selbstorganisationsbaukästen, Agile Methoden, Militärische Selbstorganisation und Progressive Organisationsformen. Jede dieser Formen hat ihre eigene Geschichte, die ich im Folgenden kurz erläutere.

Selbstorganisationsbaukästen

Selbstorganisationsbaukästen sind Werkzeugkästen gefüllt mit Praktiken und manchmal auch mit beiliegenden Bauplänen. Ich möchte ihnen drei dieser Baukästen vorstellen. Zwei wegen ihrer weltweiten Popularität (Soziokratie und Holokratie) und einen wegen seiner Popularität im deutschsprachigen Raum (Kollegiale Führung).

Soziokratie hat sich seit den Zeiten von Kees Boeke weiterentwickelt. Die aktuelle Version »Soziokratie 3.0« ist eine gut zugängliche Sammlung von Praktiken, die sich gerade für Teams in Unternehmen oder kleinere Unternehmen nutzen lässt.[131] Viele kleinere und oftmals auch gemeinnützige Unternehmen, insbesondere im Pflege- oder Bildungssektor, verwenden Soziokratie. Aber auch in kommerziellen und größeren Unternehmen finden sich manche ihrer Praktiken, wobei diese hier oft unwissentlich im Zuge von New Work angewandt werden. Soziokratie lohnt einen genaueren Blick, wenn man sich der Essenz von Selbstorganisation bewusst werden will.

Holokratie hat viele Gemeinsamkeiten mit der Soziokratie. Sie ist aber ein kommerzielles, markenrechtlich geschütztes System, das von einem Unternehmen (HolacracyOne) verkauft wird.[132] Holocracy ist Werkzeugkasten und Bauplan zugleich. Es enthält feste Kernbestandteile, die situativ durch einzelne Praktiken (»Apps«) erweitert werden können – ähnlich wie neue Anwendungen auf dem Betriebssystem eines Computers installiert werden. Hunderte von Un-

131 www.sociocracy3.0.org, Zugriff am 14.12.2023.
132 www.holacracy.org, Zugriff am 14.02.2023.

ternehmen weltweit nutzen Holacracy, vor allem kleinere Unternehmen in der Software- und Kreativindustrie. Und wahrscheinlich kommen dazu Tausende weitere Unternehmen vieler Branchen hinzu, in denen von Holacracy inspirierte Praktiken eingesetzt werden.

Das dritte System, Kollegiale Führung, ist ein vor allem im deutschsprachigen Raum populärer Werkzeugkasten.[133] Das gleichnamige Buch der beiden Hamburger Unternehmer und Autoren Claudia Schröder und Bernd Österreich verkauft sich seit Jahren gut. Es ist ebenso wie Soziokratie (mit der es viele Praktiken teilt) ein offenes System, ein »schnippseliger« Werkzeugkasten, wie Claudia Schröder es formuliert. Dies macht Kollegiale Führung zu einem niederschwelligen Ansatz, der von Unternehmen verwendet werden kann, um Praktiken der Selbstorganisation auszuprobieren und sich evolutionär zu entwickeln.

Die Namensgebung »Kollegiale Führung« ist sehr interessant. Sie steht in inhaltlicher Verbindung zu zwei großen Themen der deutschen Organisationslehre. Da wäre zu einem die Tradition, Einvernehmen zwischen Arbeitgebern und Arbeitnehmern auf betrieblicher Ebene zu erreichen, was sich in dem im weltweiten Vergleich hohen Organisationsgrad von Arbeitnehmern in Betriebsräten, Gewerkschaften und Aufsichtsräten ausdrückt. Zum anderen aber gibt es auch eine Verbindung zur klassischen deutschen Managementlehre. Diese ist begründet in den militärischen Erfahrungen des Ersten und Zweiten Weltkriegs, die ihren betriebswirtschaftlichen Ausdruck insbesondere im Harzburger Führungsmodell fanden.[134] Das empfiehlt Managern eine Auftragstaktik (Mission Tactic), die vorsieht, Mitarbeitern möglichst viel Entscheidungsfreiraum einzuräumen. Richtig verstanden, ist Auftragstaktik mehr als Delegation, sondern ebenso eine Grundhaltung, die bis heute Einfluss auf die Führungsprinzipien der Bundeswehr hat und auch im Prinzip der »Inneren Führung« zu erkennen ist. Kollegiale Führung – und damit Selbstorganisation – hat in Deutschland Tradition.

Die Baukästen der Selbstorganisation kennen heute aber nur wenige. Viel häufiger ist hingegen der Kontakt zur nächsten Selbstorganisationsform, den Agilen Methoden.

133 www.kollegiale-fuerung.de, Zugriff am 14.12.2023.
134 R. Guserl und M. Hofmann (1976): Das Harzburger Modell. Idee und Wirklichkeit und Alternative.

Agile Methoden

Agile Methoden sind vor allem dort anzutreffen, wo Software entwickelt wird. Ihr intellektueller Vorläufer stammt aus der Produktion, das »Total Quality Management«, kurz TQM.[135] TQM wurde in den 1960er-Jahren von Edward W. Deming entwickelt, einem amerikanischen Professor für Statistik, der unverhofft zum Berater der japanischen Wirtschaft in der Zeit des Neuaufbaus nach dem Zweiten Weltkrieg wurde. Das für Fabrikhallen (den »Shopfloor«) gedachte Organisationssystem wird sehr häufig als eine der Ursachen für die in den 1980er-Jahren erstaunlich hohe Qualität und den Erfolg von japanischen Produkten und Unternehmen genannt. Noch heute sind die Prinzipien von Deming weltweit in wohl allen gut geführten Fabriken zu finden.

Die Agile Softwareentwicklung begann ab dem Jahr 2001 mit dem »Agilen Manifesto«, das von einer Gruppe von amerikanischen Softwareentwicklern verfasst wurde.[136] Diese hielten die zuvor üblichen rigiden, sequenziellen, top-down-lastigen Methoden für unzureichend. Sie ersetzten sie durch einen flexiblen, iterativen, bottom-up-getriebenen Entwicklungsansatz, in dem Teams Raum haben, um Ziele und Vorgehensweisen selbst zu bestimmen – ganz ähnlich, wie es Deming schon Produktionsteams in Fabriken empfohlen hatte. Experimente, systematisches Lernen und Diskurs wurden egalitär organisiert. Aus den eher locker formulierten Prinzipien des Agilen Manifestes entstand 2002 SCRUM, die noch heute prominenteste Form, Projekte selbstorganisiert zu gestalten. Der Begriff SCRUM bedeutet »Gedränge« und meint damit eine Praxis aus dem Rugby. Die Spieler haken sich zum Start einer Spielphase in einem Kreis unter, um sich gegenseitig zu motivieren und zu koordinieren, also selbst zu organisieren. In großen Projekten mit vielen SCRUM-Teams geschieht dies heute oft mit einem weiteren Ansatz, zum Beispiel »Scaled Agile Framework«, kurz SAFe. Der ist auch für Hunderte und Tausende von Mitarbeitern geeignet.

SCRUM und SAFe sind Selbstorganisationsansätze für kleine und große Projekte, nicht nur im Softwaresektor. Projektmethoden, die – wenn konsequent angewendet – Managementhierarchie in den Hintergrund schieben. Wenn sie dort bleibt, funktionieren diese Ansätze. Aber leider hat es sich erwiesen, dass die Managementhierarchie Wege findet, sich über die Zeit wieder in den Vordergrund zu drängen. In ihr werden von Managern Kontrolle, Quantifizierung, Plan-

135 Patrick Debois, Jez Humble, Gene Kim, John Willis (2016): Das DevOps-Handbuch. Teams, Tools und Infrastrukturen erfolgreich gestalten.

136 www.agilemanifesto.org, Zugriff am 14.12.2023.

barkeit und zupackende Hemdsärmeligkeit erwartet. Sie sollen sich einmischen. SCRUM, SAFe und generell alle Agilen Methoden brauchen aber Manager, die sich heraushalten. Die Räume aufhalten und nicht kommandieren. Langfristig untergräbt die von der Managementhierarchie geprägte Rollenerwartung jeden prozessorientierten Ansatz wie SCRUM und SAFe – weil diese Strukturen nicht mitdenken. Sie tun so, als genüge es, Prozesse zu organisieren und nicht Macht. Dabei organisiert Macht Prozesse. Wer also gute Prozesse will, muss Macht reorganisieren. Genau das tun diese Ansätze aber nicht. Einerseits klugerweise nicht, da sie sich so sehr gut verkaufen. Andererseits bedauerlicherweise nicht, weil sie so mittelfristig unbrauchbar werden.

Genau dasselbe Problem besteht auch bei Experimenten mit Agilen oder New-Work-Praktiken in allen anderen Unternehmensbereichen, die nichts mit Software zu tun haben. Diese werden unmittelbar oder über die Zeit von der Managementhierarchie gekidnappt. Ihre Begriffe werden verwendet, aber ihre Essenz geht verloren. Statusmeetings heißen dann »Dailys«, Meetings werden zu »Stand-ups«, große Meetings zu »Town Halls«, Prototypen zu »Minimal Viable Products«, noch verfügbares Budget zu »Runway«, Projektphasen zu »Sprints«, und wenn sich neue Produkte voraussichtlich einer Nachfrage erfreuen werden, nennt man das »Product-market fit«. Alter Wein in neuen Schläuchen. In den letzten zehn Jahren haben die Agile Bewegung und auch deren populäre Schwester, die New-Work-Bewegung, viel von ihrer Glaubwürdigkeit verloren. Sie wurden für einen Neuanstrich von alten Ideen zweckentfremdet. Ihre Begriffe dienen vor allem dazu, Protagonisten von Management Pep Talk progressiv erscheinen zu lassen. Agilität und New Work – und damit unterschwellig auch Selbstorganisation – werden so »verbrannt«. Sie werden zur Managementmode. Sie kommen und gehen.

Aber nichtsdestotrotz ist in vielen dieser Praktiken von Agilen Unternehmen und New Work Substanz zu finden. Eine Substanz, deren Essenz Arthur W. Deming einst als »profound system of knowledge« beschrieb.[137] Für ihn lag der Schlüssel für gutes Management in der Behandlung von Unternehmen als komplexe lernende Systeme, deren wesentlicher Akteur der Mensch ist, sowie in der aufmerksamen Analyse und Synthese von Kopf, Hand und Herz der Betriebe. Aber solche feinsinnigen Aufforderungen gehen in Systemen, die vollständig von Machtfragen eingenommen sind, unvermeidlich unter. Feingefühl für Systeme und Menschen braucht

137 W. Edwards Deming, edited by Joyce Nilsson Orsini (2013): The Essential Deming - Leadership Principles from the father of quality. Siehe auch https://deming.org/explore/sopk/, Zugriff am 14.12.2023.

einen Grad an achtsamem Umgang mit allem, was ein Unternehmen berührt. Der Managementhierarchie ist das völlig wesensfremd. Managementhierarchien sind letztlich nur aufmerksam für Macht und Profit, ohne den Macht nicht erhalten werden kann. Alles andere ist ihnen egal. Wenn überhaupt prozessorientierte Ansätze sich für eine Zeit lang in Managementhierarchien durchsetzen können, dann sind es kopflastige, quantitative Ansätze wie Total Quality Management, Lean Manufacturing und Business Reengineering in den 1980er- und 1990er-Jahren.[138] Optimierung ohne Feingefühl für systemische und menschliche Komplexität.

Agile Methoden sind heute Mainstream. Aber ihre visionäre Kraft ist versiegt und ihre reale Wirkung eher gering, weil ihre Begriffe okkupiert worden sind und ihre Inhalte die Substanz verloren haben. Dominanz kann Freiheit nicht erzeugen.

Militärische Selbstorganisation

Vielleicht noch viel mehr als in Unternehmen ist Selbstorganisation im Militär zu finden. Das hat verschiedene Gründe, allen voran die Digitalisierung. Das heutige Schlachtfeld ist vernetzt. Informationen werden aus einer unüberschaubaren Vielzahl von Quellen in Echtzeit durch Maschinen bereitgestellt und müssen von Menschen in Entscheidungen umgesetzt werden. Die Sensoren, die Masse an Informationen, die Geschwindigkeit, die Transparenz und die Unsicherheit des digitalen Schlachtfelds, gekoppelt mit den ungeheuer genauen und tödlichen Drohnen, Raketen und allen anderen Waffen – all das lässt gar keine andere Option mehr zu, als Entscheidungen zu dezentralisieren. Erfolgreiche militärische Operationen – egal ob als Counter Insurgency oder in Konflikten mit hochgerüsteten Gegnern – sind heute einfach nicht mehr hierarchisch zu organisieren. Das moderne Schlachtfeld ist ein Netzwerk, keine Formation. Und die Komplexität des Netzwerks ist ohne Selbstorganisation schlicht nicht beherrschbar.

Seit Beginn der Digitalisierung des Schlachtfeldes in den 1990er-Jahren hat sich dieser Trend beschleunigt. Stanley McChrystal, ein US-General, der die Special Forces in Afghanistan anführte, fasste im Jahr 2016 den Führungswandel so zusammen: »I stopped playing chess and became a gardener.«[139] Modernes Militär ist nicht mehr allein hierarchisches Command & Control. Es ist jetzt auch ein selbstorganisierendes Netzwerk. Das digitale Netzwerk lässt Generäle zu Gärtnern werden, weil es ohne ein menschliches Netzwerk nicht funktionieren kann.

138 Womack (1990): The Machine that changed the World.
139 Stanley McChrystal (2016): Team of Teams: New Rules of Engagement for a Complex World.

Die gleichen selbstorganisierten Denk- und Arbeitsweisen findet man auch im kleineren, aber kaum weniger dramatischen Rahmen: auf selbstorganisierten atomar angetriebenen Angriffs-U-Booten der US Navy.[140] Kapitän David Marquet verwendete Selbstorganisation, um sein Schiff, die USS »Santa Fé«, von einem der schlechtesten zum besten Schiff der amerikanischen U-Boot-Flotte zu machen. Marquet löste die Hierarchie nicht auf, aber positionierte sich (ebenso wie Stanley McCrystal) als Gärtner, der seine Aufgabe darin sieht, Transparenz und Diskurs zu fördern. Weil er dazu standardisierte Praktiken verwendete und nicht einfach nur Führungskräfte trainierte, sah die Navy die Chance, diesen Ansatz auch auf alle anderen Boote der Flotte zu übertragen.

Auch die Luftwaffe wird mehr und mehr vom Kampf der Netzwerke geprägt. In der nächsten Generation des Luftkampfs geht es längst nicht mehr um immer bessere Flugzeuge, sondern vielmehr, zum Beispiel im deutsch-französischen Projekt FCAS, um die Etablierung von vernetzten Gruppen von Drohnen, Flugzeugen, Sensorik, Distanzwaffen und Boden-Luft-Waffen als mehr und mehr autonom handelnde Schwärme. Es geht um die Schaffung eines komplexen Systems zur Realisierung von Luftüberlegenheit. Dieselbe Revolution findet auch im Heer statt, wo das digitale Schlachtfeld in den Kämpfen in der Ukraine schon Realität geworden ist, sodass große Gruppenkonzentrationen an einem Ort gar nicht mehr möglich sind, weil sie sofort zerschlagen würden.

Natürlich sind Hierarchien auch im modernen Militär nicht abgeschafft. Aber ihre Rolle hat sich geändert: Die ranghohen Befehlshaber bestimmen die Strategie, die mittlere Ebene unterstützt die Soldaten, und die Soldaten an der Front haben viel mehr Entscheidungsbefugnisse als jemals zuvor. Das ist keine Managementhierarchie mehr, sondern eine Kreisorganisation.

Aber nicht nur das Führungsverständnis ist ein anderes geworden. Auch die Art, wie sich militärische Kommandostrukturen ergeben, hat sich im letzten Jahrzehnt im Militär weit stärker »agilisiert« als in Unternehmen. Heute werden in Echtzeit Einheiten zu Kampfgruppen *(combat commands)* zusammengefasst und je nach Lage in kürzester Zeit immer wieder neu strukturiert. Damit ist man jederzeit in der Lage, ein Netzwerk an Fähigkeiten immer wieder so neu zu konfigurieren, dass die benötigten Fähigkeiten für die Erfüllung der jeweiligen Mission vorhanden sind. Natürlich gibt es weiterhin Dienstränge und Organisationspyramiden. Aber diese sind eher administrativ und immer weniger bedeutsam für das, was im Kerngeschäft des Militärs, im Kampf, passiert.

140 David Marquet (2013): Turn that Ship Around.

Fazit: Das westliche Militär hat sich durch Selbstorganisation weiterentwickelt, um auf dem komplexen modernen Schlachtfeld bestehen zu können.

Progressive Unternehmen

Schon immer gab es progressive Unternehmen, die versuchten, die Managementhierarchie als Organisationsform zu überwinden. Die Stoßrichtung dieser Bemühungen ist stets ein und dieselbe: mehr Selbstorganisation. Eine Bewegung in die andere Richtung ist auch gar nicht möglich, weil es kein System gibt, das Macht stärker zentralisiert als die Managementhierarchie.

Kaum ein progressives Unternehmen gleicht einem anderen. Wir können sie jedoch nach den Gründen, sich mit Selbstorganisation zu befassen, in drei Kategorien einteilen: Plattformen, Optimierer und Gemeinwohlorientierte. Zu der Kategorie der Plattformen gehören Unternehmen wie Amazon, Google, Netflix oder Microsoft. Auch sie müssen, ebenso wie das Militär, immer größere und komplexere digitale Netzwerke beherrschen, um die Schlacht um die Aufmerksamkeit der User zu gewinnen. Auch ihr Umfeld ist technologisch und betriebswirtschaftlich so komplex, dass sie in vielen Teilen ihrer Unternehmen nicht um Selbstorganisation herumkommen, insbesondere in der Softwareentwicklung. Nicht wenige Manager aus solchen Betrieben veröffentlichen Bücher, um diesen Umbau zu beschreiben.[141] Sicherlich sind große Teile dieser Unternehmen alles andere als selbstorganisiert. Aber selbst in autoritären Organisationen, wie zum Beispiel den Verteilzentren von Amazon, hat eine gewisse Selbstorganisation Einzug gehalten – dort, wo es darum geht, die Komplexität der hochautomatisierten Verteiltechnik zu interpretieren und kontinuierlich zu verbessern, setzt auch Amazon auf Diskurs und Teamarbeit. Überall da, wo Komplexität beherrscht werden muss, ist Selbstorganisation nicht weit.

Die zweite Gruppe von Unternehmen investiert in Selbstorganisation, um die Leistung zu verbessern. Sie werden weniger als die der ersten Gruppe durch Technologien in Selbstorganisation getrieben, sondern sehen Wettbewerbsvorteile darin, die Managementhierarchie hinter sich zu lassen. Sie wollen Agilität, Innovation, Engagement und Effizienz. Selbstorganisation ist ein Mittel dafür. Prominente Beispiele hierfür sind das für seine Spezialtextilien bekannte Unternehmen Gore Inc, der Hedgefonds Bridgewater (einer der größten und profitabelsten der Welt), der weltweit größte Produzent von Haushaltsgeräten Haier sowie das Unternehmen Valve, ein Gamingsoftwarehersteller und der Betreiber der Plattform Steam.

141 Reid Hastings und Erin Meyer (2020): No Rules Rule; Eric Schmidt und Jonathan Rosenberg (2014): How Google Works; Reid Hoffmann, June Cohen, Devon Triff (2021): Masters of Scale: Surprising Truth about the World's most successful Entrepreneurs.

Letzteres ist das im Jahr 2010 vermutlich profitabelste Unternehmen der Welt, gemessen an seinem operativen Gewinn pro Mitarbeiter.[142]

Die dritte Gruppe sind die gemeinwohlorientierten Unternehmen. Zu ihnen gehört, ein prominentes Beispiel, das 14 000 Mitarbeiter starke holländische Unternehmen Buurtzorg (deutsch »Nachbarschaftshilfe). Buurtzorgs Ziel ist eine menschengerechte Pflege. Genauso wie alle profitorientierten Konkurrenten muss auch Buurtzorg profitabel wirtschaften – und das gelingt ihm mit Bravour. Sowohl bei den Pflegeergebnissen als auch der Mitarbeiterzufriedenheit und der Wirtschaftlichkeit schlägt Buurtzorg die Konkurrenz seit nun schon über einem Jahrzehnt um Längen. So reichen Buurtzorg zum Beispiel nur 140 Mitarbeiter in der Zentrale, um das ganze Unternehmen zu koordinieren.

In allen drei Kategorien ist der Grund für Selbstorganisation im Kern die Komplexität der Realität. Digitale Technologien decken diese Komplexität nur auf, weil sie alles vermessen, transparent machen und schnelle Reaktionen erfordern. Die Komplexität war aber schon immer da. Wir können sie nur jetzt besser maschinell erfassen. Damit Menschen aus dieser besseren Beschreibung der Realität Nutzen ziehen können, braucht es Selbstorganisation. Die Unternehmen der zweiten Kategorie (die Optimierer) und der dritten (die Gemeinwohlorientierten) vermuteten schon immer, dass der bessere Umgang mit Komplexität durch Selbstorganisation ihnen helfen würde. Die Realität war, wie gesagt, schon immer komplex. Digitale Technologien und Nachhaltigkeit machen sie nur noch komplexer – und so Selbstorganisation unentbehrlich.

Die drei Prinzipien der Selbstorganisation

»Ich glaube, dass eine Theorie der Macht von Organisationen, aufbauend auf dem stabilen Felsen der Bürokratie, modifiziert durch die bedingte Rationalität und die Interessen von internen und externen Gruppen und erweitert um Netzwerke und den Staat sowie aufmerksam für Externalitäten, den Weg zeigen wird.«

Charles Perrow[143]

Selbstorganisation wird in Universitäten nur als Randnotiz gestreift. Daher möchte ich, bevor ich Ihnen im nächsten Abschnitt die fünf zentralen Bausteine für die Praxis vorstelle, kurz zu den drei grundlegenden Prinzipien von Selbstorganisation kommen: Assoziation, Ordnung und Nähe.

142 Wikipedia (2023): Valve Corporation, https://en.wikipedia.org/wiki/Valve_Corporation, Zugriff am 14.12.2023.
143 Charles Perrow, ebd. S. 278.

Assoziation

»Wir formen uns selbst durch die Wahl, wen (oder was) *wir in unser Leben bringen.«*
Frances Moore Lappé (Ergänzung in Klammern durch Autor)[144]

Verbindungsfreiheit (englisch *freedom of association*) ist die Freiheit, sich für die Dinge einzusetzen und sich mit den Dingen zu umgeben, die man will. In Unternehmen gehört dazu die freie Wahl der Aufgaben, der Wege, diese zu erledigen, und auch der Kollegen.

Für Mitarbeiter ist Verbindungsfreiheit zugleich Fluch und Segen. Fluch, weil jeder nach einer Heimat im Unternehmen suchen muss. Jobs werden nicht zugeordnet, sie müssen gefunden werden. Und Segen, weil keiner sich ohnmächtig fügen muss. Jeder Mensch ist aufgefordert, sich zu hinterfragen und selbst seinen Platz zu finden. Niemand bekommt mehr wie ein Kind in der Schule seine Aufgaben serviert. Nur einfach Aufgaben zu erfüllen, reicht nicht mehr.

Menschen werden so als Erwachsene behandelt. Sie werden nicht mehr bevormundet. Die erlernte Hilflosigkeit, die so viele in Managementhierarchien in Apathie erstarren lässt, wird überwunden. Passivität und Egozentrik werden zurückgedrängt. Eigeninitiative und Gemeinsinn werden gefördert, wenn die eigene Arbeit gestaltbar wird. Die Verbindungen, die wir selbst eingehen, sind ein tiefer Ausdruck unserer Persönlichkeit. Sie spiegeln einen großen Teil unserer Identität wider – was wir sind und was wir im Begriff sind zu werden. Wenn wir unsere Verbindungen aussuchen können, dann gibt uns das die Chance, das zu werden, was wir werden wollen.

Von oben verfügte Verbindungen sind eiserne Käfige, weil erzwungen. Sie können nicht ein Ausdruck unser selbst sein. Wir arrangieren uns mit ihnen, wir kommen über die Zeit hinein in die Rollen, die Aufgaben und Beziehungen, die man uns zugedacht hat, aber oft bleiben sie uns letztlich fremd. Jeder Mensch hat zwar das Potenzial, sich einzuordnen, seine »kognitiven Dissonanzen« zu reduzieren und sich die Dinge »schön zu sehen«, aber dieser Prozess des »Fit-in« hat Kosten. Mitarbeiter lernen dadurch, sich als kleine Zahnräder zu empfinden. Sie entmenschlichen in einem starren, blinden und letztlich kalten System. So wird menschliches Potenzial vernichtet – auf Kosten des Unternehmens, des Einzelnen und der Gemeinschaft.

144 Frances Moore Lappé (2010): EcoMind: Reframing Six Disempowering Ideas That Keep Us from Aligning with Nature—Even Our Own, Nation Books, S. 135. Übersetzung durch den Autor.

Eine freie Verbindung ist ein erzwungener Aufbruch: Jeder muss sich immer wieder mit dem befassen, was sie oder er überhaupt will. Eine freie Verbindung ist einerseits eine Herausforderung, denn sie bedeutet Zweifel, Freiheit, Abenteuer, Exploration. Andererseits entsteht so aber auch viel Platz für all das, was die Managementhierarchie unterdrückt: Gestaltungskraft, neue Perspektiven, Lernen, Heimat, Empathie, Sorge, Sensibilität und letztlich persönliche Sinnfindung. Arbeit im Unternehmen wird so zu einer Reise der persönlichen Entfaltung. Arbeit wird lebensdienlich:[145] Sie hört auf, ein notwendiges Übel zu sein. Sie hört auf, nur Zweck zu sein. Sie wird auch Sinn. Ohne Verbindungsfreiheit dagegen gibt es nur Untertanen.

Der US-amerikanische Philosoph Robert Pirsig schreibt: »Moral ist das Prinzip, dem Leben Entfaltungsmöglichkeiten zu verschaffen.«[146] Ohne Verbindungsfreiheit keine Entfaltung, ohne Entfaltung kein moralischer Fortschritt. So gesehen, sind Managementhierarchien unmoralisch, da sie Entfaltungsmöglichkeiten beschränken, statt diese zu eröffnen. Aber ohne die Entfaltung eines moralischen Bewusstseins kann keine ökologische Transformation funktionieren.

Die Freiheit in selbstorganisierten Unternehmen ist allerdings nicht absolut. Die Verbindungen sind zwar frei wählbar, aber jeder muss sich für solche entscheiden, die für das Unternehmen nützlich sind. Dafür sorgen in Kreisorganisationen die immer noch vorhandene hierarchische Macht und der soziale Druck der Gemeinschaft. Sie ordnen die Verbindungen, sodass diese dem Unternehmen dienen.

Ordnung

»Es geht nicht darum, die menschliche Tendenz zu Hackordnungen zu unterbinden. Es geht darum, den Prozess der Ordnung flexibler, situativer, leistungsgerechter und kompetenter zu gestalten.«
Frans de Waal[147]

Alle Organisationssysteme sind – auf die eine oder andere Art – Zwangssysteme.[148] Unternehmen müssen ihre Ziele gegenüber ihren Mitarbeitern durchsetzen können. Selbstorganisierte Systeme machen das mit innerer und äußerer Ordnung. Äußere Ordnung ist ein System aus Anreizen und Strafen, von

145 Ulrich Peter, ebd.
146 Robert M. Pirsig (1974): Zen and the Art of Motorcycle Maintenance.
147 Frans de Waal (2009): The Age of Empathy Natures Lesson for a kinder Society, S. 208.
148 Edgar Schein (2016): Organizational Culture and Leadership, 5th Edition with Peter Schein.

Zuckerbrot und Peitsche. Es versucht, bestehende Motive eines Menschen zu bedienen. Innere Ordnung hingegen betrachtet die Motive eines Menschen als dynamisch und damit formbar. Ein System der inneren Ordnung versucht, gewollte Motive wachsen zu lassen und ungewollte Motive zu reduzieren.

Managementhierarchie ist ein System, das auf äußere Ordnung setzt. Es erreicht diese durch die glasklare Machtverteilung, die Unterscheidung von Herrschenden und Beherrschten. Die innere Ordnung – oftmals bezeichnet mit Begriffen wie Mindset oder Unternehmenskultur – kommt nur am Rande vor. Sie ist in Führungsleitsätzen oder Listen von Unternehmenswerten zu finden. Aber das sind eher Wunschlisten – auf Papier beziehungsweise in Dateien. Sie haben meist keine nennenswerte praktische Verankerung, zum Beispiel in Praktiken oder Strukturen. Managementhierarchien nehmen daher in den allermeisten Fällen die Motive ihrer Mitarbeiter als gegeben hin und koordinieren Arbeit mit Anreizen und Vorschriften.

Selbstorganisierte Unternehmen arbeiten im gleichen Maß mit äußerer und mit innerer Ordnung. Sie nutzen Hierarchien und haben damit Zugriff auf alle Instrumente, die Managementhierarchie nutzen kann. Aber sie betrachten die Motive ihrer Mitarbeiter nicht als gegeben, sondern als formbar. Koordination über innere Ordnung hat das Ziel, die Eigenverantwortlichkeit der Mitarbeiter so zu stärken, dass diese routiniert eigenständig im Interesse des Unternehmens entscheiden. Je besser dieses Ziel erreicht wird, umso weniger ist ein koordinierender Eingriff von oben nötig: Je mehr innere Ordnung vorhanden ist, desto weniger ist äußere Ordnung nötig oder wünschenswert.

Der Begriff »innere Ordnung« in Unternehmen klingt unheimlich. Er klingt nach Gehirnwäsche, nach Manipulation, weil er sich anmaßt, die Motive von Menschen zu beeinflussen. Aber es versucht sich jeder Mensch tagtäglich in innerer Ordnung, weil jeder einen moralischen Kompass hat, der ihm sagt, was gut und was schlecht ist. Sein System der inneren Ordnung. Gesellschaften funktionieren in erster Linie nicht, weil sie so hervorragend darin sind, Menschen zu bestrafen oder zu belohnen, sondern weil sie Menschen Werte vermitteln. Und jedes Organisationssystem fördert und hemmt bestimmte Werte, weil es einige Motive für gut erklärt, einige für schlecht und einige ignoriert.

Managementhierarchie kann innere Ordnung nicht aktiv gestalten. Sie ist auf die Werte der Autokratie festgelegt. Mit der Festlegung des Organisationsprinzips steht somit auch der Wertekanon fest. Wie im Kapitel III im Modell von Hirschmann beschrieben, erzeugt Managementhierarchie viel inneren Exit und einiges an oberflächlicher Loyalität. Sie minimiert Voice. Sie unterdrückt die Werte von Menschen. Sie fördert damit ein spezielles System der inneren Ordnung, das vor allem die Werte, die mit Autokratie und Geld verbunden sind, produziert. Solange Managementhierarchien ihre zentrale Rolle in unserer Gesellschaft behalten, erzeugen wir damit auch Autokratie und Reduktionismus in Unternehmen und Gesellschaft. Ein sinnvolles System der inneren Ordnung kann nur gelingen und – wichtiger noch – es kann nur moralisch legitimiert sein, wenn es demokratisch begründet ist. Wenn es den Einzelnen Mitsprache über Ziele, Regeln und Aufgaben gewährt.

Selbstorganisierende Systeme fahren den Grad an äußerer Ordnung herunter, indem sie Macht demokratisch verteilen. Sie vermeiden starke Machtasymmetrien durch die Förderung der Praktiken Diskurs, Partizipation und Zielbezug. Sie bringen Menschen dazu, Verantwortlichkeit zu verinnerlichen. Die Sorge um das Anliegen der Gruppe oder des Unternehmens wird zur Selbstverständlichkeit. Dabei werden individuelle Motive nicht unterdrückt. Im Gegenteil, ihnen wird durch Verbindungsfreiheit Raum gegeben.

Die Begegnung mit unterschiedlichsten Motiven im Arbeitsalltag sorgt durch Selbst- und Fremdreflexion für neue Perspektiven. Über die Zeit weiten sich so die Motive jedes Einzelnen und auch die des Unternehmens. Menschen wachsen. Vertrauen, Verständnis und Verantwortlichkeit werden tiefer beziehungsweise größer, als sie es je in einem System, das nur auf äußere Ordnung setzt, werden könnten.

Bleibt nur die Frage, ob sich Führung über mehr innere Ordnung betriebswirtschaftlich und volkswirtschaftlich lohnt. Demokratie, Partizipation und der Diskurs in selbstorganisierten Unternehmen – das ist ebenso wenig umsonst wie Autokratie, Machtasymmetrie und Befehl in Managementhierarchien. Ob selbstorganisierte Systeme tatsächlich eine Alternative zu Managementhierarchien sind, ist gerade auch eine Frage der Effizienz. Wann ist Selbstorganisation effizient? Die Antwort steht in der Überschrift des nächsten Abschnitts.

Nähe

Verbindungsfreiheit, weniger äußere und mehr innere Ordnung können nur in Kontexten funktionieren, in denen Menschen sich gut kennen. Vertrauen ist gut, aber wo Vertrauen geschenkt wird, wird auch Vertrauen missbraucht. Managementhierarchien bekämpfen diese Möglichkeit des Missbrauchs, indem sie Mitarbeiter unter Aufsicht eines Vorgesetzten stellen. Die Aufsicht ist hoch bei niedrigen Leitungsspannen (unter fünf Personen) und geringer bei höheren Leitungsspannen (über zehn Personen). Managementhierarchien wachsen dadurch, dass Wächter unter die Aufsicht von Wächtern gestellt werden, also durch das Hinzufügen neuer Hierarchieebenen. Durch die Benennung immer neuer Aufsichtsebenen können sich Managementhierarchien zu nahezu beliebiger Größe ausdehnen. Die Kosten des Ganzen sind das innere Exil der Mitarbeiter und ihr Gefühl, nur ein Zahnrad in einer Maschine zu sein.

Selbstorganisierte Unternehmen funktionieren aber nur bei genügender innerer Ordnung, sodass Aufsicht durch Vorgesetzte nicht nötig ist. Und das ist dort der Fall, wo Menschen ausreichend tief miteinander verbunden sind, um in einen guten Diskurs zu treten, und sie sich gegenseitig zur Rechenschaft ziehen können. Wo Nähe ist, entstehen Verantwortung, Vertrauen und Kontrolle, weil Menschen aufeinander achten.

Nähe in Unternehmen erfordert vor allem drei Dinge: eine kleine Gruppengröße, einen intensiven Austausch und eine stabile Gruppenzusammensetzung. Für eine kleine Gruppengröße sorgen die teambasierte Struktur von selbstorganisierten Unternehmen und die Kreisorganisation. Für den intensiven Austausch sorgen selbstorganisierte Unternehmen durch ihre Praktiken, etwa für die Entscheidungen in Teams. Und eine stabile Gruppenzusammensetzung ist die Folge davon, dass Menschen gerne in Unternehmen bleiben, in denen sie an sinnvollen Aufgaben, in enger Verbundenheit mit anderen und in als fair empfundenen Umfeldern arbeiten können sowie eine gerechte Entlohnung erhalten.

Um zu verstehen, warum eine geringe Organisationsgröße so wichtig ist, um Nähe herzustellen, lohnt sich der Blick auf das Werk von Robert Dunbar; eines britischen Anthropologen. Dunbar entdeckte in den 1990er-Jahren die Limitierungen der menschlichen Kontaktfähigkeit.[149] Er identifizierte vier verschiedene Grenzen für die Anzahl der Menschen, mit denen ein Einzelner zu irgendeinem Zeitpunkt seines Lebens gleichzeitig im engen Kontakt stehen kann. Bei Überschreitung einer dieser Grenzen sinkt, unabhängig vom Kulturkreis und Zeitalter, die qualitative Beziehung eines Menschen zu einem anderen. Dunbar stellte fest, dass die Anzahl der Menschen, mit denen ein beliebiger Mensch tiefe Beziehungen eingehen kann, evolutionär und neurologisch bedingt immer dieselbe ist. Abbildung 15 gibt die Grenzen für verschiedene Ausprägungen von Beziehungen wieder. Wissenschaftlich gesehen, sind die Zusammenhänge komplexer als dargestellt, aber zur Plausibilisierung der Zahlen ist diese Darstellung meines Erachtens nützlich.

149 Robin Dunbar (1992): Coevolution of neocortical size, group size and language in humans; in Behavior and Brain Sciences 16(4), S. 681-735.

Anzahl Personen	5	50	150	500
Bezeichnung nach Dunbar	Enge Freunde	Freunde	Gute Bekannte	Bekannte
Hat detaillierte Kenntnisse einer Person	x			
Weiß, wie eine Person zu einer anderen steht	x	x		
Kennt den anderen namentlich	x	x	x	
Kennt Personen, die der sonst Fremde auch kennt	x	x	x	x
Ebenen der Organisationslehre	Teams	Abteilungen	Bereich	Unternehmen

Abbildung 15: Die Grenzen der menschlichen Kontaktfähigkeit

Ein Mensch kann danach bis zu fünf enge Kontakte haben. Diese Zahl findet sich auch in der Teamforschung wieder. So entdeckte zum Beispiel Richard Hackman, ein amerikanischer Psychologe, der sein Leben der Erforschung von Teams widmete, unabhängig von Dunbar, dass das Hinzufügen einer sechsten Person zu einem Team nicht nur die relative, sondern oft auch die absolute Teamleistung stark sinken lässt. Für Hackman war die Größe des Teams der oft wichtigste Prädiktor für die Leistung der Gruppe. Enge Beziehungen sind nicht nur für die Psyche eines Menschen gut, sie sind auch leistungssteigernd – und enge Beziehungen sind immer egalitär, also niemals asymmetrisch.

Man kann sich die empirischen Befunde von Dunbar und Hackman verdeutlichen, indem man sich vor Augen führt, was es bedeutet, wenn Gruppen wachsen. Je größer die Gruppe, desto geringer ist die Chance, Gehör zu finden; desto geringer sind die Kenntnisse über die anderen; desto größer ist die Anonymität; desto geringer ist das Vertrauen; desto größer ist die Angst; desto größer ist die Gefahr, die Motive anderer falsch zu interpretieren; desto größer ist das Risiko von Verletzungen persönlicher Wertvorstellungen. Große Gruppen sind bedrohlich. Menschen fühlen sich in kleinen Gruppen wohler und öffnen sich dort leichter. In größeren Gruppen werden sie vorsichtig, distanziert und defensiv. Daher sollte ein effektives Team nicht mehr als fünf Personen umfassen und auch über längere Zeit stabil zusammengesetzt sein. Nur so ist gewährleistet, dass Menschen sich wirklich einbringen und als Gemeinschaft funktionieren.

Natürlich muss und kann ein Mensch mit mehr als fünf Menschen zusammenarbeiten. Bis zu einer Grenze von fünfzig Personen ist das sogar recht informell und freundschaftlich machbar. In dieser Größenordnung weiß der Einzelne zwar weniger über den anderen als bei maximal fünf Leuten, aber kennt sie noch gut genug, um zu wissen, wer zu wem wie steht. Man ist auch in einer solchen Gruppe in der Lage, Beziehungsgeflechte zu überschauen. Dieser Überblick gibt Sicherheit. Die Kenntnis über die soziale Dynamik geht bei Gruppengrößen über fünfzig Personen verloren. Bis zu einer Gruppengröße von 150 Personen kennt jeder seine Kollegen noch namentlich, aber wie diese Personen zueinander stehen, bleibt mit wachsender Gruppengröße immer mehr verborgen. Bei über 150, aber unter 500 Personen ist die Chance noch gut, dass man jemanden kennt, der einen anderen kennt. Das erlaubt Menschen, Vertrauensbrücken über Dritte zu erstellen. Bei über 500 Personen wird die Gruppe dann aber weitgehend anonym.

Heutige Unternehmen ignorieren die Dunbar-Grenzen. Auch kennt kaum ein Manager die Dunbar-Zahlen. Managementhierarchien haben sich von diesen entkoppelt. Das macht sie unmenschlich. Sie funktionieren nur über externe Ordnung, über Aufsicht. Wie eng eine Bindung ist, hat für sie keine Relevanz. Es geht nicht darum, dass Menschen sich kennen. Eine Hierarchie funktioniert auch, wenn einfach nur jeder seinen Job macht. Es geht darum, Menschen zu beaufsichtigen. Gute, tiefe Beziehungen zueinander sind optional.

Selbstorganisation mit ihrer Verbindungsfreiheit und ihrem Fokus auf innere Ordnung braucht Nähe, um zu funktionieren. Das wird auch bei einem Blick auf die im letzten Kapitel vorgestellten vier Funktionen der Kreisorganisation klar: Entscheidungen im Diskurs, Koordination durch Verbindung, Motivation durch Gemeinschaft und Verteilung durch Regeneration. Alle vier Funktionen brauchen Nähe. Nähe bringt Menschen dazu, die Last anderer und der Gemeinschaft im Rahmen des Zumutbaren zu tragen. Selbstorganisation heißt Eigenverantwortung und Gemeinschaft – und nicht Ausführung von Jobs in einer Autokratie. Selbstorganisierte Unternehmen müssen daher um die Dunbar-Zahlen herum gebaut werden, um zu funktionieren. Sie versagen als unmenschlich große Maschinen und sind nur erfolgreich als mitmenschlich große Systeme, als *human-sized systems*.

Verbindungsfreiheit, mehr innere Ordnung und eine Struktur, welche die natürliche Präferenz des Menschen für kleine Gruppen anerkennt – dies sind die drei fundamentalen Voraussetzungen gelungener Selbstorganisation. Im Rest dieses Kapitels widmen wir uns den fünf Bausteinen solcher Organisationen.

Bausteine

Managementhierarchie raus – Selbstorganisation rein: Was braucht es dafür? Auf jeden Fall drei Bausteine: eine neue Struktur (in diesem Buch ist das die Kreisorganisation), ein System der individuellen Verantwortung (ein Rollensystem) und ein Entscheidungssystem. All das lieferte ja bisher die Managementhierarchie. Aber diese drei Elemente reichen für große selbstorganisierte Unternehmen nicht aus. Es müssen zwei weitere hinzukommen: Digital Governance und Föderalismus. Abbildung 16 gibt einen Überblick.

<table>
<tr><th>Bausteine</th><th>Funktion</th><th>Notwendigkeit</th><th>Ersetzt</th></tr>
<tr><td>Kreisorganisation</td><td>Hierarchisierung von Zielen und Aufgaben; Arbeitsteilung auf Teamebene</td><td rowspan="3">Fundamental</td><td>Managementhierarchie</td></tr>
<tr><td>Rollensystem</td><td>Arbeitsteilung auf Individualebene</td><td>Stellen/Jobs</td></tr>
<tr><td>Entscheidungs-system</td><td>Legitimierung</td><td>Autokratie</td></tr>
<tr><td>Digital Governance</td><td>Skalierung durch Transparenz & effiziente Koordinierung</td><td rowspan="2">In großen Unternehmen > 150 Mitarbeiter</td><td>Autokratie</td></tr>
<tr><td>Förderation</td><td>Skalierung durch Dezentralität</td><td>Große Management-hierarchien</td></tr>
</table>

Abbildung 16: Die fünf Bausteine der selbstorganisierten Unternehmen

Kreisorganisation

Die Kreisorganisation ist eine Form der Selbstorganisation, die einem Netzwerk durch eine dreistufige Hierarchie Zielorientierung gibt und gleichzeitig ein hohes Maß an demokratischer Mitsprache bietet. In diesem Abschnitt vertiefe ich die im letzten Kapitel begonnene Beschreibung, um zu zeigen, wie eine Kreisorganisation praktisch funktioniert.[150] Abbildung 17 gibt dazu einen Überblick.

150 Eine ausführliche Beschreibung der Kreisorganisation findet sich in: Nils Pfläging und Silke Hermann (2020): Zellstrukturdesign. Eine neue Sozialtechnologie, die unternehmerischer Wertschöpfung Flügel verleiht.

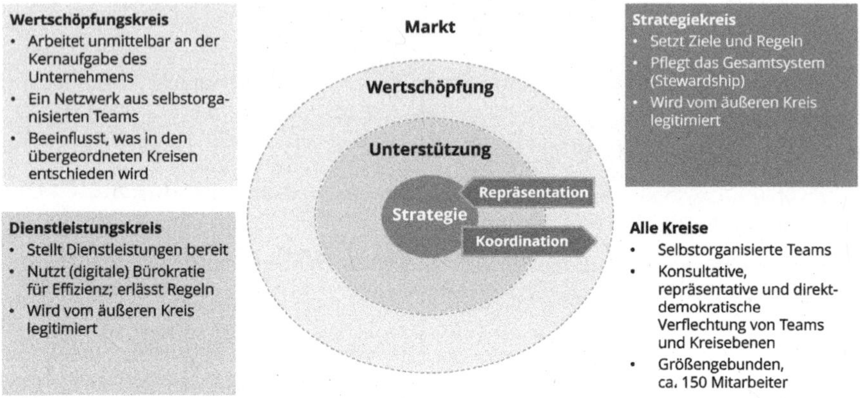

Abbildung 17: Struktur einer Kreisorganisation

Eine Kreisorganisation besteht aus drei Ebenen – dargestellt in Form von drei ineinanderliegenden Kreisen. Der innere Kreis ist dem mittleren Kreis übergeordnet und der mittlere Kreis dem äußeren Kreis. Die Mitarbeiter, die einem übergeordneten Kreis angehören, dürfen den untergeordneten Kreisen Ziele vorgeben und Regeln auferlegen. Das ist der hierarchische Aspekt von Kreisorganisationen.

Der demokratische Aspekt ist, dass der Wertschöpfungskreis Einfluss auf die Entscheidungen der beiden übergeordneten Kreise nehmen kann. Er macht dies erstens durch die Entsendung von Repräsentanten in die übergeordneten Kreise, zweitens dadurch, dass einzelne Mitarbeiter in eine der Rollen der übergeordneten Kreise gewählt werden, und drittens durch festgelegte Konsultationsrechte. Letztere bedeuten das Recht, bei Entscheidungen angehört zu werden. So entsteht ein Geflecht von gegenseitiger Verantwortlichkeit, das alle Mitarbeiter miteinander sowohl von oben nach unten als auch von unten nach oben verbindet.

Im äußeren Kreis geschieht die eigentliche tagtägliche Arbeit. Hier wird in kleinen Teams gearbeitet. Jedes Team bestimmt seinen Arbeitsprozess selbst und überwacht seine Zielerreichung eigenständig. Die Teams sind allerdings nicht autark. Sie sind eingebunden in die Ziele und Regeln, die ihnen vom mittleren und inneren Kreis vorgegeben werden. Grundsätzlich verhandeln selbstorganisierte Teams ihre Beziehungen mit anderen Teams selbst. Die Beziehungen werden nicht wie in einer Hierarchie in einer Pyramide statisch festgelegt, sondern sie ergeben sich dynamisch. Indem sich die Teams mehr oder weniger eng mit anderen Teams verbinden (assoziieren), ordnen sie sich zu einem Netzwerk. Um diese Verbindungen zu schaffen, stehen ihnen eine Reihe von Werkzeugen zur Verfügung, die es ihnen erlauben, sich so tief zu verbinden, wie sie es für notwendig halten. Solche Werkzeuge sind:

- der gemeinsame Zugriff auf bestimmte Systeme und Dokumente, zum Beispiel soziale Plattformen, Taskmanagementsysteme oder auch einfach nur Fileserver
- regelmäßige Treffen einer durch das Team benannten Kontaktperson (SPOC – Single Point of Contact) mit einer Kontaktperson eines anderen Teams
- Teilnahme einer Kontaktperson in dem regelmäßigen Teammeeting eines anderen Teams (Single-Linking)[151].
- gegenseitige Entsendung von Kontaktpersonen (Double-Linking)
- Einrichtung eines regelmäßigen Koordinierungsmeetings mit allen Teammitgliedern
- Einrichtung eines dedizierten Koordinierungskreises, um viele Teams zu koordinieren

Der mittlere und der innere Kreis greifen ordnend in den Prozess der Selbstorganisation ein. Im mittleren Ring werden vor allem zentrale Dienstleistungen für die Teams des äußeren Rings erbracht. Es geht hier in erster Linie um die Hebung von Synergien und die Nutzung von Spezialisten in Bereichen wie Personalwirtschaft, IT, Einkauf und Logistik. Der innere Kreis sorgt sich um all das, was man von einer Geschäftsführung erwarten würde. Er ist den beiden anderen Kreisen übergeordnet und weisungsbefugt. Seine zwei primären Funktionen sind die Festlegung von Zielen und Strategien sowie die Pflege und Durchsetzung von unternehmensweiten Praktiken.

Alle Kreise bestehen aus selbstorganisierten Teams – und nicht wie in einer Managementhierarchie aus Einzelpersonen. Entscheidungen werden grundsätzlich gemeinsam getroffen – was aber nicht heißt, dass sie überwiegend oder gar ausschließlich in einem Team fallen sollten. Das Rollensystem dient dazu, in Kreisorganisationen individuelle Entscheider zu ermächtigen.

151 Single-Linking und Double-Linking sind Begriffe der Soziokratie, siehe www.sociocracy30.org, Zugriff am 14.12.2023.

Rollensystem

Die Kreisorganisation beschreibt die Aufgaben der drei Ebenen und der Teams. Damit ist aber noch nicht bestimmt, welcher Mitarbeiter welche Aufgabe hat. Diese Zuordnung übernimmt das Rollensystem, denn eine Rolle ist, oberflächlich betrachtet, nichts weiter als ein Aufgabenpaket, für das ein Mitarbeiter eine gewisse Zeit lang verantwortlich ist. Rollen sind daher den Stellen in einer Hierarchie sehr ähnlich. Sie definieren, was von einer Person erwartet wird. Es gibt jedoch vier Unterschiede zwischen Stellen und Rollen.

Erstens werden Rollen demokratisch definiert und besetzt. Jeder Mitarbeiter kann innerhalb seines Teams eine Rolle vorschlagen. Ob diese Rolle realisiert wird, mit welchen Rechten und Pflichten sie ausgestattet wird und welche Qualifikationen für den Rolleninhaber notwendig sind, bestimmt das Team. Wer die Rolle bekommt, entscheidet eine demokratische Wahl. Zweitens kann eine Person mehrere Rollen gleichzeitig innehaben. Mitarbeiter können sich so ihren eigenen Job selbst gestalten – und Teams können sich gleichzeitig so spezialisieren, wie sie es für sinnvoll halten. Drittens kann ein Mitarbeiter auch Rollen außerhalb seines Teams wahrnehmen. Es ist möglich, Mitglied von mehreren Teams zu sein. So entstehen Querverbindungen innerhalb der Organisation.

Querverbindungen sind ein zweischneidiges Schwert. Einerseits verbessern sie die Koordination der verbundenen Bereiche. Aber andererseits wird ein ehernes organisatorisches Prinzip verletzt, die Einheitlichkeit der Auftragserteilung. Kreisorganisationen können es sich – in Maßen – leisten, dieses Prinzip zu ignorieren. Sie bestehen aus eng miteinander verbundenen Mitarbeitern, sodass deren Freiräume, sich der Kontrolle zu entziehen – zum Beispiel durch das Ausspielen eines Teams gegen ein anderes –, begrenzt sind. Kreisorganisationen verfügen mit der sozialen Kontrolle über ein sehr effektives Instrument, über das Managementhierarchien nicht verfügen. Managementhierarchien verzichten meist auf Querverbindungen, um Verantwortung nicht zu verwischen. Daher gibt es in der betrieblichen Praxis nur wenige Matrixorganisationen (ein Mitarbeiter – mehrere Chefs).

Der vierte und letzte Unterschied ist der Zeitbezug: Rollen haben eine Verfallsdauer, Stellen sind zeitlich unbegrenzt und damit statisch. Dass Rollen »verfallen«, sorgt für Dynamik, für die permanente Rekonfiguration des organisatorischen Netzwerks. Durch Rollensysteme vermeiden Unternehmen, sich auf ein statisches Korsett der Aufgabenteilung festzulegen. Sie dynamisieren Verantwortungsbeziehungen, individualisieren die Arbeit des Einzelnen und schaffen neue Verbindungen über Teamgrenzen hinweg.

Um den Überblick darüber zu behalten, wer zu welchem Zeitpunkt wofür verantwortlich ist, empfiehlt es sich, Rollen zentral in einem System zu verwalten. Dazu reicht oft schon eine einfache Tabelle, aber es gibt auch spezialisierte Software, die es ermöglicht, die organisatorischen Netzwerke, die aus Teams und Rollen entstehen, grafisch darzustellen.[152] Trotzdem ist es eine gute Idee, die Anzahl der Rollen zu begrenzen. Je granularer Rollen definiert werden, umso größer ist die Gefahr, die Übersicht zu verlieren. Auch selbstorganisierte Unternehmen sind auf klare Verantwortlichkeiten angewiesen. Ämterhäufung sollte vermieden werden. Mehr als zwei oder drei Rollen gleichzeitig sollte ein Mitarbeiter nicht haben.

Eine Herausforderung bei der Einführung eines Rollensystems ist das heutige Arbeitsrecht. Arbeitsverträge schützen durch die Festlegung von Arbeitsinhalten Mitarbeiter vor Übergriffen durch den Arbeitgeber. Rechtlich gesehen, kauft sich ein Arbeitgeber von einem Mitarbeiter spezifische Leistungen – und nicht das uneingeschränkte Recht, jemandem Aufgaben jedweder Art nach Gutdünken zuzuteilen.

Rollensysteme dynamisieren aber Arbeitsinhalte. Sie ändern sich mit jedem Wechsel des Teams und mit jeder neuen Rolle. Streng genommen bräuchte man immer wieder einen Änderungsvertrag. Dies wäre aber ein hoher administrativer Aufwand und könnte auch Gehaltsdiskussionen auslösen. Das klassische Arbeitsrecht stammt aus der Zeit der industriellen Revolution. Es geht von autokratischer und nicht von demokratischer Machtverteilung aus. Es versteht nicht, dass Aufgaben sich dynamisch und demokratisch bestimmt ändern können. In der heutigen Praxis muss man mit diesem Problem leben. Man kann es lindern, indem man Arbeitsinhalte in Arbeitsverträgen so allgemein wie irgend zulässig formuliert. Wenn man dann trotzdem Arbeitsverträge anpassen muss, lässt sich das unbürokratisch tun, weil niemand in selbstorganisierten Unternehmen zur Übernahme einer Rolle gezwungen wird.

Die Kreisorganisation und das Rollensystem legen zusammen fest, wer wofür verantwortlich ist. So fehlt nur noch ein Baustein, um den Chef zu ersetzen: das Entscheidungssystem.

Entscheidungssystem

Netzwerke müssen Entscheidungen organisieren. Managementhierarchien brauchen das nicht zu tun, denn in ihnen entscheidet einfach der Vorgesetzte. Da braucht es keinen Prozess, keine Abstimmung untereinander. Innerhalb eines Hierarchiezweigs kann ein Manager bestimmen, was immer sie oder er will.

152 Z.B. Glassfrog, www.glassfrog.com; Loomio, www.loomio.com. Zugriff am 14.12.2023.

Das funktioniert umso besser, je kompetenter, besser informiert und motivierter ein Manager ist. Fehlt die Kompetenz, wird wahrscheinlich eine schlechte Entscheidung getroffen. Auch wenn ein Manager nicht an die richtigen Informationen kommt – weil zum Beispiel die Kollegen kein Interesse daran haben, Meinungen und Fakten offen anzusprechen –, ist die Entscheidung häufig schlecht. Ist ein Manager nicht fähig oder willig, sich von Experten Rat zu holen oder Informationen objektiv abzuwägen, ist die Entscheidung schlecht. Was ich damit sagen will: Für eine gute Entscheidung müssen viele Voraussetzungen gegeben sein. Es ist daher keine gute Idee, einfach jemanden zum universellen Entscheider zu erklären – schon gar nicht in einem Umfeld, das wegen seiner Machtasymmetrie von Angst und Misstrauen geprägt ist.

Ich halte es für eine viel bessere Idee, nicht einfach Menschen Entscheidungsbefugnisse umzuhängen, sondern Entscheidungsprozesse zu organisieren. Selbstorganisierte Unternehmen machen dies. Zudem sorgen sie für ein Umfeld, in dem viele bereit sind, ihre Expertise in Entscheidungen einzubringen. Durch mehr Voice steigt nicht nur die Entscheidungsqualität, sondern es kommt auch zu gemeinsamen Lernprozessen. Es entsteht der Zusammenhalt, der nötig ist, um Entscheidungen mit weniger Widerständen dann auch tatsächlich umzusetzen. In einem gesunden Umfeld gut prozessierte Entscheidungen sind effektiver als Entscheidungen, die autokratisch und willkürlich getroffen werden.

Das heißt nicht, dass alle Entscheidungen in der Gruppe fallen. Im Gegenteil. In selbstorganisierten Unternehmen gibt es Rollen, die es Einzelpersonen ermöglichen, allein zu entscheiden. Die große Masse von Entscheidungen wird weiterhin von Einzelnen getroffen. Nur für größere, wie zum Beispiel solche über das Einstellen von Personal oder größere Sachentscheidungen, ist die Gruppe zuständig – und da geht es immer um Prozesse. Nur leider lernt kaum jemand während des Studiums oder im Berufsleben, wie Entscheidungen in einer Gruppe sich so organisieren lassen, dass sie gut werden. Wie also ist das möglich? Dem wollen wir uns nun annähern.

Die gemeinsame Entscheidung in einer Gruppe hat viele Vorteile: Die Wahrnehmung und Kompetenz aller Beteiligten werden genutzt. Sie bietet eine Gelegenheit, gemeinsam zu lernen. Und sie ebnet den Weg für die Umsetzung. Sie ist aber auch aufwendiger und kann zum Schlachtfeld für die Austragung von persönlichen Konflikten werden. Entscheidungen in einer Gruppe sind daher nur wirklich besser, wenn das Umfeld und der Prozess gut sind. Selbstorganisierte Unternehmen bieten durch ihre Nähe sehr gute, vertrauensvolle Umfelder. Aber sie müssen dennoch Entscheidungsprozesse in der Gruppe organisieren.

Jede Entscheidung ist, wie gesagt, ein Prozess, der in sechs Phasen gegliedert werden kann: Problembeschreibung, Informationsbeschaffung, Hypothesenbildung, Test, Abwägung, Entscheidung. Um die Wahrscheinlichkeit zu maximieren, gute Entscheidungen zu treffen, sollten diese Phasen sowohl sequenziell als auch iterativ durchlaufen werden. Die Gefahr, schlechte Entscheidungen zu fällen, wächst stark, wenn eine Phase nicht genügend Aufmerksamkeit erfährt, wenn Phasen übersprungen werden oder wenn neue Erkenntnisse keine Iterationen auslösen.

Gruppenentscheidungen haben den Vorteil, dass sie durch bestimmte Praktiken für eine saubere Abarbeitung der Phasen und Iterationen sorgen können. Stellen Sie sich das wie in einem Gerichtsverfahren vor. Dort werden alle Phasen der Entscheidung strukturiert durchlaufen. Sie sind in den Praktiken des Gerichts verankert, und es kann kaum eine ausgelassen werden, ohne dass ein Urteil ungültig würde. Alle Beteiligten befinden sich im selben Prozess und werden immer wieder aufgefordert, ihre Perspektive einzubringen sowie die Perspektive anderer zur Kenntnis zu nehmen. Der Entscheidungsprozess ist sorgfältig gestaltet, weil er die Wahrheit ergründen soll – und dafür reicht ein autokratischer Einzelner nicht aus. Am Ende mag zwar ein Richter oder eine Jury aus Geschworenen entscheiden, aber eben erst am Ende. Würde der Prozess davor wegfallen, hieße das, es dem Richter oder der Jury zu überlassen, irgendwie zu guten Entschlüssen zu kommen. Damit würde man konfuse und willkürliche Entscheidungen tolerieren, was in unserem Justizsystem inakzeptabel ist, in unserer Wirtschaft aber offenbar nicht. Es ist nämlich genau das, was im Management tagtäglich passiert. Hier ist kein Manager einem Entscheidungsprozess verpflichtet. Er entscheidet einfach.

Gute Entscheidungen in Gruppen brauchen Prozesse. Allerdings muss nicht jede so aufwendig organisiert werden wie ein Gerichtsverfahren, denn das wäre ineffizient. Aber bedeutsame Entscheidungen werden besser, wenn dafür Praktiken verwendet werden, die für eine ausreichende Prozessierung sorgen. Ich möchte Ihnen drei Verfahren kurz vorstellen: den Advice Process, das Wählen-aus-der-Mitte und die Entscheidung im Konsent.

Der Advice Process, von Claudia Schröder und Bernd Österreich in ihrem wundervollen Buch »Kollegiale Führung« mit »Kollegialer Fallentscheider« übersetzt, wird schon seit Jahrzehnten von Unternehmen wie Gore Inc, dem Hersteller von Gore-Tex, benutzt. Unmittelbar nach der Beschreibung eines Problems wird in der Gruppe festgelegt, mit wem zu dessen Lösung zu reden ist. Dann wird der »Fallentscheider« gewählt. Er ist ermächtigt, eine Entscheidung zu treffen, die für die Gruppe gilt, und muss nur zwei Bedingungen einhalten: Abstimmung mit den von der Gruppe festgelegten Personen und gute Begründung der Entscheidung. Das Verfahren ist ungemein komfortabel und effizient, weil es eben nicht die Zeit und Aufmerksamkeit von allen braucht. Das Team belässt die letztendliche Entscheidung bei einer Einzelperson und bildet damit eine kulturelle Brücke zur Managementhierarchie. Der Advice Process zeigt exemplarisch, dass Entscheidungen durch Gruppen nicht aufwendig sein müssen und dass schon kleine prozessorale Änderungen der Art, wie entschieden wird, einen großen Effekt auf die Entscheidungsqualität, das Zusammengehörigkeitsgefühl und das gemeinsame Verantwortlichkeitsgefühl haben können. Zudem ist es intuitiv sinnvoll, Entscheidungen fallweise an den jeweils Kompetentesten zu übertragen – und nicht ohne Ansicht der Sache selbst an immer dieselbe Person, den Chef.

Ein anderes Verfahren, das auch mit dem Advice Process kombiniert werden kann, ist das Wählen-aus-der-Mitte. Es dient dazu, Verantwortliche zu bestimmen – zum Beispiel, um Rollen zu besetzen oder Fallentscheider auszuwählen. Nach der gemeinsamen Beschreibung der Aufgabe wird nach Freiwilligen gefragt, die dann in die Mitte der Gruppe treten. Sobald alle Kandidaten sich dort befinden, erklärt jeder in zwei Minuten seine Motivation und Qualifikationen für die anstehende Aufgabe. Es folgt eine Fragerunde. Die Personen dürfen jederzeit die Mitte wieder verlassen und ihre Kandidatur so zurückzuziehen. Auch können zu jedem Zeitpunkt andere die Mitte betreten und so kandidieren. Zum Schluss wird abgestimmt. So kann jeder die Initiative ergreifen, entweder als Kandidat oder als Fragesteller. Dieses Verfahren ist informativ und interaktiv. Es bringt Menschen zum Nachdenken, sowohl über die Aufgabe selbst als auch über die beteiligten Personen. Es verbindet sie mit dem, was im Unternehmen vorgeht. Eine kooperative Entscheidungstechnik.

Die dritte Option ist das Konsentverfahren. Im einfachsten Fall funktioniert es in vier Schritten. Als Erstes werden in der Gruppe Alternativen entwickelt, danach Einwände vorgebracht und schließlich die Alternativen überarbeitet, um auf die Einwände einzugehen. Das Verfahren wird, das ist der vierte Schritt, so lange immer wieder durchlaufen, bis alle Mitarbeiter gegen einen der Vorschläge keine berechtigten Einwände mehr haben. Ein Moderator wacht darüber und darf ungerechtfertigte Einwände zurückweisen. Die ausgewählte Alternative ist somit im Konsens aller entschieden worden – einstimmig, aber nach intensiver Beratung. Das Konsentverfahren hat für Holacracy und Soziokratie zentrale Bedeutung, um schwierige Fragen einvernehmlich zu klären.

Advice Process, Wählen-aus-der-Mitte, Konsentverfahren und eine Vielzahl anderer Entscheidungsverfahren können miteinander kombiniert werden, um Gruppenentscheidungen situativ – zum Beispiel je nach Bedeutung, Dringlichkeit oder Gruppengröße – angepasst zu gestalten. Es gibt einen großen Werkzeugkasten von Praktiken, den selbstorganisierte Unternehmen nutzen können, was sie zu den besseren Betriebswirten macht: Sie erzeugen Entscheidungsqualität systematisch und nicht zufällig wie Managementhierarchien.

Das waren die drei essenziellen Bausteine für jedes selbstorganisierte Unternehmen. Die nächsten beiden braucht es nur, wenn Unternehmen eine bestimmte Größe – ungefähr 150 Mitarbeiter – überschreiten.

Digital Governance

Unter Digital Governance verstehe ich IT-Anwendungen, die dabei helfen, Verantwortlichkeit und Entscheidungsprozesse zu organisieren. Sie erlauben es, Aufgaben zu identifizieren und aufzuteilen sowie gemeinsam zu entscheiden und zu kontrollieren. Das verleiht ihnen eine Managementfunktion. Im Detail setzen sie sich aus verschiedenen Anwendungen zusammen, die nach ihrer Funktion in vier Kategorien eingeteilt werden: Informationssysteme, Kommunikationssysteme, Aufgabenmanagementsysteme und entscheidungsunterstützende Systeme.

Informationssysteme, die Selbstorganisation unterstützen, sind oftmals sehr einfach, aber trotzdem sehr wirkungsvoll. Es reichen häufig schon Anwendungen zur gemeinsamen Ablage und Bearbeitung von Dokumenten, zum Beispiel die Google- (Google Docs) oder Microsoft-Cloud-Applikationen (Sharepoint, Office 365) oder digitale Foren wie Confluence. Das niederländische Unternehmen Buurtzorg etwa verwendet ein digitales Forum, um Ranglisten von Teamleistungen intern zu veröffentlichen. Tausende von Teams können sich so miteinander vergleichen, sich hinterfragen und von anderen Gruppen lernen. Es werden mit den Ranglisten keinerlei Belohnungen oder Sanktionen verknüpft, damit die Informationen zwischen den Teams frei fließen. Damit verbreiten sich Best Practices schnell.

Die zweite Kategorie sind Kommunikationssysteme wie zum Beispiel Slack, Discord, WhatsApp, Telegram und Signal. Sie vereinfachen die Kommunikation und Koordination innerhalb des Unternehmens und sind mit ihren simpel administrierbaren Gruppen geradezu dazu geschaffen, die Netzwerkstruktur von selbstorganisierten Unternehmen abzubilden.

Zur dritten Kategorie, den Aufgabenmanagementsystemen, gehören zum Beispiel Trello, Jira oder Microsoft Teams. Diese sind auch bei traditionellen Unternehmen beliebt. Allerdings benutzen selbstorganisierte Unternehmen sie weniger, um Aufgaben im Push-Verfahren zuzuteilen, sondern um Aufgaben zu listen, die sich Mitarbeiter im Pull-Verfahren nehmen können.

Die vierte und letzte Kategorie ist die der entscheidungsunterstützenden Systeme. Dies sind in der Praxis meist digitale Whiteboards, wie zum Beispiel Mural oder Miro. Auf diesen kann präsentiert, diskutiert und sogar abgestimmt werden.

Keines der von mir hier genannten Systeme ist exotisch. Die meisten von ihnen finden sich in der einen oder anderen Form in fast jedem Unternehmen, werden dort aber eher vereinzelt verwendet. Erst wenn man diese Tools in Praktiken einbettet, erhält man effektive Managementwerkzeuge. Solche, die alle vier Funktionen eines Organisationsystems unterstützen: Entscheidung, Koordination, Motivation und Verteilung – die Bestandteile einer digitalen Demokratie.

Die Benutzung vieler dieser Systeme wurde während der Coronazeit zur Routine, da sie die dezentrale Koordination von Arbeit erlauben – und auch Selbstorganisation ist eine Form der dezentralen Koordination. Der Gedanke, dass integrierte, mit der Organisation verzahnte Anwendungen neue Zusammenarbeitsmodelle ermöglichen, ist so alt wie das Internet selbst. Alle Systeme dazu gibt es heute bereits. Was aber fehlt, ist ein organisatorisches Design, das die Fähigkeiten moderner Anwendungslandschaften ausschöpft. Vitalik Buterin, ein kanadisch-russischer Blockchain-Pionier, formulierte bereits im Jahr 2013 seine Vision von neuen Arten der Zusammenarbeit durch digitale Technologien: »What if, with the power of modern information technology, we can encode the mission statement into code; that is, create an inviolable contract that generates revenue, pays people to perform some function, and finds hardware for itself to run on, all without any need for top-down human direction?« [153] Vitalik Buterin nennt solche Unternehmen Distributed Autonomous Organizations (DAO). Heute gibt es bereits erste DAOs.[154] Allerdings hat deren Vision nur zum Teil etwas mit Selbstorganisation zu tun. Sie ist eher ein Versuch, Management durch Maschinen (mit blockchainbasierter Software) zu ersetzen – und weniger ein Versuch, Menschen zu verbinden. Was die Existenz von DAOs allerdings zeigt: Mit Digital Governance sind heute schon neue, dezentrale Unternehmensformen machbar.

Allein durch den Einsatz von Software werden aber nicht viele Unternehmen Selbstorganisation skalieren können. Buurtzorg kann das, aber es hat eine sehr flache Wertschöpfungskette: Jedes Team ist miteinander vergleichbar und so einfach mit einer Software zu vermessen. Die meisten großen Unternehmen sind viel heterogener. Hier braucht es ein zusätzliches Mittel, um Selbstorganisation zu skalieren: Föderation.

---

153 Vitalik Buterin (2013): Bootstrapping a Decentralized Autonomous Corporation: Part 1, in: Bitcoin Magazine 19. September 2013, www.bitcoinmagazine.com, Zugriff am 14.12.2023.

154 Z. B. www.Colony.io; und www.aragon.org, Zugriff am 14.12.2023.

Föderation

«The fundamental task is to achieve smallness within large organizations.«
E.F. Schuhmacher

Föderale Systeme bestehen aus eigenständigen Teilen, die aber genügend verbunden sind, um auf ein gemeinsames Ziel hinzuarbeiten. Jedes Teil einer Föderation ist in den Grenzen, die diese vorgibt, ein eigenständiger Akteur. Jedes Teil hat seinen eigenen Willen, seine eigenen Verbindungen zu anderen Teilen in der Föderation und Wege, auf die übergeordneten Teile Einfluss zu nehmen. Zentrale Systeme (zum Beispiel die Managementhierarchie) dagegen führen nur einen zentralen Willen aus, verbinden ihre Teile nur über die Zentrale und gewähren ihren Teilen auf diese keinen formalen Einfluss.

Kreisorganisationen sind Miniföderationen. Jedes Teil der Organisation, egal ob Mitarbeiter oder Team, ist eigenständig, kann seine eigenen Verbindungen ausprägen und Einfluss auf übergeordnete Teile nehmen. Schachtelt man Kreisorganisationen ineinander, zum Beispiel indem man eine Anzahl von ihnen durch eine übergeordnete Kreisorganisation leiten lässt, erhält man ein föderales System. Dies hat den Vorteil, dass jedes einzelne Teil der Föderation für sich genommen klein bleiben kann, auch wenn das Gesamtunternehmen wächst. So bleibt die Nähe erhalten, die Selbstorganisation braucht. Würde man das Unternehmen einfach nur wachsen lassen, ohne es föderal zu organisieren, ginge Nähe ab einer bestimmten Größe verloren.

Eine föderale Organisationsform von Unternehmen ist nicht ungewöhnlich. Jedes große Unternehmen gibt sich eine föderale Struktur, wenn es sich in verschiedene ergebnisverantwortliche Einheiten (im Business Jargon P&L – Profit & Loss – genannt) aufteilt. Allerdings handelt es sich dabei um eine »amputierte« Form der Föderation. Die einzelnen Teile sind eigenständig in der Ausführung, aber sie haben weder Einfluss auf die höhere Ebene noch nennenswerte Verbindungen zu den anderen ergebnisverantwortlichen Einheiten. Damit sind sie lediglich dezentrale Agenten der Managementhierarchie.

Ein Selbstorganisiertes Unternehmen muss aber eine echte Föderation sein: eigenständig, mit Einfluss auf höhere Teile und mit Verbindung zu anderen Teilen der Organisation. Nur so können die drei Prinzipien von Selbstorganisation – Assoziation, Ordnung und Nähe – auch bei Wachstum aufrechterhalten werden.

Ich möchte Ihnen in diesem Abschnitt zwei Techniken zur Organisation von selbstorganisierten Unternehmensföderationen beschreiben. Als Erstes eine Art Föderation

»light«, die es Kreisorganisationen erlaubt, auf bis zu 500 Mitarbeiter zu skalieren. Und als Zweites ein vollständiges föderatives Modell. Es gibt sehr viel mehr Arten, Föderationen zu organisieren, aber diese beiden Beispiele reichen, um ihr Prinzip zu verstehen.

Selbstorganisierende Geschäftseinheiten

Fangen wir mit einer Föderation »light« an: der selbstorganisierten Geschäftseinheit. Das ist eine Kreisorganisation, deren äußerer Kreis in mehrere Geschäftseinheiten mit begrenzter eigener Ergebnisverantwortung aufgesplittet ist. Abbildung 18 zeigt ein Beispiel, bei dem sich drei Geschäftseinheiten einen gemeinsamen Kern teilen.

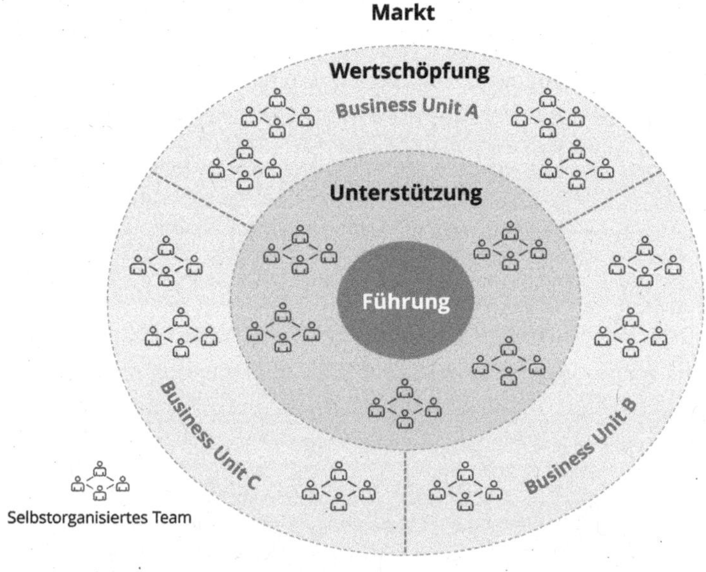

Abbildung 18: Selbstorganisierte Geschäftseinheiten

Die Eigenständigkeit der drei Geschäftseinheiten ist begrenzt, weil sie über keine eigenen Supportfunktionen (den mittleren Kreis) verfügen. Sie teilen sich diese. Die Führung einer Geschäftseinheit kann auf verschiedene Arten organisiert werden, zum Beispiel:

- durch ein Koordinierungsteam, das sich aus Repräsentanten der Teams zusammensetzt
- durch eine Einzelperson, die von den Teams mit der Rolle des Koordinators für den Geschäftsbereich betraut wird

- durch eine Kombination aus Einzelperson und zu konsultierendem Koordinierungsteam
- durch eine Einzelperson, die vom inneren Kreis bestimmt wird

Die drei Geschäftsbereiche stimmen sich im inneren Kreis ab. Durch dieses Modell kann eine Kreisorganisation über die Grenze von 150 Mitarbeitern hinauswachsen, ohne dass die zunehmende Anonymität Selbstorganisation unmöglich macht. Das hat die Vorteile der engeren Koordination der Geschäftseinheiten und der Effizienz gemeinsam genutzter Supportleistungen. Der Nachteil ist aber, dass die Eigenständigkeit der Geschäftseinheiten ausgehöhlt wird. Auch entbrennen mit zunehmender Größe des Unternehmens leichter Kämpfe zwischen den Geschäftseinheiten um die Vorherrschaft über die beiden Kernbereiche. Im Grunde genommen ist die Einführung einer Geschäftseinheit nichts anderes als das Hinzufügen einer weiteren Hierarchieebene. Dadurch entsteht eine Mischform aus Managementhierarchie und Selbstorganisation. Solche Mischformen sind immer problematisch, da über die Zeit der höhere Machtwille der Hierarchie meist Selbstorganisation untergräbt.

Mehr als 500 Mitarbeiter – die Dunbar-Grenze, ab der Organisationen sehr anonym werden – sind mit dieser Art der Föderation »light« kaum machbar. Das wären immerhin drei große Kreisorganisationen mit maximal je 150 Mitarbeitern und fünfzig Mitarbeiter in den beiden inneren Kreisen. Jenseits von 500 Mitarbeitern ist damit Wachstum nicht mehr durch Verzweigung aus einem gemeinsamen Stamm möglich, sondern es muss durch Zellteilung erfolgen.

Mikrounternehmensföderation

»Was nicht, ohne zu zerbrechen, größer gemacht werden kann, sollte lieber in Variationen multipliziert werden.«
Unbekannter Autor

Wenn eine Kreisorganisation eine Größe überschreitet, die es Mitarbeitern nicht mehr erlaubt, genügend vertraut miteinander zu sein, sollte sie sich teilen. Dann reicht es nicht mehr, einen neuen Zweig hinzuzufügen wie in einer Managementhierarchie. Es braucht in diesem Fall einen neuen Stamm. Das Skalierungsprinzip von Selbstorganisation ist daher Zellteilung und nicht Verzweigung. Kreisorganisationen teilen sich, um zu wachsen. Beide, die neu entstandene und die alte Organisation, werden Teil einer übergeordneten Kreisorganisation, wie in Abbildung 19 dargestellt. Sie bilden eine Föderation.

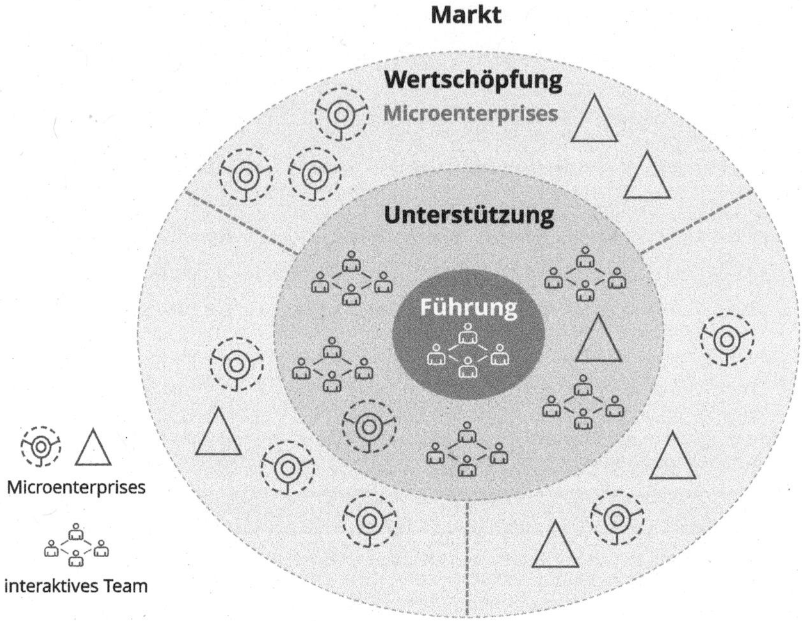

Abbildung 19: Unternehmensföderation

Die Föderation ist wiederum eine Kreisorganisation. Sie hat drei Ebenen: eine äußere der Wertschöpfung, eine mittlere der zentralen Dienste und die Führungsebene.

Nicht jede Teilorganisation einer Föderation muss eine Kreisorganisation sein. Sie kann auch anders organisiert werden, zum Beispiel als Managementhierarchie, wie in Abbildung 19 durch die Pyramiden dargestellt. Föderationen können in sich heterogen sein.

Föderationen verschachteln Organisationen ineinander wie Matrjoschka-Puppen: Eine kleine Föderation – zum Beispiel eine einzelne Kreisorganisation – ist Teil einer größeren Föderation. Wenn benötigt, kann das über viele Ebenen erfolgen. Im Englischen wird so eine Art der Organisation auch als »Nested Organisation« bezeichnet. »Nested« bedeutet »verschachtelt«, aber der englische Begriff lässt besser erkennen, worum es überhaupt geht: um das Einnisten einer Organisation in eine übergeordnete Organisation. Die übergeordnete umsorgt die untergeordnete, sie hält sie und damit auch sich selbst vital. In einer gesunden Föderation sorgen sich die Teile umeinander – auch wenn jeder andere Aufgaben hat und in einem beträchtlichen Umfang autonom ist –, damit sie das gemeinsame Ziel bestmöglich erreichen. Auch hier spiegelt sich das Vorrangmodell aus Kapitel II wider: die Einbettung der kleinen Teile in das große Ganze, die Akzeptanz der gegenseitigen Interdependenz und das einigende große Ziel. Letzteres spiegelt sich im Kleinen. Wie bei Zellen, Organen und Metabolismen: Es ist die Kooperation aller Teile, die das Gesamtsystem lebendig erhält. Ein regeneratives System.

Das zurzeit vermutlich größte föderative Unternehmen ist mit 70 000 Mitarbeitern Haier in China, der weltweit größte Hersteller von Haushaltsgeräten. Haier hat sich in Tausenden von Microenterprises organisiert, jedes von ihnen maximal 150 Mitarbeiter groß. Wächst eines über diese Grenze hinaus, teilt es sich und spaltet ein neues ab. Alle sind Teil der Haier-Föderation, einer übergeordneten Kreisorganisation. Jedes Microenterprise hat, insbesondere durch Konsultation und Repräsentation, Einfluss auf die beiden inneren Kreise. Die Microenterprises selbst sind frei, sich zu organisieren, wie sie wollen: hierarchisch, selbstorganisiert oder irgendetwas dazwischen. Für Koordination wird durch standardisierte Praktiken gesorgt, die vom mittleren und inneren Kreis vorgegeben und durch Digital Governance gefördert oder auch erzwungen werden.

Haier ist ein gewinnorientiertes, globales Unternehmen. Es ist mit seiner stetig weiterentwickelten, föderalen Struktur schon seit mehreren Jahrzehnten erfolgreich. Im Jahr 2016 übernahm man sogar die Haushaltsgerätesparte von General Electric, was Haier zum weltweit größten Haushaltsgerätehersteller machte. Ein steiler Aufstieg für ein Unternehmen, das noch in den 1980er-Jahren so schlechte Waschmaschinen herstellte, dass ihr eigener CEO, Zhang Ruimin, frisch aus der Produktion kommende Exemplare mit einem Vorschlaghammer zertrümmerte.[155] Heute kooperiert der sendungsbewusste Zhang Ruimin mit vielen Wissenschaftlern, auch mit solchen aus dem Westen, um sein Modell des Managements bekannter zu machen. Wer mehr über Haier erfahren will, kann sich in kondensierter Form auf www.workdesign.company informieren sowie diverse Literatur studieren, an Onlinekursen teilnehmen oder kommerzielle Trainingsangebote nutzen.[156] Aber ich möchte niemandem empfehlen, dieses Beispiel zu kopieren. Erstens, weil progressive Unternehmensmodelle notorisch schwer zu kopieren sind. Der Teufel steckt meist im historischen Pfad und Kontext. Zweitens, weil

155 Wirtschaftswoche Online, www.wiwo.de/unternehmen/industrie/haier-chef-zhang-ruimin-die-firma-der-zukunft-hat-keine-angestellten-mehr-/11740152.html, Zugriff am 14.12.2023.
156 www.workdesign.company, Zugriff 14.12.2023.

die Geschichte gezeigt hat, dass einzelne Beispiele von erfolgreichen Unternehmen kein Beweis für die Güte eines Systems sind. Enron, ABB, General Electrics, WeWork, FTX – die Literatur ist voll von Celebrity-CEOs mit progressiven Organisationssystemen und Unternehmen, die teils über Jahrzehnte unangreifbar schienen und dann doch fielen.

Die Organisation einer Föderation ist sehr viel komplexer als die einer Managementpyramide, denn Gleichgewicht ist schwieriger zu organisieren als Dominanz. Das Verbindende in einer Organisation ist schwieriger in den Vordergrund zu stellen als das Trennende. Arbeit menschlich zu gestalten, ist sehr viel schwieriger, als das nach dem Vorbild einer Maschine zu tun. Aber es lohnt sich, die diffizileren Wege zu gehen.

Wie sehr es sich lohnt, kann ich ihnen wissenschaftlich abgesichert nicht sagen. Studien zur wirtschaftlichen Wirkung von Organisationssystemen gibt es zwar genug, aber alle sind mit Vorsicht zu genießen. Insbesondere deshalb, weil auf dem Weg zwischen Organisation und wirtschaftlichem Erfolg sehr viele intervenierende Variablen dazwischenfunken.[157] Aber es gibt Hinweise, die vermuten lassen, dass Föderationen leistungsstark sind.

Der erste Hinweis kommt von Leuten, die jeder anderen Motivation außer des Profits unverdächtig sind: den CEOs des Silicon Valleys. Viele Technologieunternehmen streben an, die Managementhierarchie zu überwinden und stattdessen hochverbundene Organisationen zu realisieren: »Highly coupled and loosely aligned« – dieses Ziel nennt beispielsweise Amazons CEO Jeff Bezos, Netflix' CEO Reed Hastings oder Spotifys CEO Daniel Ek. Das Bild, das sie verwenden, ist häufig das eines organisatorischen Betriebssystems, das seinen einzelnen Teilen Standards vorgibt, sie mit Services umsorgt, aber ihnen gleichzeitig Autonomie gewährt. Sie sprechen im Kern von nichts anderem als von Föderationen. Von Verbünden, deren Teile teilautonom auf ein gemeinsames Ziel hinarbeiten. Ob sie dieses Ziel mit ihren Organisationen immer erreichen, sei dahingestellt. Ihr Ziel ist aber dasselbe, das grüne Unternehmen anstreben: die Föderation.

Der zweite Hinweis kommt, akademisch gesehen, von ganz oben: von der US-Ökonomin und Nobelpreisträgerin Elinor Ostrom. Für die reale Welt – die Welt mit planetaren Grenzen, in der es keine privaten Güter gibt, sondern nur öffentliche – empfiehlt sie *Nested systems*: »A nested system is one in which key governance

157 Nicolas Bloom, Rafaella Sadun, John van Reenen (2017): Management as a Technology? NPER Working Papers, DOI 10.3386.

functions, like monitoring and enforcement of resource use, are organized into multiple, reinforcing, layers of governance.«[158] Systeme, deren Teile sich umeinander sorgen, weil sie voneinander abhängig sind. Föderationen.

Profitorientierte CEOs und Wissenschaftler empfehlen die Föderation. Föderationen sind leistungsstark und können, wenn man sie auf die richtigen Ziele ansetzt, die Verbundenheit, Interaktion und Rücksichtnahme schaffen, die dem Wirtschaftssystem heute fehlen. Wir wären gut beraten, schon im Kleinen, in Unternehmen also, die Rücksicht einzubauen, die wir im Großen, in der Wirtschaft und Gesellschaft, sehen wollen.

Die Muster grüner Unternehmen

»Systeme sind niemals mehr oder weniger als die Inkarnation der grundlegenden Einstellungen von Menschen.«
E. F. Schuhmacher[159]

Fassen wir zusammen: Um Missionen treu zu bleiben, verankern grüne Unternehmen eine Mission jenseits des Profits im Gesellschaftsvertrag und sorgen dafür, dass wichtige Entscheidungen im Unternehmen sorgfältig und gemeinsam abgewogen werden, indem sie die Managementhierarchie gegen ein System der Selbstorganisation austauschen.

Selbstorganisation besteht aus fünf Bausteinen: Kreisorganisation, Rollensystem, Entscheidungssystem, Digital Governance und Föderation. Diese Bausteine können je nach Ausgangslage und Herausforderungen gestaltet und miteinander kombiniert werden. Das Ziel ist, Verantwortung so zu organisieren, dass ein leistungsstarkes grünes Unternehmen durch die Kombination von Hierarchie und Selbstorganisation entsteht. Hierarchie sichert Zielbezug – Selbstorganisation sichert sorgfältige Abwägung und beugt dem Abdriften von der Mission vor.

Durch die fünf Bausteine entstehen viele Organisationsmuster. Mehr, als ich im Rahmen dieses Buches beschreiben kann. Das, was optimal für die Leistungsfähigkeit eines Unternehmens ist; was optimal für eine Branche ist; was optimal für eine Konstellation von Mitarbeitern ist; was optimal für die Mission eines Unternehmens ist; was optimal für eine Gesellschaft ist – das ist halt nicht die ewig gleiche Schablone. Schon gar nicht ist es die Pyramide.

158 Elinor Ostrom, ebd.
159 E. F. Schumacher, ebd., Kapitel 18.

Jedes Unternehmen ist anders, weil jede Mission anders ist, weil ökonomische, soziale und kulturelle Faktoren anders sind. Ich glaube, dass die heutige Monokultur der Managementhierarchie nicht ersetzt werden kann durch eine andere organisatorische Monokultur, sondern nur durch eine Vielfalt von Unternehmensformen. Jenseits der Hierarchie liegt Vielfalt. Das erlaubt Experimente, Persönlichkeit, Wettbewerbsdifferenzierung, Nischenbildung – und eröffnet damit auch ganz neue, ungeahnte Möglichkeiten der menschlichen Zusammenarbeit. In Anlehnung an einen Satz von Tolstoi aus »Anna Karenina«: »Unglückliche Unternehmen sind alle gleich. Aber glückliche Unternehmen sind alle glücklich in ihrer eigenen Art.«

Selbstorganisation ist komplexer und vielfältiger als Managementhierarchie. Nicht nur deshalb, weil Managementhierarchien uns viel vertrauter sind, sondern auch weil es viel herausfordernder ist, Verbindungen zu organisieren, als Aufgaben in Pakete zu zerlegen. Aber wenn wir die heutigen kalten, unpersönlichen und damit letztendlich zerstörerischen Organisationsmaschinen überwinden wollen, brauchen wir sorgende, persönliche und regenerative Formen der Zusammenarbeit.

Selbstorganisation ist Vielfalt. Es gibt viele mögliche Strukturen und viele mögliche Praktiken und viele Kombinationsmöglichkeiten. Jede Variation hat Wirkung. Das beste Muster für eine stets komplexe Realität kann sich eine Organisation letztendlich nur evolutionär erarbeiten. Inspiriert durch Beispiele und auf der Basis von Prinzipien. Und organisiert durch Managementpraktiken. Wie das geht, das ist Inhalt der nächsten beiden Kapitel.

VI Menschliches Management: Heimat über Instrumentalisierung

Es geht in Unternehmen weniger darum, wer was verantwortet. Es geht eher darum, wie man sich begegnet.

Wir geben so viel auf durch die Art, wie wir heute managen. Weil wir Menschen zu einem Werkzeug in einem Projekt Fremder machen, sorgen wir dafür, dass sie sich von ihrer Arbeit entfremden. Besser zu managen, bedeutet, Arbeit Sinn zu geben und Menschen Verbindung. Letztlich heißt es, Menschen bei der Arbeit Heimat zu bieten. Weil Sinn und Verbindung nicht etwas sein sollten, was erst am Ende des Arbeitstages, wenn es schon dämmert, auf uns wartet.

Wie Management in grünen Unternehmen funktioniert, beantworte ich in diesem Kapitel wie gewohnt in drei Schritten. Der erste Abschnitt erläutert, was Management ist und wie es dazu kam. Der zweite erweitert den allzu simplen Blick des heutigen Managements auf den Menschen und liefert eine wesentlich bessere Erklärung für deren Verhalten in Unternehmen. Im dritten und letzten Teil werfen wir einen Blick darauf, wie in grünen Unternehmen agiert wird.

Management

Management ist der Teil einer Organisation, der sich mit der Beziehung zwischen Vorgesetzten und Mitarbeitern befasst. Management ist persönlich, es geht um Menschen. Das Wort stammt ab von den beiden lateinischen Wörtern *manus* (Hand) und *agiere* (handeln). Im Italienischen findet sich das Wort in *maneggiare* (handhaben) wieder. Management führt Hände. Gleichzeitig bedeutet *maneggiare* aber auch manipulieren – ein aus *manus* und *plere* (füllen) zusammengesetztes Wort. Management führt nicht nur Menschen, es hat auch Menschen in der Hand. Management ist die Handhabung von Menschen – das Ausüben von Macht und die Sorge um das, was sich in der Hand befindet. Beides.

Management umfasst Führung (Leadership), weil es unmöglich ist zu managen, ohne zu führen – und es umgekehrt unmöglich ist zu führen, ohne zu managen. Die Unterscheidung zwischen Management und Führung ist nur ein rhetorischer Kniff.

Ein Rebranding, das es erlaubt, die oftmals triste Realität des Managements auszublenden und in eine idealisierte Welt der hehren Absichten und wundersamen Fähigkeiten einzutreten:[160] Auf Management schimpft man – auf Leadership hofft man.

Wie wir heute managen, ist kein historischer Zufall. Es ist eher die Konsequenz aus einem historischen Zufall, des eigentümerdominierten Unternehmens. Dennoch hat auch Management eine Geschichte, der wir uns nun zuwenden. Anschließend werden wir uns anschauen, was die heutige Art zu managen mit Mitarbeitern macht und warum es Führungskräften so schwerfällt, besser zu managen.

Die Geschichte des Managements

Der Begriff Management ist, gemessen an der Geschichte der Menschheit, sehr jung, nämlich nur etwas über 100 Jahre alt. Trotzdem ist seine gesellschaftliche Bedeutung heute immens, und in den 100 Jahren hat sich gewandelt, was unter gutem Management verstanden wird. Die Ideengeschichte wird in Abbildung 20 anhand der Aufgaben beschrieben, die sechs einflussreiche Vordenker Managern zuschrieben.

Scientific Management *– Analyse –*	Administration *– Kontrolle –*	Management-lehre *– Entwicklung –*	Profundes System des Wissens *– Komplexität –*	Management-lehre *– Kontrolle –*	Komplexes Management *– Analyse –*
1911 Frederick W. Taylor	1916 Henri Fayol	1974 Peter Drucker	1992 William E. Deming	2000 Fredmund Malik	2013 Henry Mintzberg
Analysieren	Planen	Eine spezifische Funktion erfüllen	Denken in Systemen	Ziele setzen	Anderen helfen
Planen	Organisieren	Einen spezifischen Beitrag leisten	Wissend mit Unsicherheit umgehen	Organisieren	Auf allen Ebenen arbeiten
Spezialisieren	Anweisen	Beziehungen pflegen	Theoretische Kompetenz	Entscheiden	Strategie und Implementation formulieren und updaten
Zentralisieren	Koordinieren	Informations-fluss organi-sieren	Psychologisches Wissen über Menschen	Kontrollieren	Menschen engagieren
Steuern	Kontrollieren			Menschen entwickeln	Respekt verdienen

Abbildung 20: Sechs Sichten auf die Aufgaben eines Managers von 1911 bis heute

Der US-amerikanische Ingenieur Frederick Winslow Taylor ist in vielerlei Hinsicht der Vater gleich zweier Professionen, der Manager und der Unternehmensberater. Er beschrieb in seinem 1911 erschienenen Buch »Scientific Management«, wie Arbeit in

160 Mats Alvesson und Hugh Willmott (2012): Making Sense of Management: A Critical Introduction.

Teile zerlegt und wieder zusammengesetzt werden kann, sodass kluge Köpfe, Manager genannt, ungebildete Arbeiter effizient einzusetzen in der Lage sind.[161] Management war für Taylor wie der Bau und Betrieb einer Maschine. Man braucht zum Bau Analyse, Planung, Spezialisierung – und zum Betrieb Zentralisierung und Steuerung. Dies ist das System der Arbeit, das Charlie Chaplin 1936 in seinem Film »Modern Times« so trefflich als mechanisches Uhrwerk beschrieben hat.

Auch der zweite Managementvordenker, der Franzose Henry Fayol, war Ingenieur. Er war aber zum Zeitpunkt der Herausgabe seines Buches »Administration Industrielle et Générale« im Jahr 1916 schon 28 Jahre Direktor einer Steinkohlenmine[162] und beschrieb daher die Aufgaben eines Managers weniger aus der Sicht eines Ingenieurs auf Shopfloor-Ebene, so wie Taylor es tat, sondern eher aus der Sicht eines Topmanagers. Ein Topmanager plant, organisiert, kommandiert, koordiniert und kontrolliert. Das Analysieren und Spezialisieren von Arbeitsschritten überlässt er jemand anderem.

Springen wir jetzt in die fünfte Spalte, zur Beschreibung der Aufgaben des Managements von Fredmund Malik im Jahr 2000. Es fällt auf, dass die Sichtweise dieses im deutschsprachigen Raum einflussreichen Wirtschaftsprofessors aus St. Gallen in der Schweiz[163] fast deckungsgleich mit der von Fayol ist. Wirklich neu ist nur eine Aufgabe: Manager sollen Menschen entwickeln. Die anderen vier Aufgaben sind genau dieselben wie zu Fayols Zeiten fast hundert Jahre früher. Wenn man dann noch bedenkt, dass Menschen zu entwickeln in der betrieblichen Praxis meist auch nichts weiter ist als Setzen von Zielen, Organisieren von Lernmöglichkeiten, Entscheiden über Beförderung und Kontrollieren, dann wird deutlich, wie wenig die Managementlehre sich im letzten Jahrhundert entwickelt hat.

Dabei gab es Fortschritte. Sie konnten sich nur in der Praxis nicht durchsetzen. Zum Beispiel verkauften sich die sage und schreibe 35 Bücher, die der US-Amerikaner und österreichische Emigrant Peter Drucker in ebenso rekordverdächtigen 62 Jahren veröffentlichte, hervorragend.[164] Drucker verstand es, Management einen ethischen und menschlichen Anstrich zu geben, was Taylor und Fayol nicht verstanden hatten. Er schrieb Managern eine dienende Rolle für eine Gemeinschaft innerhalb und außerhalb des Unternehmens zu: Manager sollten spezifische Funktionen erfüllen, spezifische Beiträge leisten, Beziehungen pflegen und Informationsflüsse organisieren. Ganz im Geiste der

161 Frederick Winslow Taylor (1911): Scientific Management.
162 Henry Fayol (1916): Administration Industrielle et Générale.
163 Fredmund Malik (2000): Führen Leisten Leben.
164 Ein Überblick bietet Peter Drucker (2001): The Essential Drucker.

Nachkriegszeit schrieb Drucker von der umfassenden Verantwortung der Manager und nicht nur von Analytik (wie Taylor) und Funktion (wie Fayol). Für Drucker war Management mehr als eine betriebswirtschaftliche Aufgabe, es war auch eine gesellschaftliche.[165] Der Flirt der Managementlehre mit Ethik und Verantwortung endete aber in den 1980er-Jahren mit dem Aufkommen der neoliberalen Wirtschaftslehre Milton Friedmans und ihrer politischen Durchsetzung durch Ronald Reagan und Margaret Thatcher. Seitdem gilt: »The business of business is business.«[166]

Zur selben Zeit, in der Peter Drucker über Management schrieb, praktizierte Edward Deming seine Managementlehre. Dabei war Deming, dem Sie in diesem Buch im letzten Kapitel im Abschnitt über Agile Methoden schon begegnet sind, kein Wirtschaftswissenschaftler, sondern Professor für Statistik in New York, ein Spezialist auf dem Gebiet der Qualitätskontrolle. Als Verlegenheitskandidat wurde er zusammen mit einer Handvoll anderer Professoren im Jahr 1950 von der US-Regierung nach Japan entsandt, um dort den Wiederaufbau zu unterstützen. Renommiertere Wirtschaftswissenschaftler waren damals für diese Mission nicht zu finden. In den darauffolgenden Jahrzehnten trainierte und beriet Deming japanische Führungskräfte. Er lehrte sie allerdings mehr als Statistik und Qualitätskontrolle, nämlich den kompetenten Umgang mit Komplexität. Er forderte von Managern, so wie er es in späteren Jahren zusammenfasste, vier Punkte: das Denken in Systemen, einen wissenden Umgang mit Unsicherheit, theoretische Kompetenz und psychologisches Wissen über Menschen.[167] Demings Lehren hatten vermutlich keinen geringen Anteil daran, dass japanische Unternehmen ab den 1980er-Jahren ihre westlichen Konkurrenten weltweit ausstachen. Damals erschienen im Westen die Qualität japanischer Elektrogeräte und Autos sowie die Effizienz japanischer Betriebe nahezu unerreichbar. Es machte den Eindruck, als würde Amerika auf nichtmilitärische Weise von den Japanern erobert. Erst volkswirtschaftliche Faktoren in Japan und die Imitation der japanischen Industrie durch ihre westlichen Konkurrenten setzten der Erfolgsserie ein Ende.

Deming war ein Prophet, der zu Hause in den USA erst dann gehört wurde, als die japanischen die amerikanischen Unternehmen verdrängten. Dabei war seine Lehre einerseits keine Revolution: Er forderte von Managern einfach nur, wie schon Taylor vor ihm, eine bessere Analytik. Revolutionär war andererseits

165 Ähnlich schon früher bei Adolf Berle und Gardine Means (1932): s.o.
166 Milton Friedman (1970): A Friedman Doctrine. The Social Responsibility of Business is to increase its Profits, in: New York Times 13. September 1970.
167 Edward W. Deming, ebd.

die Verschiebung im Reich der Analytik: von den linearen Excel-Listen hin zur Stochastik der komplexen Systeme. Damit verankerte Deming Managementlehre in der Realität – nicht nur in der der nüchternen Zahlen, sondern auch in der menschlicher Beziehungen.

Demings Ideen finden sich, wie im letzten Kapitel schon angedeutet, in vielen auch heute noch praktizierten Ansätzen. Dazu gehören zum Beispiel Total Quality Management (TQM), Lean Manufacturing, Agile Softwareentwicklung oder DevOps (der heute vorherrschende Ansatz zur Entwicklung und zum Betrieb von komplexen IT-Systemen). Allerdings schrieb Deming nie ein Buch und überließ es anderen, seine Anschauungen zu entwickeln. Die aber übernahmen nicht die Essenz seiner Gedanken, weswegen viele der oben genannten Dinge oftmals nur Fragmente blieben. Deming begriff Management als komplexes System mit interdependenten, unsicheren Wechselwirkungen und nicht mehr als eine Liste von linearen vorhersehbaren Ursache-Wirkungs-Beziehungen. Deming sieht den Manager als einen Fachmann für Komplexität. Und diese Komplexität ist nicht nur die der Maschinen, sie ist auch die des Menschen. Der Idealtypus des Managers sollte laut Deming sowohl Komplexitätsfachmann als auch Systemingenieur und Psychologe sein. Er forderte damit sehr viel. Kennen Sie einen Manager, der den Anforderungen Demings genügt? Ich nicht. Dennoch halte ich diese für völlig berechtigt, denn es geht ja um einen Idealtypus.

Der letzte Managementspezialist in Abbildung 20, der kanadische Wirtschaftsprofessor Henry Mintzberg, hat es meines Erachtens geschafft, die, wie gesagt, sehr hohen Anforderungen Demings auf ein menschliches Maß einzudampfen, ohne die Essenz der Komplexitätskompetenz aufzugeben. Mintzberg publiziert jetzt schon 46 Jahre lang über Management. Seine Stimme hat Gewicht. Er fasste im Jahr 2013 die Aufgaben eines Managers in fünf Punkten zusammen:[168]

1. Manager sind wichtig, wenn sie anderen dabei helfen, wichtig zu sein.
2. Effektive Manager arbeiten auf allen Ebenen, nicht nur auf den obersten.
3. Manager formulieren Strategien und Implementationen; und sie updaten diese immer wieder.
4. Manager setzen die positive Energie von Menschen frei. Sie benutzen dazu ihre Urteilskraft und ihr Wissen über den Kontext, in dem sie wirken.
5. Führung ist eine vertrauensvolle Verbindung, die man sich durch die Gewinnung von Respekt von anderen verdient.

168 Henry Mintzberg (2013): Simply Managing, Kapitel 4.

Mintzbergs Liste bietet eine Synthese aller Vordenker des Managements. Wir finden bei ihm: die Analytik von Taylor, die Top-down-Perspektive von Fayol und Malik, die Ethik von Drucker und die Komplexitätskompetenz von Deming, die auch – das muss fairerweise gesagt werden – in den späteren Werken von Malik zu finden ist.[169] Für Mintzberg sind Manager Architekten, Pfleger und Weiterentwickler eines Systems. Was das System genau ist, wird dabei offengelassen. Allerdings geht es nicht mehr um das enge analytische System Taylors von 1911, sondern um eines, dass die ganze Komplexität der Realität sieht. Realität anzunehmen, bedeutet, die fachliche und menschliche Komplexität anzunehmen, die tatsächlich im Unternehmen vorhanden ist. Und diese kann weder geplant noch verfügt, sondern nur beobachtet und umsorgt werden.

So viel zur Ideengeschichte des Managements. Die Managementpraxis ist heute nicht auf dem Stande Druckers, Demings oder Mintzbergs. Sie ist noch immer im Jahr 1916 bei Fayol und Taylor. Die grobe Vereinfachung herrscht, weil all die Feinheiten der modernen Managementwissenschaft im Machtsystem der Managementhierarchie genau das sind: Feinheiten. Was zählt, ist Macht. Dies macht heutige Unternehmen für bessere Managementmethoden so unfruchtbar. Warum genau, erfahren Sie detailliert in den nächsten beiden Abschnitten.

Management und Mitarbeiter

Das Machtgefälle zwischen Manager und Mitarbeiter bestimmt das, was im Management möglich ist. Es prägt jedes Verhalten, jede Begegnung, was Menschen sagen, was sie tun, was sie unterlassen, was für Ängste und Hoffnungen sie haben, was sie lernen. Die übertriebene Machtasymmetrie in heutigen Unternehmen setzt Menschen einer ständigen Bedrohung aus. Damit entsteht unweigerlich Angst. Angst vor Entlassung, Zurücksetzung, Marginalisierung, Karriereknicks, schlechten Arbeitsbedingungen, Aggression, Entwürdigung. Sie führt ebenso unweigerlich dazu, dass der Machtarme sich gegen die jederzeit möglichen Übergriffe des Machtvollen wappnet – wie mit der »Exit, Loyality, Voice«-Theorie von Hirschmann im Kapitel III schon angerissen.

Hierarchie und Macht sind weder schlecht noch vermeidbar. Beide sind immer da, wenn Menschen zusammenarbeiten. Beide sind notwendig, damit Unternehmen ihre Ziele erreichen. Die Frage ist nicht, ob, sondern wie wir

169 Allerdings ist dieses Buch viel weniger bekannt als sein Bestseller »Führen Leisten Leben«. Fredmund Malik (2015): Navigieren im Zeitalter des Umbruchs.

Macht ausüben: Erlauben wir die Dominanz eines Menschen über einen anderen? Oder schaffen wir es, Macht so auszuhandeln, dass sie ihre koordinierende Kraft entfalten kann, ohne zu dominieren? Das Ziel muss sein, Macht auszuüben, ohne Freiheiten zu zerstören. Der französische Philosoph Michel Foucault drückt es so aus:[170]»Power is not an evil. Power is strategic games [...] It seems to me we must distinguish the relations of power as strategic games between liberties [...] and [...] domination.« Wir sollten das strategische Spiel, das alle Menschen in einem Unternehmen spielen, ändern. Von einem autokratischen in ein demokratisches Spiel.

Managementhierarchien machen Unternehmen zu einem Schlachtfeld der asymmetrischen Kriegsführung. Grüne Unternehmen machen Unternehmen zu einem demokratischen Projekt. Aber das Spiel mit der Macht bleibt in jedem Unternehmen wichtig. Und es ist dieses Spiel, das Management unabwendbar spielen muss. Es lohnt es sich deshalb, es besser zu verstehen. Daher habe ich in Abbildung 21 die drei Handlungsoptionen der Mitarbeiter im Modell von Hirschmann differenziert: in eine Strategie, die sie nach außen zeigen, und eine Strategie, die sie in ihrem Inneren verfolgen. Mit Macht konfrontiert, deklarieren Menschen ihre Strategien kaum offen. Sie wägen vielmehr ab, was sie nach außen offenbaren (Hauptstrategie), damit sie ihre eigentlichen Ziele (Hilfsstrategie) erreichen können.

		Hilfsstrategie		
		Loyalität	**Exit**	**Voice**
Hauptstrategie	**Loyalität**	Gehorsam (konstituierend)	Abtauchen (apathisch)	Kritische Loyalität* (konstruktiv)
	Exit	Dienst nach Vorschrift (apathisch)	Entzug	Verdeckte Opposition
	Voice	Kritische Loyalität** (konstruktiv)	Offene Opposition	Unruhestifter

Destruktiv

*die der Führungskraft gilt ** die dem Unternehmen gilt

Abbildung 21: Handlungsmuster von Mitarbeitern

Gehen wir die Handlungsmuster entlang der Hauptstrategie der Reihe nach durch. Loyalität ist das konstituierende Prinzip einer Managementhierarchie. Lo-

170 In seinem letzten Interview vor seinem Tod. Michael Foucault (1988): The Final Foucault.

yalität ist das, was Unternehmen brauchen, um zu funktionieren – und Loyalität gibt einem Mitarbeiter die größtmögliche Sicherheit, dass ein Vorgesetzter sich mit seiner Macht nicht gegen ihn wendet.

Je stärker aber die eigenen Motive des Mitarbeiters sind, umso wahrscheinlicher ist, dass er oder sie nicht vollständige Loyalität, sondern eine Kombination aus Loyalität und Exit wählt. Die nämlich erlaubt es Mitarbeitern, durch symbolische Loyalitätsbezeugungen (zum Beispiel lange Anwesenheit im Office, zustimmendes Nicken in Meetings, Verwenden der Worte des Chefs) oder das Abtauchen aus dem Sichtfeld des Chefs relativ sicher zu sein, aber trotzdem unterschwellig abweichende Ziele zu verfolgen. Je mehr Mitarbeiter Letzteres tun, desto mehr entziehen sie sich ihrem Chef. Sie werden damit aus Unternehmenssicht apathisch, die Worte des Chefs scheinen irgendwie nicht zu verfangen.

Nur einige wenige ergänzen Loyalität mit der Hilfsstrategie Voice. Kritische Loyalität ist zwar sehr nützlich für Unternehmen, aber es ist auch sehr gefährlich für Mitarbeiter, jemanden mit viel Macht zu kritisieren. Warum? Weil selbst wohlwollende Führungskräfte Schwierigkeiten haben, zwischen konstruktiver Kritik und Opposition zu unterscheiden. Gleichzeitig ist Kritik sehr anstrengend für alle Beteiligten. Nachfragen, Rechtfertigungen, Gegenangriffe – all das bietet viel Konfliktpotenzial. Es ist erheblich sicherer und bequemer, die Kombination Loyalität plus Exit zu wählen. Loyalität mag sogar moralisch geboten erscheinen: Wer bin ich schon? Habe ich wirklich das Recht und die Fähigkeit, an Vorgesetzten zu zweifeln? Ich werde doch für Gehorsam bezahlt.

Ist die Hauptstrategie eines Mitarbeiters Exit, entzieht er sich offensichtlich der Führungskraft. Er vertraut ihr nicht. Trotzdem ist die Hilfsstrategie Loyalität nützlich, denn Dienst nach Vorschrift kann reichen, um im Unternehmen zu verbleiben. Ein Mitarbeiter schränkt so seine Leistungen ein, ohne destruktiv zu sein. Destruktiv wird ein Mitarbeiter, wenn er eine der beiden anderen Hilfsstrategien wählt. Beim Exit kündigt er oder verweigert sich der Arbeit. Bei Voice arbeitet er verdeckt, also subversiv gegen seinen Chef.

Voice als Hauptstrategie ist selten. Ein Mitarbeiter wird diese nur in zwei Fällen wählen. Erstens, wenn er über ein verdecktes Machtpotenzial verfügt, zum Beispiel kaum ersetzbares Expertenwissen oder gute Beziehungen zu wichtigen übergeordneten Entscheidungsträgern hat. Dann ist es für ihn möglich, Voice über Loyalität zu stellen. Seine Loyalität gilt in diesem Fall weniger seinem Chef als dem Unternehmen als Ganzem. Es gibt solche Mitarbeiter, aber sie sind ebenso selten wie diejenigen, welche auf die Hilfsstrategie Exit setzen. Sie gehen in den Selbstzerstörungsmodus, opponieren offen und bestehen darauf, ihr eigenes Ding zu machen – ein Verhalten, das über kurz oder lang zur Entlassung oder Versetzung führt. Die letzte Strategiekombination (Voice-Voice) ist die der Unruhestifter. Sie sagen, was sie denken. Ohne Rücksicht auf Verluste. Auch diese Kombination hat keine große Zukunft.

Dass kaum jemand die Strategie Voice wählt, heißt nicht, dass niemand mehr etwas sagt – wie auch die Häufigkeit von Exit nicht bedeutet, dass Unternehmen apathisch erscheinen. Es heißt aber, dass alle Aussagen, die den Sprecher verletzbar machen würden, ausgefiltert werden und dass Aussagen von Mitarbeitern mit Informationen gespickt und mit Begriffen garniert werden, die den Mächtigen im Raum gefallen. In Unternehmen mit wenig Voice und viel Exit muss es keinesfalls still oder passiv zugehen. In ihnen gibt es immer jede Menge »gut temperierte« Aussagen und symbolische Aktivität. Hier steht im Vordergrund, den Schein zu wahren, nicht aber, die Wahrheit zu ergründen. Es geht um Aufführungen – um Businesstheater.[171]

Das strategische Spiel in einer Managementhierarchie führt dazu, dass die Mehrzahl von Mitarbeitern sich für die Strategie Loyalität-Exit entscheidet. Empirische Studien bestätigen dies. Die oben zitierte Gallup-Studie belegt jedes Jahr wieder, dass circa 85 Prozent aller Mitarbeiter eines Unternehmens sich als nicht oder nur mäßig engagiert bezeichnen. Es stellt sich also die Frage, was Führungskräfte tun können, damit Mitarbeiter häufiger die Kombination Loyalität-Voice und weniger den Exit wählen. Denn ohne Voice entsteht eine Kultur der Lügen, Halbwahrheiten und Scheuklappen. Menschen fangen an, die Aussagen von Führungskräften zu übernehmen und zu internalisieren, weil das Konflikte vermeidet. Und es ist komfortabler, nicht auf eine eigene Sicht der Dinge zu bestehen. Es tut aber keinem Unternehmen gut, wenn Menschen ihre Mitwirkung einschränken. Unternehmen wollen Loyalität und Voice, aber durch die Managementhierarchie ernten sie nur Apathie.

Management und Führungskräfte

Jede Führungskraft erlebt tagtäglich, wie Mitarbeiter agieren. Sie weiß um Loyalität und Illoyalität; sie weiß um Engagement und Exit; sie weiß vom Mut, den offene Worte erfordern, und von der Angst, die einen dazu treibt, still zu bleiben. Sie weiß von alledem, auch ohne das Modell Hirschmanns zu kennen.

171 Lars Vollmer (2016): Zurück an die Arbeit. Wie aus Business-Theatern wieder echte Unternehmen werden.

Es liegt in ihrem eigenen und dem betriebswirtschaftlichen Interesse des Unternehmens, dass möglichst viele Mitarbeiter die Strategiekombination Loyalität-Voice bevorzugen. Nur dann ist die Machtposition der Führungskraft gesichert, die Kompetenz der Mitarbeiter voll verfügbar und sind die Mitarbeiter engagiert. Viele Empfehlungen der klassischen Managementlehre sind dafür ausgelegt, dass mehr Mitarbeiter auf Loyalität-Voice setzen. Vorschläge wie zum Beispiel Delegation, Empowerment, Führung mit Vorbild, Führung auf Augenhöhe, Feedback. Empfohlen wird alles, was geeignet erscheint, Vertrauen zu schaffen. Aber die Bedrohung durch Machtasymmetrie bleibt bestehen. Daher ist der Kampf gegen Exit aussichtslos. Es ehrt Führungskräfte, wenn sie diesen Kampf führen, aber das System arbeitet gegen sie.

Warum ist das so? Weil die Bedingung, unter der Menschen sich öffnen, psychologische Sicherheit ist. William A. Kahn, ein amerikanischer Psychologe schreibt: »Psychologische Sicherheit ist das Gefühl eines Menschen, sich frei äußern zu können, ohne Angst, sich zu blamieren, ausgegrenzt, verspottet oder sonst in irgendeiner Form bestraft zu werden.«[172] Der Begriff stammt vom Psychologen Carl Rogers und wurde durch den Psychologen William A. Kahn und in jüngster Zeit von der US-amerikanischen Psychologin Amy Edmondson weiterentwickelt.[173] Psychologische Sicherheit ist unverzichtbar, damit Menschen gemeinsam lernen, kreativ sind, Innovation entsteht sowie Informationsfluss und Engagement gefördert werden. Ohne genügend psychologische Sicherheit distanzieren sich Menschen von dem, was im Unternehmen passiert, und wählen den Exit.

Psychologische Sicherheit ist nicht dasselbe wie Angstfreiheit. Sie ist eher wie Geborgenheit in einer Gruppe zu verstehen. Es handelt sich um das Gefühl, sich aufeinander verlassen zu können und nicht beschämt oder verletzt zu werden wegen dessen, was man sagt. Ängste haben da ihren Platz, aber nicht die Angst vor Herabwürdigung durch andere.

Unternehmen können nie wirklich vollständig psychologisch sicher sein. Sie sind immer auch Zwangssysteme, darauf angewiesen, ihre eigenen Ziele durchzusetzen. Auch ist eine vollständige Öffnung von Menschen nicht wünschenswert. Sie würde zu verletzlich machen. Vollständige psychologische Sicherheit gibt es nur beim Therapeuten. In Unternehmen geht es daher um gegenseitigen Respekt, Wertschätzung und einen würdevollen Umgang miteinander. Die entscheidende

172 William A. Kahn (1990): Psychological Conditions of Personal Engagement and Disengagement from Work, in: Academy of Management Journal. 33 (4): 692–724.

173 Amy Edmondson (2012): Teaming: How Organizations learn, innovate and compete in the Knowledge Economy.

Frage ist: Kann ein Manager trotz hoher Machtasymmetrie einen hinreichend psychologisch sicheren Raum schaffen? Ich halte das für unwahrscheinlich, weil ihr oder ihm sieben Hürden im Wege stehen, wie Abbildung 22 zeigt.

	Hürde (aus der Sicht des Chefs)	**Beschreibung**
1	**Persönliche Disposition**	Ist eine Führungskraft in der Lage, mit der Angst, Verletzlichkeit und Scham anderer umzugehen?
2	**Bedrohung**	Kann eine Führungskraft Machtasymmetrien zudecken, um weniger bedrohlich zu erscheinen?
3	**Aufmerksamkeit**	Kann eine Führungskraft sich dazu bringen, Mitarbeiter genügend Aufmerksamkeit zu widmen?
4	**Rollenreproduktion**	Kann eine Führungskraft verhindern, dass Menschen die Rollen einnehmen, in die sie die Managementhierarchie drängt?
5	**Übersensibilität**	Führungskräften fällt es – selbst bei Nichthandeln – schwer, fair zu erscheinen.
6	**Unkenntnis**	Gute Führung ist vor allem Zufall. Kaum System.
7	**Täuschende Einfachheit**	Führung ist einfach, weil Menschen den Mächtigen folgen. Aber gute Führung, solche die Voice produziert, ist sehr schwer.

Abbildung 22: Die sieben Hürden auf dem Weg zur psychologischen Sicherheit

Die erste Hürde: Kaum jemand wird aufgrund seiner großen Kompetenz, mit Angst, Verletzlichkeit und Scham anderer umzugehen, Manager. Schon diese Hürde ist so hoch, dass ich mir die Aufzählung der nächsten sechs Punkte schenken könnte. Aber nehmen wir mal an, dass, zum Beispiel durch Leadership Training, zumindest ein gewisses Niveau an Feingefühl erreichbar wäre.

Die zweite Hürde ist die verdorbene Situation selbst: Keine Begegnung von Manager und Mitarbeiter erfolgt auf Augenhöhe. Manager sind für Mitarbeiter bedrohlich. Mitarbeiter sind von ihren Chefs abhängig. Der Chef führt Aufsicht. Es ist sein Job, Mitarbeiter zu beobachten, sie zu beurteilen, zu belohnen und zu sanktionieren. Egal wie eine Führungskraft führt, allein die Stellenbeschreibung des Chefs macht sie oder ihn bedrohlich. Der Chef ist Ankläger, Richter und Henker zugleich. Alles, was eine Führungskraft machen kann, ist, diese Bedrohung zu kaschieren. Aber das ist ein langwieriges und schwieriges Unterfangen, weil Vertrauen nur langsam gewonnen, aber schnell verspielt werden kann.

Die dritte Hürde: Für einen Manager sind die Mitarbeiter einfach nicht so wichtig wie der eigene Chef. Die Mitarbeiter stellen keine permanente Bedrohung da – aber der eigene Chef schon. Die Aufmerksamkeit geht in Managementhierarchien nach oben, nicht nach unten. Ein gutes Verhältnis zum Chef ist zwingend.

Ein gutes Verhältnis nach unten ist optional. Managementhierarchien machen Führungskräfte sensibel für das, was über ihnen passiert, und indifferent in Bezug auf das, was unter ihnen vor sich geht.

Die vierte Hürde ist soziologischer Art: Die Managementhierarchie drängt Führungskräfte und Mitarbeiter in die für sie vorgesehenen Rollen. Wohlwollende Führungskräfte nehmen schnell die Elternrolle ein und Mitarbeiter die Rolle des Kindes.[174] Formulierungen wie »meine Mitarbeiter« sind typisch für diese Rollenverteilung – Elternteil und Schutzbefohlener. Das Bestreben, Mitarbeiter vor Unbill zu schützen, die ihnen im Rest des Unternehmens drohen könnte, ist ebenfalls typisch. Die Einnahme der Rollen erfolgt instinktiv, da alle diese kennen und verstehen. Es sind schließlich dieselben, die jede Familie prägen. Erwachsene, die Kinderrollen einnehmen müssen, wählen nicht Voice, sondern Exit. Der US-Ökonom Keith Boulding drückt das so aus:[175]»Der Organisator, der Rollen schafft, erschafft damit auch die Personalität eines Menschen.« Organisationssysteme produzieren Persönlichkeit, während Managementhierarchien Menschen in einer kindlichen Rolle belassen – gerade auch, weil Führungskräfte es allzu verständlicherweise als ihren Job ansehen, Mitarbeiter zu beschützen und zu belehren. Entmündigte Mitarbeiter können folgsam sein, aber sie sind selten kritisch oder eigenverantwortlich. Entmündigte Menschen verlieren den Glauben daran, dass es ihr Job ist, sich ihres eigenen Verstandes zu bedienen.

Die fünfte Hürde: Das ist die Übersensibilität der Mitarbeiter für alles, was von oben kommt. Mit einem Übermaß an Macht konfrontiert, reagieren Mitarbeiter sehr empfindlich auf alles, was der Chef sagt und macht. Mehr noch: Sie reagieren auch auf das, was eine Führungskraft nicht macht. Die versäumte Abstimmung über ein Thema, jemanden nicht zu einem Meeting eingeladen zu haben, eine fehlende Geste der Anerkennung: Menschen sind zutiefst moralische Wesen, und jede Kränkung ihres Empfindens für Fairness hat reale Folgen. Die große Machtdifferenz macht Mitarbeiter so sensibel, dass selbst kleine Unterlassungen wie eiskaltes Wasser auf blank liegende Zahnnerven treffen können. Jeder Mitarbeiter hat bestimmte, oftmals auch unausgesprochene Erwartungen an seinen Chef. Werden diese Erwartungen, ganz egal ob durch Handlung oder Nichthandlung, enttäuscht, geht Vertrauen verloren. Auch empathische, rücksichtsvolle Chefs können daran verzweifeln, dass schon kleine Unterlassungssünden genügen,

174 Peter Block (1993) Stewardship: Choosing Service over Self-Interest.
175 Kenneth E. Boulding (1953) The Organizational Revolution: A Study in the Ethics of Economic Organization.

um Menschen in den Exit zu treiben. Vertrauen wird in Managementhierarchien ständig verletzt, weil Führungskräfte gar nicht ahnen können, was Mitarbeiter von ihnen wollen, und Mitarbeiter aufgrund der Machtasymmetrie, wie gesagt, übersensibel sind für alles, was von oben kommt.

Die sechste Hürde: Kaum eine Führungskraft weiß, ja Führungskräfte können nicht wissen, was gute Führung überhaupt ist – geschweige denn, dass die etwas mit psychologischer Sicherheit zu tun hätte. Das ist nur allzu verständlich, denn obwohl in den letzten Jahrzehnten massenhaft zum Thema Führung publiziert wurde, ist das allermeiste pseudowissenschaftliche Motivationsliteratur. Eindrucksvoll hat dies der Stanford-Ökonom Jeffrey Pfeffer in seinem 2015 erschienenen Buch »Leadership BS: Fixing Workplaces and Careers one Truth at a Time« beschrieben.[176] Nach Pfeffer ist fast alles, was über Führung geschrieben und gelehrt wird, Quacksalberei – unwissenschaftlich, meist wirkungslos und oftmals schädlich. Seriös sind Formulierungen wie die von Mintzberg in Abbildung 20. Aber diese sind leider so allgemein, dass sie kaum nützlich erscheinen. Natürlich gibt es mehr oder weniger zielführende Wege, mit Mitarbeitern umzugehen, aber zu deren Unterscheidung reicht Common Sense völlig aus. Zum Beispiel sind Verlässlichkeit, Konsequenz und Klarheit gute Eigenschaften für einen Anführer – aber das ist trivial. Zu der Unsicherheit, was gute Führung überhaupt ist, kommt noch etwas hinzu: Es ist wenig erfolgversprechend, an das Wohlverhalten von Managern zu appellieren, wenn doch das, was in den Köpfen der Führungskräfte vor sich geht, vor allem von dem Spiel geprägt ist, in dem sich Manager und Mitarbeiter befinden.

Die siebte und letzte Hürde: Führung innerhalb einer Managementhierarchie ist täuschend einfach – und gleichzeitig übermenschlich schwierig. Sie ist einfach, weil Menschen durch die Inthronisierung als Manager mit so viel Macht ausgestattet werden, dass ihnen die Mitarbeiter wie von selbst folgen. Und sie ist zugleich extrem anspruchsvoll, da selbst talentierte Führungskräfte es kaum vermeiden können, ihre Mitarbeiter in den Exit zu treiben – gerade deshalb, weil sie mit allzu viel Macht ausgestattet sind. In Managementhierarchien haben Führungskräfte nur die Möglichkeit, kritische Loyalität zu erzeugen, wenn sie über einen langen Zeitraum zu übermenschlicher Selbstbeherrschung fähig sind und über hervorragende kommunikative, soziale und psychologische Fähigkeiten verfügen. Nur dann kann trotz des Machtungleichgewichts psychologische Sicherheit entstehen. Aber es reicht ein Fehltritt oder eine kleine Unterlassungssünde eines Vorgesetzten, und psychologische Sicherheit wird zerstört.

176 Jeffrey Pfeffer, ebd.

Ich fasse zusammen: Gute Führung kann das, was die Managementhierarchie verdirbt, nicht retten. Das System erzeugt unablässig Exit, nicht Engagement und kritische Loyalität. Egal wie sehr sich Führungskräfte mühen, das System setzt sie einem unerbittlichen Gegenwind aus. Wer in diesem System Mitarbeitern »Du bist hier sicher« signalisiert, wird von diesen wie ein Alien betrachtet, der nach der Landung auf der Erde verkündet: »Wir kommen in Frieden.«

Die heutigen Managementhierarchien sind ein Produkt der industriellen Revolution. Sie wurden nicht für psychologische Sicherheit erfunden. Sie wurden erfunden, um Menschen für Maschinen verfügbar zu machen. Ein grünes Unternehmen braucht aber den Diskurs zwischen mündigen Mitarbeitern auf Augenhöhe, weil es nur so möglich ist, die komplexen Probleme, die mit großen Missionen verbunden sind, zu lösen. Grüne Unternehmen brauchen mehr Mitstreiter, als dass sie Untertanen brauchen.

Führung ist jedoch auch in grünen Unternehmen notwendig. Allerdings eine Art von Führung, die es der Führungskraft erlaubt, für andere zu entscheiden, ohne deren Stimmen zum Schweigen zu bringen. Wie das funktionieren kann, das betrachten wir im Rest dieses Kapitels.

Eine Taschentheorie des Menschen in Unternehmen

Ausgangspunkt eines Organisationssystems, das Denken und Handeln von Menschen nicht verstümmelt, muss eine Theorie des Menschen in Unternehmen sein. Dazu wiederum drei Schritte: Zunächst rekapitulieren wir, wie die Managementlehre heute den Menschen sieht. Dadurch wird klar, welche seiner Teile aus dem Unternehmenskalkül entfernt worden sind. Als Nächstes hinterfragen wir, was die Sicht auf Menschen im Unternehmen so besonders macht – und welche Chancen sich daraus ergeben. Zum Abschluss präsentiere ich Ihnen eine umfassende (Taschen-)Theorie des Menschen in Unternehmen.

Motivationspatchwork

»Arbeit wird fast immer zu einer Plattform des selbstgerechten Moralisierens.«
David Whyte[177]

Warum denkt und handelt ein Mensch so, wie er denkt und handelt? Um ein Unternehmen gut zu organisieren, ist das die vielleicht wichtigste Frage. Jeder hat seine eigene Erklärung dafür, warum Menschen sich so verhalten, wie sie es tun. Psychologen kennen die differenziertesten Erklärungen. Und Manager? Tja, die kennen vor allem die Modelle, die ihnen beigebracht worden sind. Zweien dieser Modelle, die Managementlehre nennt sie Motivationstheorien, widmen wir uns nun.

Das erste Modell ist der Klassiker aller Motivationstheorien: die aus dem Jahr 1954 stammende Maslow'sche Bedürfnispyramide. Sie unterscheidet fünf Stufen: Grund-, Sicherheits-, Sozial-, Wertschätzungs- und Selbstverwirklichungsbedürfnisse. Die heute häufigste Interpretation von Maslow ist, dass erst die Bedürfnisse der unteren Ebene erfüllt werden müssen, damit die Bedürfnisse der oberen Ebene zum Tragen kommen. Das klingt zunächst einmal logisch. Um es mit einem Zitat von W. H. Auden auszudrücken: »Tausende haben ohne Liebe gelebt, aber niemand ohne Wasser.«[178] Das Problem ist nur: Maslow hat gar kein Stufenmodell beschrieben, sondern ein feinsinniges Modell der Interdependenz aller Ebenen. Es gibt keine Stufen, keine Sequenz der Bedürfnisse: Er beschreibt ein Netzwerk an Bedürfnissen und keine Pyramide. Maslows Modell ist differenziert und komplex. Es ist ein Modell der Entfaltung von Menschen und eben keine mechanistische Bedürfnissequenz. Nur: Keiner interessierte sich für die Details, sodass Maslows Werk die ersten Jahre kaum gelesen wurde. Erst nachdem jemand seine Theorie als Pyramide gezeichnet und erklärt hatte, startete der Siegeszug ebender »Maslow'schen Bedürfnispyramide« in der Betriebswirtschaft – in einer amputierten und sinnenstellenden Form.[179]

Diese Vereinfachung hat bis heute verheerende Folgen. Sie erlaubte Ökonomen und Managern, viele Bedürfnisse von Menschen weitgehend zu ignorieren. Das Stufenmodell erklärt Selbstverwirklichung zum »Tüttelüt«. Es suggeriert, dass es in Ordnung sei, alle Überlegungen zu »höheren« Ebenen zu

177 »Work almost always becomes a platform for self-righteous moralizing.« David Whyte, ebd., S. 136.

178 W. H. Auden (1997): The Complete Work of W. H. Auden.

179 Todd Bridgman; Stephen Cumming (2020): A very short, fairly interesting, and reasonably cheap book about Management Theory.

ignorieren. Es erlaubt Wirtschaft, nur auf das Brot zu schauen und den Blick auf die Moral auf einen fernen Tag zu verschieben. Wer heute Wertschätzung will, soll sich einen Hund kaufen. Wirtschaft kümmert sich um die wahren Probleme! Diese bilden das Fundament der Pyramide, und deswegen reicht es, dass Unternehmen Grundversorger sind, nämlich die materiellen Bedürfnisse stillen. Schon für die zweite Stufe, das Bedürfnis nach Sicherheit erklären sich Unternehmen als nicht zuständig.

Wirtschaft fokussiert so das Leben jedes Menschen auf ein Fünftel seiner Existenz. Sie richtet sein Leben auf die Produktion aus – ganz egal wie es ihm in eben-dieser ergeht. Schon das ist verrückt, weil es das Leben bei der Arbeit verleumdet, obwohl Menschen die meiste Zeit ihres Lebens genau dort verbringen. Arbeit sollte doch dem Menschen dienen und nicht die Menschen der Arbeit, oder?

Aber es kommt noch dicker: Der Beitrag all der Dinge, die produziert werden, zur menschlichen Entfaltung ist eher marginal. Wie sehr entfalten SUVs, der Urlaub in Thailand oder das neueste Smartphone einen Menschen? Nicht nur der Bedarf der Menschen an Muße, Gemeinschaft, Sorge, Rücksicht, Sinnempfinden und Selbstwirksamkeit wird so aus dem System ausgeklammert, auch wird die eigene Identität auf die schmale Facette begrenzt, die halt Konsumgüter bieten können.

Die heute noch gelehrte Verstümmelung von Maslow ist so etwas wie die wirtschaftliche Legitimation der Nutzung des Menschen als Zahnrad. Sie ist ein Teil der Maschinerie, die den Weg zum Untergang mit guten Absichten pflastert. Die es nicht einsieht, sich um etwas Höheres als Wachstum und Konsum zu kümmern. Die Erfüllung der höheren Bedürfnisse des Menschen werden so auf den Sankt-Nimmerleins-Tag verschoben werden – auf den Tag, an dem alle unermesslich reich sind.

Auch die zweite Theorie, die ich Ihnen in diesem Abschnitt vorstellen möchte, kommt heute in den Köpfen der Manager nur in ihrer verstümmelten Form vor. Die Selbstbestimmungstheorie (englisch »Self-Determination Theory«, kurz SDT) teilt die Bedürfnisse von Menschen in drei Kategorien ein: das Streben nach Kompetenz, das Streben nach Verbindung und das Streben nach Autonomie. Populär wurde aber diese in den 1980er-Jahren von den US-amerikanischen Psychologen Edward L. Deci und Richard Ryan entwickelte Theorie in der Managementszene erst ab dem Jahr 2009, nämlich durch das Buch »Drive« des US-amerikanischen Juristen Daniel Pink. Pink nahm sich allerdings erhebliche Freiheiten heraus. Er benannte zwei der drei Faktoren, die ihm allzu humanistisch erschienen, kurzerhand um, damit seine Story über eine dreißig Jahre alte Theorie der Psychologie den Business-Lesern in den Dotcomjahren besser schmeckte. So wurde aus Kompetenz »Mastery« – ein Begriff, der nach Perfektion und Sorgfalt klingt. Gemeint ist in der SDT aber eher Selbstwirksamkeit – »the pleasure of being the cause«[180] –, das Bedürfnis eines Menschen, die Ergebnisse seiner Arbeit selbst bestimmen zu können. Aus Verbindung wurde »Purpose« – ein Begriff, der von Managern leicht als beflissene Zielstrebigkeit gelesen werden kann. Die Theorie meint aber mit Verbundenheit den Willen, miteinander zu interagieren, sich zu verbinden, und das Erlebnis, sich um andere zu sorgen. Nur den dritten Motivationsfaktor, die Autonomie, beließ Pink so, wie er war. Aber er deutete ihn neu, nämlich als das Bestreben nach Unabhängigkeit jedes einzelnen Menschen – und nicht als das Bestreben von Menschen, nicht dominiert zu werden und sich frei entfalten zu können. So geriet sein Buch zu einem Loblied auf die unternehmerischen Tugenden des Silicon Valleys. Pink beschwor den Homo oeconomicus, den rationalen, selbstsüchtigen Menschen neu: als kompetenten, beflissenen Einzelkämpfer. Dagegen meint SDT den selbstwirksamen, freien und sozial integrierten Menschen. Aber Pink wusste offensichtlich, was sich verkauft und was nicht.

Diese beiden Motivationstheorien stehen stellvertretend für viele andere, oft komplexe psychologische Modelle, die von der Managementlehre um ihre humanistischen Inhalte gebracht worden sind. Schlimm ist nicht, dass damit vereinfacht wird, denn das muss eine angewandte Wissenschaft unweigerlich tun. Mein Vorwurf ist, dass Managementlehre die höheren Motive des Menschen ignoriert, damit sie ihre »Erkenntnisse« besser verkaufen kann. Sie tut so, als seien Menschen rationale Selbstoptimierer sowie soziale und ethische Motive nicht vorhanden oder nicht maßgeblich. So haben heutige Führungskräfte, ob jung oder alt, amputierte, sinnentstellte Fantasiemodelle im Kopf, wenn sie aus dominanter Position heraus mit Menschen umgehen. Das ist für keinen der Beteiligten gesund, für Unternehmen leistungsschädlich und für die Gesellschaft zerstörerisch. Wie gut kann Wirtschaft für Menschen sein, wenn sie auf einem amputierten Bild des Menschens beruht?

Glücklicherweise hat die Wirtschaftswissenschaft in Sachen Menschenbild mehr zu bieten als Motivationstheorien – vor allem die Verhaltensökonomie.

180 »The Pleasure of being the cause« – frei nach Karl Groos (1901): The Play of Man, S. 99.

Das Handwerk der Problemlösung

Verhaltensökonomie (englisch Behavorial Economics) untersucht das Verhalten von Menschen in wirtschaftlichen Situationen. Über die Jahre hat sie rund 200 Verzerrungen (»Biases«) entdeckt.[181] Damit sind Abweichungen von dem, was ökonomisch rational wäre, gemeint. Zum Teil geht es dabei um höchst Unterhaltsames wie zum Beispiel den Dunning-Kruger-Effekt. Der besagt, dass Menschen ihre Kompetenz auf einem Gebiet umso höher einschätzen, je inkompetenter sie in diesem Bereich tatsächlich sind. Oder der Anchoring Bias, der bewirkt, dass sich selbst erfahrene Richter davon leiten lassen, welches Strafmaß ein Zufallsgenerator empfiehlt. Dieser Effekt erklärt teilweise sogar bis zu fünfzig Prozent des von ihnen Verkündeten.[182] Dabei wissen die Richter nicht, von wem die Empfehlung kommt. Allein, dass ein Strafmaß genannt wird, beeinflusst ihr Entscheidungsverhalten. Oder die Loss Aversion, die Überbetonung von Verlusten, die Menschen selbst Deals ablehnen lässt, die sie über die Zeit um ein Vielfaches reicher machen würden, nur weil sie im Hier und Jetzt bestrebt sind, bloß nichts zu verlieren.

Diese Verzerrungen sind mehr als obskure Randthemen der Ökonomie. Sie erschüttern das ganze Gedankenmodell der Wirtschaftswissenschaft, weil eben Menschen weder bei großen noch bei kleinen, tagtäglichen Entscheidungen rein rational handeln, sondern immer auch emotionale, soziale und kulturelle Faktoren eine Rolle spielen. So hat die biologische Evolution das menschliche Hirn über Hunderttausende von Jahren ausgestattet. Nicht ohne Grund haben sowohl der Ökonom und Politologe Herbert Simon im Jahr 1978 als auch die israelischen Psychologen Daniel Kahneman und Amos Tversky im Jahr 2002 jeweils den Nobelpreis für ihre grundlegenden Arbeiten über kognitive Verzerrungen erhalten.

Die Frage, wann Menschen ökonomisch rational entscheiden und wann nicht, ist für die Organisation von Unternehmen selbstverständlich elementar wichtig. Unternehmen sollten idealerweise vor rationaler Problemlösungsfähigkeit nur so strotzen. Nur ist es leider so, dass die Managementhierarchie die wahrscheinlich anfälligste Organisationsform ist, was kognitive Verzerrungen betrifft. Der Königsweg zur Entzerrung (»De-biasing«) von Entscheidungen

181 Eine Übersicht gibt der Cognitive Bias Codex, siehe Grafik auf: https://de.wikipedia.org/wiki/Kognitive_Verzerrung, Zugriff am 14.12.2023.

182 Gretchen B. Chapman, Brian H. Bornstein (1996): The More You Ask For, the More You Get: Anchoring in Personal Injury Verdicts. In: Applied Cognitive Psychology. Band 10, Nr. 6.

ist, wissenschaftlich gesehen, die Prozessierung von Entscheidungen im Diskurs – zum Beispiel durch Praktiken, wie ich sie im letzten Kapitel beschrieben habe. Selbstorganisierte Unternehmen sind, weil Menschen sich in ihnen sehr viel mehr miteinander beraten, viel weniger von kognitiven Verzerrungen betroffen. Eben weil in ihnen mehr Probleme zusammen gelöst werden als von einem einzigen Entscheidungsträger.

Problemlösung ist etwas, bei dem sich die Interessen von Unternehmen und Menschen treffen. Der Psychologieprofessor Gerald Hüther hält den Menschen gar für einen »natürlichen Problemlöser«. Wir lieben es so sehr, Probleme zu lösen, dass wir gar nicht damit aufhören können und uns sogar in unserer Freizeit welche suchen. Jeder, der ein Hobby betreibt, ob Gärtnern oder Gaming, verspürt diese Lust auf Probleme und Problemlösung. Problemlösung ist ein Teil des Lebens, und sie macht uns Spaß, weil wir im Laufe der Evolution darauf getrimmt worden sind.

Nun verfügen Unternehmen über einen wunderbar reichen Vorrat an Problemen. Ein Betrieb müsste also lediglich dafür sorgen, dass Mitarbeiter sich aus diesem Vorrat bedienen können. Er müsste dazu ermutigen, Probleme anzugehen. Heutige Unternehmen sind aber gerade dafür nicht ausgelegt. Sie sind für Ausführung, nicht für Problemlösung optimiert. Probleme und Lösungen werden an höheren Stellen benannt, untere Ebenen setzen die Pläne der Führung dann nur um. Die Masse der Mitarbeiter wird weder dazu ermutigt noch befähigt, sich aus dem Stapel der Probleme des Unternehmens welche herauszunehmen. Probleme werden zugewiesen.

Heutige Unternehmen monopolisieren Probleme: Jede Stelle einer Hierarchie hat ihr »privates« Problem. Jede denkt allein, manche führen aus, keiner denkt mit. So werden alle Mitarbeiter sorglos, was die Probleme der anderen angeht. Ich halte das für einen fundamentalen Konstruktionsfehler, weil komplexe Probleme nicht mit Exekution zu lösen sind, sondern nur mit ständiger Achtsamkeit und Anpassung. Aber wie entsteht Achtsamkeit für die Probleme eines Unternehmens in jedem einzelnen Mitarbeiter? Wann sind Mitarbeiter bereit, mehr zu machen, als nur das auszuführen, was ihnen aufgetragen wird? Diese Fragen klärt ein verhaltenstheoretisches Modell, dem wir uns nun zuwenden.

Eine Taschentheorie der Problemlösung

»Es ist Aufgabe der Ökonomie, Bedingungen dafür herzustellen, dass moralisches Handeln auch ohne Heldentum, also ganz alltäglich und für alle Menschen möglich ist.«
Markus Gabriel[183]

»Nichts ist so praktisch wie eine gute Theorie« ist ein Zitat, das oft mit Kurt Lewin, einem der großen Organisationspsychologen des 20. Jahrhunderts, in Verbindung gebracht wird. Die nachfolgende Theorie ist eine Theorie in Lewins Sinne. Sie ist eine Taschentheorie. Eine Theorie, die den Praktikern hilft, ohne sinnentstellend zu vereinfachen. In der Literatur konnte ich keine Theorie finden, die die Frage beantwortet, was Unternehmen zu optimalen Problemlösern macht. Ich habe daher in Abbildung 23 sechs verschiedene Theorien zu einer Taschentheorie zusammengebunden.[184] Das Modell zeigt, wie Probleme in Unternehmen verarbeitet werden.[185]

Abbildung 23: Eine Taschentheorie der Problemlösung in Unternehmen

Das Modell listet in der ersten Spalte alle Faktoren auf, die darüber bestimmen, ob ein Mitarbeiter ein Problem sehen und lösen kann und will. Für das Können

183 Markus Gabriel (2020): Moralischer Fortschritt in dunklen Zeiten, S. 46.
184 Welche sind: Avner-Ben Ner und Louis Puttermans »Drei-Faktoren-Theorie« der Motivation, ebd.; Albert Hirschmanns »Exit, Loyality, Voice« Theorie, ebd.; Chip Heath et al. (1998): Cognitive Repairs: How Organizational Practices Can Compensate for Individual Shortcomings. In: Research in Organizational Behavior 20, S. 1–37; Lisa Herzogs »Moral Scaffolding« in Lisa Herzog (2018): Reclaiming the System; und Karl Weick und K. Suthcliffe (2001): ebd.
185 Ein ähnliches, aber komplexeres Modell ist das »Garbage Can Model« von Entscheidungen. Michael D. Cohen, James G. March, Johan P. Olsen (1972): A Garbage Can Model of Organizational Choice. in: Administrative Science Quarterly. Band 17, Heftnummer 1, 1972, S. 1–25.

braucht er kognitive und fachliche Fähigkeiten, für das Wollen Motivation. Hier finden Sie die schon im Kapitel III erläuterte »Drei-Faktoren-Theorie« der Motivation. So weit sind das alles Selbstverständlichkeiten: Die individuelle Fähigkeit und Motivation jedes einzelnen Mitarbeiters bestimmen, welche Probleme ein Unternehmen zu lösen in der Lage ist.

Entscheidend ist, was ein Unternehmen tut, um die individuelle Disposition von Mitarbeitern, ein Problem anzugehen, zu erhöhen. Chip Heath, ein in Stanford lehrender Professor für Organisation, nennt dies die »Organisatorischen Reparaturen«. Das sind all die Dinge, die ein Unternehmen machen kann, um Mitarbeiter dabei zu fördern, Probleme zu sehen und zu lösen. Durch die Art, wie ein Unternehmen organisiert ist, repariert (oder beschädigt) es die Fähigkeiten und Motive eines Mitarbeiters. Aus den Arbeiten der Gruppe von Organisationsforschern, aus denen ich die Taschentheorie entwickelt habe, konnte ich sechs wesentliche Reparaturen extrahieren:

Die erste Reparatur, die Unternehmen bezüglich der Fähigkeit und Motivation von Mitarbeitern, sich Problemen anzunehmen, machen können: Reduzierung der Angst, also Sorgen für psychologische Sicherheit. Letztere entscheidet darüber, ob ein Mitarbeiter vor einem Problem davonläuft oder es lösen will. Angst macht den Unterschied zwischen Exit und Voice, also auch zwischen den Problemen, die gelöst werden, und denen, die bleiben, weil sie nicht angesprochen werden.

Die zweite Reparatur: den Handlungsraum von Mitarbeitern nicht allzu klein »schneiden«. Hat ein Mitarbeiter überhaupt das Mandat, aktiv zu werden? Wird es von ihm erwartet, aktiv zu werden? Wenn das Mandat eines Mitarbeiters schmal geschnitten ist, wie in einem Job in einer Managementhierarchie, wird er sich seltener eines Problems annehmen, als wenn sein Mandat breiter gefasst ist wie in einem selbstorganisierten Unternehmen.

Die dritte Reparatur: die Kognition, also den Prozess des Denkens, verbessern. Das geht mit Praktiken. Mit solchen, wie entschieden wird, wie zum Beispiel – alle im letzten Kapitel vorgestellt – dem Advice Process, dem Wählen-aus-der-Mitte und Konsent-Entscheidungen. Es geht auch mit Meetingpraktiken, die fördern, dass jeder Teilnehmer seine Meinung einbringt oder Probleme aus verschiedenen Perspektiven gesehen werden. Und mit »All there is to know«-Informationspraktiken, die dafür sorgen, dass niemand mehr allein auf seinen Job reduziert wird (»All you need to know«).

Die vierte Reparatur: die Chance maximieren, dass Mitarbeiter positive Verhaltensweisen von anderen kopieren können. Für Menschen ist Imitation die sicherste, schnellste und bequemste Art zu lernen. Während kognitive Reparaturen etwas mit bewusster mentaler Anstrengung zu tun haben, erspart Imitation Menschen, sich Fragen zu stellen. Unternehmen, die positive Verhaltensweisen zur Schau stellen, wie es zum Beispiel Buurtzorg mit seinen verschiedenen Ranglisten von Teams macht, beschleunigen Imitation und damit Lernen und Wandel. Die drei Grundprinzipien der Selbstorganisation – freie Assoziation, mehr innere Ordnung und Nähe – fördern Imitation, sodass sich Best Practices schnell ausbreiten.

Die fünfte Reparatur: dafür sorgen, dass sich Menschen mit Würde und Respekt begegnen. Die Praktiken eines Unternehmens bestimmen, ob ein Mitarbeiter sich als würdig oder unwürdig behandelt empfindet. Wer sich nicht gesehen, ohnmächtig oder ausgeschlossen fühlt, reagiert und schlägt zurück, zum Beispiel durch Exit. Die Frage der Würde ist nicht nur eine Frage der Ethik – sie ist auch eine Frage der Effizienz.

Die sechste und letzte Reparatur an der Problemlösungsfähigkeit von Menschen, die Unternehmen durchführen können: Werte vertreten, die dafür stehen, dass es gut ist, Probleme zu sehen und anzupacken, und dass es gut ist, sich zu sorgen. Wenn ein Unternehmen solche Werte zeigt, bietet es Orientierung. Menschen internalisieren Werte und messen sich gegenseitig an ihnen. Sie beginnen, diese Werte von sich und anderen zu fordern. Das wirkt unheimlich, aber auch Unternehmen, die keine Werte formen wollen, tun das. Sie formen dann eben die Werte des Status quo, des »the business of business is business«, der moralischen Apathie. Wertarme Unternehmen sind verwahrloste Unternehmen. Sie sind nicht so gut, wie sie sein könnten.

Organisatorische Reparaturen machen alle Menschen in Unternehmen und damit das Unternehmen als Ganzes besser. Durch weniger Angst denken mehr Mitarbeiter mit; durch mehr Handlungsräume können Mitarbeiter mehr fachliche Kompetenz einbringen und entwickeln; durch mehr kognitive Reparaturen werden Fähigkeiten besser genutzt und entwickelt; durch mehr Gelegenheiten zur Imitation wird schneller und effizienter gelernt; durch mehr Respekt treten Menschen als sie selbst in Unternehmen an und nicht als gekränkte, entmündigte Kinder; durch mehr moralische Reparaturen wird ein Unternehmen zu einem beseelten Ort.

Mit den richtigen organisatorischen Reparaturen werden Menschen aktiv – die dritte Spalte des Modells. Sie machen so öfter die Dinge, die ein Unternehmen will; signalisieren öfter, was sie wirklich denken; sagen öfter ihre Meinung (Voice); ziehen sich weniger zurück (Exit); entwickeln ihre Art zu denken weiter; lernen und verbinden sich mehr. Sie kommen heraus aus ihrem kleinen Job und beginnen, sich um mehr als sich selbst zu kümmern. Sie beginnen, Sinn bei der Arbeit zu finden, weil sie Probleme sehen wollen, und sich genügend dazu ermächtigt fühlen, Probleme auch anzugehen.

Ob Unternehmen es anstreben oder nicht: Jedes von ihnen ist ein Reparaturbetrieb für menschliche Fähigkeiten und Motive. Die Probleme, die ein Unternehmen sieht, und wie es diese bearbeitet, prägt Menschen. Die Taschentheorie der Problemlösung macht das bewusst. Sie zeigt, wie verschwenderisch Betriebe heute mit Menschen umgehen, wenn sie sich nur Fragen der Koordination und der Motivation stellen. Menschen können niemals allein durch Anreizsysteme erreicht werden. Zwei Drittel ihrer Motivationsfaktoren zeigen nicht auf sie selbst, sondern auf andere, wie wir in Kapitel III gesehen haben. Also muss ein Unternehmen ein System der Arbeit schaffen, das die Entfaltung von Menschen fördert. Tut es das, sorgen sie sich um mehr als sich selbst.

Das bringt mich zur Antwort auf die Frage dieses Kapitels: Wie funktioniert Management in grünen Unternehmen? Ein Manager sollte nicht, wie heute, als Aufseher oder Coach persönliche Defizite von Mitarbeitern reparieren. Er sollte stattdessen Systeme schaffen und pflegen, welche die Fähigkeiten und die Motivation von Mitarbeitern stärken. Er sollte, so wie es der US-General Stanley McChrystal ausdrückt, nicht Schach mit einzelnen Figuren zu spielen. Stattdessen sollte er Gärtner werden. Diese moderne Auffassung von Management wird im nächsten Kapitel vertieft.

Progressives Management

Auch grüne Unternehmen brauchen Manager, also Mitarbeiter, die über die Aktionen von anderen Mitarbeitern entscheiden. Auch Manager, die demokratisch gewählt werden, sind immer noch Manager. Es ist ihre Aufgabe zu führen. Aber wie genau führt man in grünen Unternehmen? Ich sehe sechs Aufgaben von Managern in solchen Betrieben, die in Abbildung 24 dargestellt sind.

6	Unternehmensmission verfolgen	Neue Wahrheit
5	Unternehmensdemokratie fördern	
4	Organisatorische Systeme pflegen	Noch wahrer als zuvor
3	Selbstorganisierte Teams nutzen	
2	Psychologisch sichere Räume schaffen	
1	Ziele setzen, organisieren, entscheiden, kontrollieren und entwickeln	Alte Wahrheit

Abbildung 24: Die sechs Aufgaben eines Managers von grünen Unternehmen

Die erste Aufgabe eines Managers bleibt unverändert: Die fundamentale Aufgabe eines Managers bleibt das Setzen von Zielen, das Organisieren, Entscheiden, Kontrollieren und Entwickeln. Er macht also weiterhin das, was die klassische

Managementlehre von Managern erwartet. Es braucht immer noch Menschen, die sich über das große Ganze Gedanken machen und die Macht haben, Pläne zu realisieren. Diese Wahrheit ist alt, aber sie bleibt eine Wahrheit.

Aber für die Führung von grünen Unternehmen reicht dies allein nicht, es kommen noch fünf Anforderungen hinzu. Die schauen wir uns nun im Detail an, bevor ich zum Abschluss dieses Kapitels zwei völlig zusammenhanglos erscheinende Begriffe zusammenfasse: Management und Heimat.

Wahrer als zuvor: psychologische Sicherheit, Teams und Systeme

Führungskräfte sollten psychologische Sicherheit bieten, Teams managen und mit System führen. Das klingt reichlich abgedroschen. Auch die konventionelle Managementlehre fordert ja nicht, dass Führungskräfte mit Angst und Schrecken führen, dass sie Teamdynamiken unterbinden oder dass sie unsystematisch führen. Aber sie hängt diese Forderungen auch nicht allzu hoch, denn es funktioniert auch ohne diese Dinge – der Machtasymmetrie sei Dank. In selbstorganisierten Unternehmen ist die Umsetzung der drei Forderungen aber unverzichtbar. Nachdem Sie in diesem Buch schon einiges über psychologische Sicherheit erfahren haben und das nächste Kapitel Systeme zum Inhalt hat, widmen wir uns nun dem Führen von Teams.

Ob man Einzelpersonen oder Teams führt, macht einen großen Unterschied. Wir sind es gewohnt, Management als ein Verhältnis der Über- und Unterordnung zweier Personen zu sehen. Dabei wird vergessen, dass Führung auch in einem gänzlich anderen Kontext stattfinden kann: dem Verhältnis zwischen einem Manager und einem Team. Für selbstorganisierte Unternehmen ist gerade das essenziell, weil Machtasymmetrien nicht allein dadurch überwunden werden, dass man Anführer wählt. Es ist auch nötig, dass nicht mehr eine Einzelperson, sondern ein Team geführt wird. Solange Macht direkt von Führungskraft zu Mitarbeiter ausgeübt wird, ist die Machtasymmetrie immer noch stark ausgeprägt. Dann bestehen die alten Strukturen von Aristokratie und Lehnsmann, von Loyalität und Exit weiter. Die Asymmetrie nimmt erst entscheidend ab, wenn Macht nicht mehr zwischen zwei Personen, sondern zwischen Person und Gruppe wirkt. Ein entscheidender Schritt hin zur psychologischen Sicherheit ist es daher, Teams statt Einzelpersonen zu führen.

Genau dies ist auch eine Erkenntnis der Teamforschung. Der Harvard-Organisationspsychologe Richard Hackman widmete sein Leben den Hochleistungsteams. Für ihn stand außer Frage, dass ein effektives Team eines ist, das als Team funktioniert und nicht als eine Gruppe von Einzelpersonen. In seinem 2002 erschienenen Buch »Leading Teams« beschreibt er, wie die Führung einer solchen Gruppe aussieht.[186] Hackman unterscheidet drei Arten von selbstorganisierten Teams, wie in Abbildung 25 dargestellt.

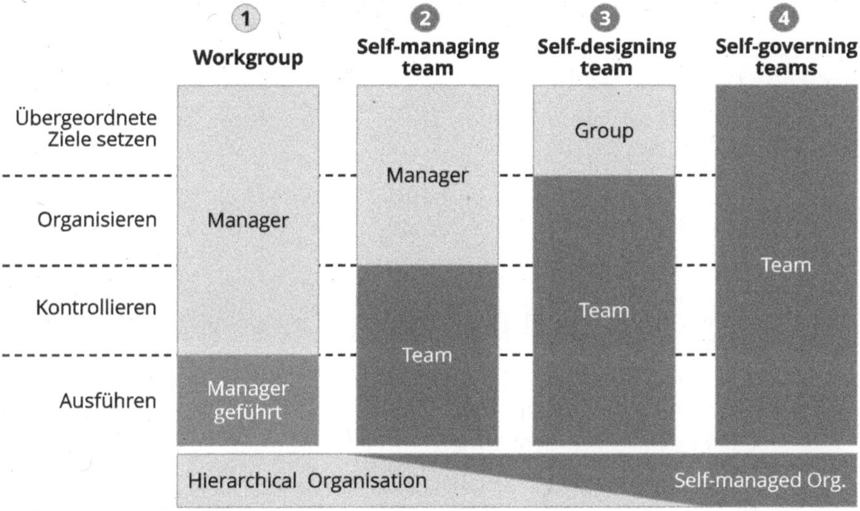

Abbildung 25: Die drei Teamtypen nach Richard Hackman

Ausgangspunkt ist das traditionelle Arrangement zwischen Managern und ihren Mitarbeitern. Hackman nennt dieses eine »Workgroup«. In einer Workgroup übernimmt der Manager alle Führungsfunktionen: Ziele setzen, Organisieren und Kontrollieren. Grundsätzlich ist keinerlei Kommunikation zwischen Mitarbeitern notwendig. Es reicht, wenn jeder seinen Job macht. Managementhierarchien sind voll von Workgroups – und sehr arm an Teams.

Der Schritt zum Self-managing-Team ist ein qualitativer Sprung. Der Manager überlässt die Kontrolle der Arbeitsergebnisse dem Team selbst. Er beschränkt sich darauf, die Erreichung von übergeordneten Zielen zu überprüfen, kontrolliert jedoch nicht die individuelle Aufgabenerfüllung. Aber er kümmert sich immer noch um die Teamzusammensetzung, ähnlich wie ein Trainer im Fußball.

Im nächsten Schritt, dem Self-designing-Team, übernimmt das Team auch die Hoheit über die eigene Zusammensetzung. Es bestimmt, wer zum Team gehört und wer nicht. Die Führungskraft setzt nur noch Ziele. Im letzten Schritt fällt auch das weg,

186 Richard Hackman (2002): Leading Teams. Übersetzt durch den Autor.

und das Self-governing-Team setzt sich seine Ziele selbst. Der Manager ist abgeschafft.

Die Essenz von Hackmans Forschung: Höchstleistungen erfordern einen der drei selbstorgansierten Teamtypen. Welcher davon der beste ist, hängt laut Hackman von situativen Faktoren ab. Das Self-designing-Team erscheint allerdings für die Zwecke eines grünen Unternehmens am besten geeignet, weil es die Ziele aus dem inneren Kreis erhält und sich selbst zusammensetzen kann, also dem Prinzip der freien Assoziation genügt.

Selbstorganisation ist anspruchsvoll. Sie gedeiht laut Richard Hackman nur in organisatorischen Betriebssystemen, die folgende Merkmale aufweisen:[187]

1. Sie sind selbstorganisiert – Hackman spricht von echten Teams. Alles andere sind für ihn Workgroups.
2. Sie sind auf überzeugende Ziele gerichtet.
3. Sie sorgen innerhalb der Teams für Freiheiten und Verhaltensnormen, sie halten die Teamgröße[188] gering und achten auf die Teamzusammensetzung, zum Beispiel hinsichtlich Stabilität und Fähigkeiten.
4. Sie stellen Praktiken bereit, die Teams unterstützen.
5. Sie coachen Mitarbeiter und Teams professionell.

Insgesamt empfiehlt Hackman Managern, sich aus Teams herauszuhalten und ihnen ein Umfeld zu bauen, in dem sie gedeihen können. Stanley McChrystal lässt grüßen. Manager sollten Ziele setzen und gärtnern.

Neue Wahrheiten: Mission und Demokratie

Es gibt nur zwei wirklich neue Aufgaben für Manager, die tatsächlich über die Forderungen der heutigen Managementlehre hinausgehen. Erstens die Aufgabe, ein Demokrat zu sein. Als machtvoller Akteur muss ein Manager darauf achten, dass die Praktiken des Unternehmens, also wie gewählt wird, wie konsultiert wird, wie entschieden wird etc., auch befolgt werden. Es ist auch sein Job, dieses System zu erhalten und zu fördern.

Die zweite neue Aufgabe eines Managers in grünen Unternehmen ist das Verfolgen von Missionen. Er muss breit definierte, ganzheitliche Ziele zum Maßstab seines Handelns machen – und hierfür seine Rolle neu definieren. Manager sind nicht mehr wie bisher nur ein kaltes Instrument des Profits – clever, fokussiert

187 Hackman, ebd.

188 Hackman empfiehlt eine Teamgröße von fünf Personen. Ganz ähnlich wie Robin Dunbar, siehe Kapitel V.

und oft verschlagen, weil Ethik und Profit meist weit auseinanderliegen. Stattdessen sind sie gefordert, Hüter einer Mission zu sein: weise, umsichtig und gut. Dieser Wechsel des Selbstbilds eines Managers ist kulturell alles andere als einfach. Unsere heutige Kultur schätzt Cleverness mehr als Weisheit, den Fokussierten mehr als den Umsichtigen, den Schurken mehr als den Missionar. Sie schätzt den Actionhelden. Aber das ist vielleicht ein Fehler. Anthropologisch gesehen, ist das Rollenideal der Gegenwart eine historische Anomalie. Vor der industriellen Revolution war für so gut wie alle menschlichen Kulturen die ausgeglichene Weisheit der Alten wertvoller als die ungestüme Cleverness der Jugend. Möglicherweise ist ein Teil unserer heutigen Probleme darin zu sehen, dass wir Menschen mit den falschen Eigenschaften als unsere Vorbilder wählen.

Management und Heimat

Ich fasse zusammen: Die beste Art zu managen ist eine, die es erlaubt, alle Fertigkeiten und alle Motivation von Menschen zu nutzen und zu entwickeln. Das ist nicht erstaunlich – auch die traditionelle Managementlehre versucht das schon seit Jahrzehnten durch Empowerment zu erreichen. Konsequentes Empowerment bedeutet aber Selbstorganisation und Demokratisierung. Empowerment ist immer egalitär und nie autokratisch. Alles andere ist Businesstheater.

Heutige Unternehmen akzeptieren, dass sie Mitarbeiter nicht empowern können – weil ihr Ziel gar nicht die Leistungssteigerung der Betriebe ist. Sie haben ausschließlich die Steigerung des (kurzfristigen) Profits für die Eigentümer im Blick. Die Logik einer anonymen Profitmaschine. Die Logik eines Raubzugs, in dem Kunden, Mitarbeiter, Gesellschaft und Natur geplündert werden. Unsere Köpfe und unser Planet sind die Schlachtfelder in einem engstirnigen Kampf für immer mehr Profite. Wir können uns heute aber keine Unternehmen der kleinen Fragen und beschränkten Kämpfe mehr leisten. Wir brauchen Unternehmen der großen Fragen und großen Kämpfe. Unternehmen, die Mensch und Natur erblühen sehen und nicht plündern wollen.

Dazu ist ein neuer, ein demokratischer Managertypus nötig: weise, umsichtig und gut. Ein Manager, der Macht demokratisch ausübt, damit Menschen trotz des notwendigen Zwangs, der mit Arbeit immer einhergeht, eine Heimat finden können. Ich verstehe Heimat als einen Ort, an dem Menschen tief miteinander und mit dem, was sie tun, verbunden sind. Dies ist genau der Ort, auf den alle organisatorischen Reparaturen (siehe Abbildung 23) zeigen: ein Ort der Sicherheit, der Selbstwirksamkeit, des klaren Blicks, der engen sozialen Verbindung, des Respekts und der Ethik.

Trotzdem wirkt der Begriff Heimat deplatziert und kitschig. Deplatziert, weil wir es gewohnt sind, Unternehmen als kalte Orte zu sehen, an dem alle Menschen nur Instrumente sind. Und kitschig, weil wir mit Heimat eher volkstümliche Bierfeste assoziieren als einen Ort tiefer Verbundenheit. Heimat entsteht, indem wir die Herzen der Menschen bei der Arbeit gewinnen – und sie nicht das Herz am Werkstor abgeben lassen. Dazu müssen wir aufhören, Führung autokratisch zu organisieren.

Heutige Unternehmen bieten keine Heimat, sie bieten Verdienstmöglichkeiten. Sie sind eine Welt, in die man eintaucht, um Beute für sich und seine Liebsten zu machen, mehr nicht. Sie können deswegen nicht mehr als uninspirierte Ausführung ernten.

Heute fehlt es an der kulturellen Erfahrung all dessen, was uns verbindet. Diese Erfahrung ist uns mit der industriellen Revolution abhandengekommen. Wir bekommen schon als Kinder das Gefühl, Einzelkämpfer zu sein. Gemeinschaft lernen wir kaum. Das Gefühl der Verbundenheit mit anderen, die Sorge um mehr als uns selbst, all das wird uns heute kulturell, im Bildungswesen, in den Medien und in Unternehmen abtrainiert. Jeder ist »so special«. Jeder definiert seine Identität mehr durch die Abgrenzung von anderen als durch die Verbindung mit ihnen. Das macht uns heimatlos.

Mithilfe demokratischer Selbstorganisation Heimat in Unternehmen zu bieten, wäre für alle besser: für jeden Menschen, für Unternehmen, für die Gesellschaft und für die Umwelt. Es wäre gesund. Es würde das Projekt der Aufklärung – das Vorhaben, Menschen den Mut zu geben, sich ihres eigenen Verstandes zu bedienen – vervollkommnen. Dazu ein bekannter Ausspruch aus dem 18. Jahrhundert:

»Aufklärung ist der Ausgang des Menschen aus seiner selbstverschuldeten Unmündigkeit. Unmündigkeit ist das Unvermögen, sich seines Verstandes ohne Leitung eines anderen zu bedienen.[189]« Immanuel Kant

Der zweite Satz dieses berühmten Zitats wird meist weggelassen. Aber er kann als direkte Anklage gegen die Managementhierarchie gelesen werden. Es ist höchste Zeit, rationaler zu werden.

189 Immanuel Kant (1784): Beantwortung der Frage: Was ist Aufklärung? In: Berlinische Monatsschrift, 1784, 2, S. 481–494

■ VII Aktivierende Organisation: Teilhabe über Bevormundung

»Unternehmen sollten auch die Seele der Personen, die für sie arbeiten, ehren und die große Seele der natürlichen Welt, von der sie Ressourcen nehmen.«
David Whyte[190]

Wenn allein der Markt vorgibt, was das Ziel unserer Arbeit sein soll, wird kaum jemand genug Zeit finden, sich für die Dinge einzusetzen, die er oder sie, die die Gesellschaft und die die Biosphäre brauchen. Wir müssen Nachhaltigkeit organisieren, damit wir die produktive Kapazität der Menschheit aktivieren und die destruktive Gegenwart verlassen können.

Wie das geht, haben wir in den vorherigen Kapiteln gesehen und fasse ich im Folgenden in einem Organisationsansatz zusammen. Viele Teile dieses Ansatzes sind Ihnen im bisherigen Text schon begegnet: Strukturen (zum Beispiel Kreisorganisation, Föderation, Teams), Praktiken (zum Beispiel Rollensystem, Entscheidungspraktiken, Digital Governance), Motivationstheorien und organisatorische Reparaturen. Wir schauen uns nun an, wie alle Teile eines Unternehmens so miteinander verwebt werden können, dass ein leistungsstarkes Organisationssystem entsteht.

Wie schon gewohnt, beginne ich mit einer Darstellung der Geschichte der Organisationslehre, um Prinzipien herauszuarbeiten. Danach liefere ich einen modularen Bauplan und ein Modell zur Entwicklung von grünen Unternehmen.

Organisation

Organisationslehre ist eine Komplexitätswissenschaft. Sie befasst sich mit sehr vielen Faktoren sowie unsicheren, schwer messbaren Ursache-Wirkungs-Zusammenhängen. Sie versucht, ein System aus der Gesamtheit aller Einflüsse zu erkennen und zu gestalten. Daher wird es in diesem Abschnitt etwas abs-

190 David Whyte, ebd., S. 18.

trakt. Aber es lohnt sich, weil es mit einem soliden theoretischen Verständnis von Organisationen sehr viel leichter fällt, Unternehmen in der Praxis besser zu organisieren.

Die Geschichte der Organisationstheorie

Organisationstheorie ist weitgehend irrelevant, wenn Sie ein Unternehmen als Managementhierarchie organisieren. Macht dominiert hier so sehr, dass die Bedeutung aller anderen Aspekte niedergewalzt wird. Wer aber selbstorganisierte Systeme gestalten will, der sollte die verborgenen Dynamiken kennen, um auch die bisher ignorierten Leistungspotenziale nutzen zu können. In Abbildung 26 habe ich sieben einflussreiche Organisationstheorien der letzten 100 Jahre aufgeführt.[191]

Bürokratie *– Macht –*	Klassische dt. Organisationslehre *– Sachaufgabe –*	Behavioral Economics *– Verhalten –*	New Institutional Economics *– Verträge –*	Systems Theory *– Komplexität –*	Organisational Culture *– Kultur –*	Neo-Institutional Economics *– Praktiken –*
1920 Max Weber	1958 Erich Kosiol	1958 / 1971 March/Simon	1975 Williamson/ North	1975 Beer/ Luhmann	1980 Schein/ Giddens	1995 Richard Scott
Legale Herrschaft	Spezialisierung	Spezialisierung	Rechte	Kommunizieren	Plattform von sozialer Interaktion	Regeln
Rationale Herrschaft	Koordination	Koordination	Transaktionskosten	Entscheiden	Produkt von sozialer Interaktion	Normen
		Motivation				Interpretationen
		Kognition				

Abbildung 26: Sechs Sichten auf Organisation

Die erste umfassende Sicht einer Organisation stammt von dem deutschen Soziologen Max Weber.[192] Er beschrieb sie in seinem im Jahr 1920 posthum veröffentlichten Werk »Wirtschaft und Gesellschaft« als ein System zur Ausübung von legaler und rationaler Herrschaft. Das Organisationssystem, das er überall in Fabriken und Verwaltungen vorfand, nannte er Bürokratie. Heutzutage ist Bürokratie zu einem Schimpfwort geworden, aber was Weber meinte, bildet weiterhin den Kern jedes Unternehmens, weil Bürokratie ein zutiefst rationales System ist: Es ist zum Beispiel einfach sehr sinnvoll, Amt und Person zu trennen, objektive Regeln zu verwenden und arbeitsteilig vor-

191 Die Tiefe der Theorien, die Genealogie, die Vielzahl der Vertreter, die zeitlichen Entwicklungen in eine Tabelle zu pressen, ist notwendigerweise brachial. Aber so wird all das praktisch zugänglich.

192 Max Weber (1922): Wirtschaft und Gesellschaft.

zugehen. Weber erfand dieses System nicht, er stellte lediglich dar, was er in den Betrieben beobachtete – und folgerte, dass allein die kühle betriebswirtschaftliche Logik des bürokratischen Systems Unternehmen unweigerlich zu »Organisationsmaschinen« mache. Menschen werden bei der Arbeit in einen mentalen und sozialen »eisernen Käfig« gesperrt. Die rationale Herrschaft ist die Herrschaft der Bürokratie, aber die legale Form der Herrschaft heute ist die der Managementhierarchie. Bei dieser haben wir es mit einer ganz speziellen Form der Bürokratie zu tun, die alle Macht den Eigentümern gibt. Diesen ist durch Gesetze erlaubt, autokratisch über Unternehmen zu verfügen und so ihre Interessen durchzusetzen. Möglich ist das, weil der Staat es erlaubt hat, die unbegrenzte Verfügungsgewalt über Eigentum, die das römische Recht vorsah, auch auf Unternehmen zu übertragen. Bürokratien sind rational – aber die legale Herrschaft der Eigentümer über Unternehmen, die ist ein historischer Zufall.

Nach dem Zweiten Weltkrieg wurde dieses System, das an sich seit Weber unverändert geblieben war, durch Betriebswirte wie Erich Kosiol neu beschrieben.[193] Der soziologische Duktus Webers verschwand, insbesondere der Begriff »Herrschaft«. Im Zeitalter des Konflikts zwischen der Sowjetunion und dem Westen klang dieser vermutlich allzu sehr nach Klassenkampf. Kosiol warf die soziologische Perspektive Webers über Bord und nahm eine sachlogische Perspektive ein, die stark an die Managementlehre F. W. Taylors erinnert: Organisation ist das Gliedern in Arbeitsschritte und die Spezialisierung von Tätigkeiten. Je mehr man spezialisierte, umso aufwendiger wurde die Koordination, um all die kleinen spezialisierten Tätigkeiten wieder zusammenzufügen. Folglich war es für Kosiol Aufgabe der Manager, für Spezialisierung und Koordination zu sorgen. Der Manager denkt, der Mitarbeiter macht. Der Manager verpflichtet Mitarbeiter auf Ziele und sorgt dafür, dass diese Ziele zueinanderpassen. Er sorgt – im modernen Managementsprachgebrauch – für Commitment und Alignment. Eine Art der Beschreibung, welche die Arbeit eines Managers verbal steril macht. Keine Ausübung von Herrschaft mehr, sondern nur Befriedigung des sachlogischen Bedarfs an Planung und Koordination durch einen weiteren Spezialisten: ebenden Manager. Damit folgte Kosiol genau dem Weg, der in den Nachkriegsjahren überall in der Wirtschaftslehre zu beobachten war: deren Redefinition von der Sozial- zur Naturwissenschaft. Ethik, Soziologie und Politologie wurden verbannt. Alles wurde Sachlogik – eine Pseudonaturwissenschaft, die ganze Realitäten einfach ausblendet.

Zur selben Zeit, zu der Kosiol die Perspektive verengte, erweiterten zwei amerikanische Wissenschaftler, Herbert A. Simon und James G. March, den

193 Erich Kosiol (1958): Organisation der Unternehmung.

Blick auf Organisation.[194] Für sie waren Unternehmen nicht nur Ausführungsprogramme (»Performance Programs«), nicht nur Spezialisierung und Koordination. Sie sind gleichzeitig auch Suchprogramme (»Search Programs«), denn sie suchen stets nach neuen Problemen und Lösungen. Diese umfassendere Sicht wurde mit dem Übergang von der Industrie- zur Konsumgesellschaft erforderlich, da nicht mehr die Massenproduktion, sondern immer mehr die Produktinnovation in den Vordergrund trat. March und Simon identifizierten zwei Faktoren, um die herum Suchprogramme gebaut werden mussten: Motivation und Kognition. Das machte Organisationstheorie viel komplexer, weil menschliche Faktoren – irrationales Verhalten und mentale »Biases« – in das Kalkül einbezogen wurden. Die Psychologie erhielt eine prominente Rolle in der Wirtschaftswissenschaft. Für seine Arbeit erhielt Herbert Simon 1975 den Wirtschaftsnobelpreis.[195]

Aber es folgte postwendend ein Rückschritt: Die in den 1970er-Jahren aufkommende neoliberale Ideologie, die bis heute die Wirtschaftslehre dominiert, erklärte innerbetriebliche Organisation zur Petitesse. Sie lenkte den Blick auf dem Markt. Dieser soll alles regeln und alles erklären. Die »Neue Institutionenökonomik« liefert die organisatorische Theorie dazu.[196] Sie erklärt Unternehmen zu einer »Konfiguration von Verträgen«, die so zu arrangieren sei, dass sich die Kosten der Aushandlung und Kontrolle von Verträgen (die »Transaktionskosten«) minimierten. Alle, Unternehmen wie auch jeder einzelne Mensch, sind in dieser Theorie unabhängige Agenten. Agenten, die ihre Beziehungen zur Außenwelt durch Verträge gestalteten, ihre Erträge maximieren und ihre Kosten minimieren. Alles wurde Profitabsicht. Die Psychologie des Menschen wird wieder auf die des Homo oeconomicus reduziert. Nur das rationale ökonomische Kalkül von selbstbezogenen Einzelkämpfern zählt. Die Neue Institutionenökonomie ist komplett logisch, einfach zu verstehen und daher bis heute in den Köpfen vieler Manager zu finden. Aber sie ist auch eine brutal reduktionistische Idee.

Interessanterweise erblühte zeitgleich zur Neuen Institutionenökonomik auch eine andere Theorie, welche die Organisationstheorie in genau die entgegensetzte Richtung entwickelte: nicht reduktionistisch, sondern holistisch. Gemeint ist die Systemtheorie, die ich bereits im Kapitel V erwähnt habe.

194 James G. March und Herbert Simon (1993): Organization, Wiley Blackwell, 2nd Edition.
195 Genauer den »Preis der schwedischen Reichsbank« – der nur im allgemeinen Sprachgebrauch einfach als Wirtschaftsnobelpreis bezeichnet wird.
196 Oliver E. Williamson (1975): Markets and Hierarchies: Analysis and Antitrust Implications; Douglas C. North (1990): Institutions: Institutional Change and Economic Performance.

Deren Perspektive hinsichtlich eines Organisationssystems ist extrem weit. Sie betrachtet es als Blackbox, also ein System, dessen Output gemessen werden und in das man auch wirkungsvolle Signale senden kann, dessen Innenleben aber unbekannt ist. Die Systemtheorie wollte herausfinden, wie solche komplexen Systeme trotz ihres verborgenen Inneren möglichst zuverlässig gesteuert werden können. Obwohl die Ergebnisse, zum Beispiel die des deutschen Soziologen Niklas Luhmann oder die des britischen Universalgelehrten Stafford Beer, für die betriebliche Praxis kaum verwertbar waren, startete die Systemtheorie die bis heute andauernde Wende in der Organisationswissenschaft. Die Wende weg vom Reduktionismus und hin zur Komplexität.[197]

Diese Zuwendung zur Komplexität zeigte sich auch in dem in den 1980er-Jahren aufkommenden Begriff der Organisationskultur. Er wurde geprägt von Wissenschaftlern wie dem US-amerikanischem Organisationspsychologen Edgar Schein und dem britischen Soziologen Anthony Giddens.[198] Die Quintessenz ihrer Arbeit kann man in einem Satz zusammenfassen: Organisationen sind sowohl eine Plattform sozialer Interaktion als auch ein Produkt von sozialer Interaktion. Soll heißen: Unternehmen bestimmen, wie die Menschen in ihnen arbeiten. Aber wie Menschen in Unternehmen arbeiten, bestimmt auch, was Unternehmen werden. Dass Unternehmen eine Kultur haben, ist heute bekannt. Doch kaum eines findet einen Hebel, um Kultur für sich arbeiten zu lassen.

Und damit sind wir auch schon nah am Kern der neuesten und meines Erachtens vielversprechendsten Organisationstheorie, der Neoinstitutionalistischen Theorie.[199] Ein schrecklich langer Name, der zudem auch noch dem der Neuen Institutionenökonomik sehr ähnelt. Aber beide sind absolut gegensätzlich. Die Neoinstitutionalistische Theorie ist nicht reduktionistisch, sondern holistisch. Wie die Systemtheorie sieht sie Organisationen als komplexe Systeme. Sie bezieht auch die Perspektiven der Psychologie, Soziologie, Politologie und Anthropologie ein. Das macht sie abstrakt. Aber gleichzeitig schaut sie sehr genau hin, was in Unternehmen passiert, zum Beispiel mit ethnografischen Methoden. Sie betrachtet Organisationen als Systeme von Regeln, Normen und Interpretationen, wobei es sich um drei interdependente Elemente handelt: Ändert man zum Beispiel die Regeln der Zusammenarbeit, sorgt man unter anderem für neue Maßstäbe (Normen) und beeinflusst so, wie Men-

197 Stafford Beer (1972): Brain of the Firm; Niklas Luhmann (1975): Systemtheorie.
198 Edgar Schein (1980): Organizational Psychology 3rd edition; Anthony Giddens (1984): The Constitution of Society.
199 Richard W. Scott (1995): Institutions and Organizations.

schen entscheiden und wie Menschen Dinge im Unternehmen sehen (Interpretationen). Selbst unscheinbare Prozessänderungen haben so das Potenzial zu bewirken, dass Betriebe über die Zeit ihr Verhalten verändern und völlig andere Werte Macht über sie erhalten.

Sie können sich das in etwa so vorstellen: Klassische Organisationstheorie beschäftigt sich mit Planung und Ausführung. Die Neoinstitutionalistische Organisationstheorie beschäftigt sich auch damit, aber sie hinterfragt parallel, wie Menschen überhaupt dazu kommen, so zu planen und auszuführen, wie sie das machen. Sie will ergründen, warum Unternehmen manchmal so blind sind und manchmal so vorausschauend; warum sie manchmal so starr sind und manchmal so agil; warum sie manchmal so ignorant sind und manchmal so sensibel. Im Grunde genommen betrachtet die Neoinstitutionalistische Theorie das ganze Unternehmen als ein einziges großes Suchprogramm aus lauter interdependenten Teilen, deren Komplexität stets vieles verbirgt.

Normen, Regeln und Interpretationen – viel zu soziologisches Terrain für Manager. Nicht praxisrelevant, aber weil das die Theorie nicht weniger wahr macht, versuche ich, sie praktikabel zu machen. Alfred Kieser, ein Verfasser vieler bedeutender Lehrbücher zur Organisationswissenschaft, hat sich bereits 1995 in einem Aufsatz über den Zustand der Managementpraxis beklagt:[200] Die Praxis des Managements, so wie Business Schools, die Autoren von Managementbüchern oder Unternehmensberater sie lehren, hält er für einen von der Organisationswissenschaft entkoppelten Modebetrieb.

Meiner Überzeugung nach liegt dieses Desinteresse der Praxis an der Theorie vor allem an der Managementhierarchie. Mir scheint es, als ob der Faktor Macht alle feinsinnigeren Sichten auf Organisation irrelevant werden lässt. Die menschlichen und sozialen Dynamiken werden unter Machtungleichgewichten verschüttet und für die Profitinteressen der Eigentümer geopfert. Es braucht keiner Komplexitätswissenschaft, um in diesem System zu managen. Alles ist auf eine brachiale Art klar.

Die Aufmerksamkeit von Managern lässt sich nur sehr selten auf andere Wege der Zusammenarbeit lenken, aber immer und jederzeit auf Posten, Macht und Geld. Das weiß ich aus eigener Erfahrung. Wer sein Geld damit verdient, Unternehmen zu beraten, fährt besser damit, sich mit der Agenda von Managern zu verzahnen – und die wollen vor allem nach oben hin gut aussehen, während es sie weniger interessiert, ob sie wirkungsvoll sind.

Kiesers Anklage des erbarmungswürdigen Zustandes der Praxis in Unternehmen bedeutet: Aus Sicht der Organisationswissenschaft gab es seit nunmehr sieb-

200 Alfred Kieser (2005): Wissenschaft und Beratung, zweite Auflage.

zig Jahren keinen Fortschritt im Inneren der Unternehmen, da die Managementhierarchie jeden Fortschritt verhindert.

Um das Innere von Unternehmen wieder dem Fortschritt zu öffnen, braucht es meiner Ansicht nach zwei Dinge: erstens ein ganzheitliches Verständnis der Komplexität von Unternehmen und zweitens einen neuen Interventionspunkt. Der ganzheitlichen Sicht widmen wir uns nun, im nächsten Unterkapitel geht es um den Interventionspunkt.

Holistische Organisation

Seit der industriellen Revolution dominiert in der Managementpraxis eine eingeschränkte Sicht auf Organisation. Und die neoliberale Wirtschaftsideologie hat in den letzten Jahrzehnten ihr Bestes gegeben, diesen Zustand bestehen zu lassen. Die Realität ist aber komplex. Sie ist so, wie in den modernen Organisationstheorien beschrieben. Abbildung 27 zeigt, wie weit sich Organisationslehre öffnet, wenn man Unternehmen realistisch und nicht mehr nur durch die Brille der klassischen Organisationslehre betrachtet.

Ebenen	Suchprogramme	Ausführungsprogramme	
	Fokus der Praxis		
Unternehmen	Strategie Markt- & Wettbewerbsstrategien, Businessmodelle	Klassische Organisationslehre Koordination, Spezialisierung, situative Adaption	Organisationssoziologie Arbeitsteilung, Kooperation, Herrschaft
Gruppen	Operationale Strategien Gliederungen, Fähigkeiten, Agilität	Managementlehre Leadership, Managementaufgaben und Werkzeuge, Best Practices	Organisationspsychologie Arbeitsgruppen, Teams, Projekte und Leistungsfaktoren
Individuum	Taktiken Ziel-, Kontroll- und Motivationstheorien	Psychologie Kompetenz, Kognition, Motivation Individuelle Arbeitstechniken	

Abbildung 27: Eine ganzheitliche Sicht auf Unternehmensorganisation

Die Abbildung zeigt Unternehmen als mehrstufige Such- und Ausführungsprogramme. Auf Unternehmensebene suchen sie nach den besten Businessplänen und versuchen, diese auszuführen. Das gelingt umso besser, je mehr Kenntnisse der Strategie, der klassischen Organisationslehre und der Organisationsoziologie vorhanden sind.

Auf Gruppenebene suchen sie nach der besten Gliederung, um damit Fähigkeiten zur Geltung zu bringen und zu entwickeln. Das gelingt umso besser, je mehr Kenntnisse der Managementlehre und Organisationpsychologie vorhanden sind.

Auf der Ebene des einzelnen Mitarbeiters suchen sie nach Taktiken, die menschliches Potenzial den Unternehmen verfügbar machen. Das gelingt umso besser, je mehr Kenntnisse der Psychologie des Menschen vorhanden sind.

Die Organisationspraxis reduziert in dreierlei Hinsicht. Erstens werden soziologische Zusammenhänge auf Unternehmensebene ausgeblendet, weil Begriffe wie Herrschaft und Kooperation trotz ihrer ungeheuren Bedeutung einfach nicht thematisiert werden. Zweitens wird Organisationspsychologie ausgeblendet, weil nicht in Teams, sondern in Stellen und Individuen gedacht wird. So spielen zum Beispiel die im letzten Kapitel erwähnten Erkenntnisse von Richard Hackmans Teamforschung in der Praxis kaum eine Rolle. Drittens wird die Sicht auf die Psychologie des einzelnen Menschen auf ein trendiges Sammelsurium von unterhaltsamen Psycho-»Factbits« reduziert. Puttermans Drei-Faktoren-Modell der Motivation, Hirschmanns Loyality/Exit/Voice-Theorie oder Chip Heath' Theorien der Problemlösung durch organisatorische Reparaturen haben da keinen Platz.

Einerseits ist diese Reduktion von Organisation verständlich, denn wer ein Unternehmen als Managementhierarchie organisiert, braucht von Organisationssoziologie und Psychologie nicht viel zu wissen. Die Machtverhältnisse machen die Werkzeuge, die diese Wissenschaften in der Lage wären zu liefern, eh unbrauchbar. Krasse Machtunterschiede verschütten Feinheiten. Andererseits ist der Verzicht natürlich verheerend, weil das Unternehmen so Potenzial verschenkt und Menschen zu Instrumenten macht. Menschen werden zu Nebenbedingungen im Kalkül von Unternehmen – aber Unternehmen sind Hauptbedingungen im Kalkül von Mitarbeitern. Ein krasses, gesellschaftlich zerstörerisches Missverhältnis, das ich im letzten Kapitel dieses Buches aufgreifen werde.

Anhand von Abbildung 27 lässt sich auch der Unterschied zwischen klassischem und progressivem Management verdeutlichen. Ein klassischer Manager denkt in den Kategorien des oberen linken Rechtecks. Sie oder er entwickelt Businesspläne und führt sie aus. Ein progressiver Manager hingegen sieht Unternehmen holistisch. Sie oder er entwickelt und pflegt Fähigkeiten von Systemen, die Businesspläne entwickeln und ausführen. Er nutzt Soziologie und Psychologie, um dafür zu sorgen, dass Menschen sich selbst auf die Suche machen, Arbeit sehen und eigenständig Probleme lösen.

Gute Organisation sorgt für Führung in der zweiten Ableitung: Sie fokussiert nicht auf das Erschaffen von Fähigkeiten, sondern auf das Erschaffen von Systemen, die Fähigkeiten erschaffen. Beim modernen Organisieren geht es, wie es der

Komplexitätsforscher Heinz von Förster im Titel eines seiner Bücher ausdrückt, um die »Kontrolle der Kontrolle und die Kommunikation der Kommunikation«.[201]

Im Kern ist damit gemeint, die Qualität von Organisationen nicht mehr länger nur in Personen zu suchen, sondern in Systemen. Systeme, welche die individuelle und kollektive Qualität aller Menschen im Unternehmen fördern. Heldenglauben wird durch Systemarbeit ersetzt. Und dazu ist die Sicht auf das System Unternehmen besonders hilfreich, die ich Ihnen im nächsten Abschnitt vorstelle.

Kopf, Hand und Herz des Unternehmens

Dass Unternehmen Systeme sind, ist alles andere als neu. Das sagte auch schon Frederick Winslow Taylor im Jahr 1911. Der Unterschied liegt darin, wie weit man die Grenzen des Systems zieht, wie in Abbildung 27 angedeutet. Ein anderes, noch anschaulicheres Modell, Unternehmen als Ganzes darzustellen, stammt von den Organisationspsychologen Robert Kegan und Lisa Laskow Lahey.[202] Sie unterscheiden zwei Dimensionen. Die erste Dimension ist die Sichtbarkeit, also ob man etwas einfach wahrnehmen kann oder ob es verborgen bleibt. Die zweite Dimension ist die Betrachtungsebene: Man schaut entweder auf das ganze Unternehmen oder auf den einzelnen Mitarbeiter. Diese beiden Dimensionen ergeben eine Matrix mit vier Feldern, die Abbildung 28 zeigt.

	Organisatorisch	**Individuell**
Außensicht	Ziele, Regeln, Praktiken	Persönliche Rollen u. Aufgaben
Innensicht	Unternehmenskultur	Emotion, Motivation, Werte

Abbildung 28: Die vier Aspekte von Organisationen

Im ersten Quadranten steht das, was einfach erkennbar ist und für das ganze Unternehmen gilt: die Ziele, Regeln und Praktiken. Diese dienen zur Steuerung eines Unternehmens. Sie sind die Hand einer Organisation, die ordnet, was in ihr vor sich geht. Im zweiten Quadranten steht das, was einfach erkennbar ist, wenn man auf den einzelnen Mitarbeiter schaut: dessen persönliche Rollen und Auf-

201 Heinz von Förster (1995): Cybernetics of Cybernetics: The Control of Control and the Communication of Communication, 2.Auflage.

202 Robert Kegan und Lisa Laskow Lahey (2016): An Everybody Culture; S. 243 Kindle ed.

gaben. Damit wird festgelegt, worüber er sich Gedanken machen soll. Der zweite Quadrant ist der Kopf von Unternehmen, weil nur in den einzelnen Köpfen von Mitarbeitern in Unternehmen gedacht werden kann.

An dieser Stelle lohnt es sich innezuhalten: Indem die Hand des Unternehmens – also die Ziele, Regeln und Praktiken – Menschen Rollen und Aufgaben gibt, bestimmt sie darüber, wer was denkt. Die Hand lenkt den Kopf. Wie organisiert wird, entscheidet also darüber, was gedacht wird. Gewöhnlicherweise halten wir aber das Gegenteil für wahr: Der Kopf lenkt die Hand. Das ist, wenn man an Individuen denkt, ja auch nur sinnvoll. Aber für Organisationen gilt diese Wahrheit nicht, weil Gruppen das Denken von einzelnen Menschen durch die Art, wie sie Arbeit verteilen, nicht nur beeinflussen, sie bestimmen es geradezu. Rollen und Aufgaben prägen Denkweisen und Werte. In Organisationen führt die Hand den Kopf. Nie vollständig, aber was der Einzelne denkt, ist eine Funktion der Organisation. Organisationen können gar nicht anders, als über die Hand zu führen, weil ihnen der Weg in den Kopf und das Herz von Menschen verschlossen ist.

Das Herz von Unternehmen findet sich in der unteren Spalte der Matrix. Auf Unternehmensebene ist dies die Unternehmenskultur, und auf individueller Ebene sind es die Emotionen, Werte, Präferenzen des einzelnen Mitarbeiters. Unternehmen haben Kopf, Hand und Herz. Wer Unternehmen organisiert, mag nur wirtschaftliche Absichten haben, aber er kann keine dieser drei Sichten allein ansprechen. Man kann einfach nur Arbeiter wollen, es kommen aber immer Menschen. Der Wissenschaftstheoretiker Karl Popper nennt Kopf, Herz und Hand die »drei Welten der menschlichen Erkenntnis«.[203] Die griechischen Philosophen hatten dafür die Begriffe Logos, Physis und Psyche. Und für den Schweizer Pädagogen Pestalozzi waren Kopf, Herz und Hand die drei, stets interdependenten, Wege, wie Menschen sich entwickeln können.[204]

Unternehmen, die sich als Managementhierarchien organisieren, reduzieren Menschen auf den zweiten Quadranten der Matrix, auf ihren Kopf. Jeder hat seinen Job. Jeder ist ein Zahnrad, weil zwei Drittel seiner Ontologie – die Art, wie ein Mensch seine Welt erfährt – vor dem Werkstor bleiben. Der Mensch bringt sein analytisches Ich zur Arbeit. Sein Herz bleibt draußen, und seine Hand wird von einer organisatorischen Maschine geführt. Jeder geht dahin, wohin er beordert wird. Keiner geht dahin, wohin das Herz oder die Erfahrung (die Hand) ihn

203 Die Drei-Welten-Lehre. Karl Popper (1972): Objective Knowledge: An Evolutionary Approach.
204 M. R. Heafford (2018): Pestalozzi: His thought and relevance today.

zieht. Jeder verharrt auf seinem fremdbestimmten Posten. Mit Selbstwirksamkeit und persönlicher Entfaltung hat das nichts zu tun.

Sicherlich ist Arbeit meist auch Ungemach. Aber muss der Preis der Arbeit wirklich so hoch sein, wenn es doch andere – selbstorganisierte – Wege zu arbeiten gibt? Und wird nicht auch ein System, das Herz und Hand von Menschen weitgehend ausschließt und ihren Kopf nur über ihre kleinen Jobs nachdenken lässt, zwangsläufig schlechtere Ergebnisse erzielen als ein System, das den Blick der Menschen auf Arbeit weitet? Wenn wir Menschen nicht in den Exit treiben wollen, müssen wir alles dafür tun, dass Kopf, Hand und Herz in Unternehmen willkommen sind.

Natürlich sind Organisationen immer auch Zwangssysteme. Sie müssen ihren Willen dem Willen von Mitarbeitern überordnen. Aber sie können dies viel geschickter tun als heute, wenn sie Menschen Raum geben, sich in ihnen zu finden.

Auch aus kühler machtpolitischer Sicht ist der Verzicht auf Herz und Hand von Mitarbeitern einfach zu teuer. Sir Kenneth Galbraith beschrieb in seinem 1983 erschienenen Buch »The Anatomy of Power« drei Machtquellen, deren sich Organisationen bedienen können:[205]

- Property: die Macht, die anweist und belohnt
- Personality: die Macht, die verführt
- Organisation: die Macht, die das Verhalten und Werte normiert

Managementhierarchie setzt nur auf die erste Machtquelle, das Eigentum. Sie bezahlt für Arbeit – und erhält dafür nur dünne Loyalität und viel Exit. Sie kann die beiden anderen Machtquellen nicht nutzen, die doch eigentlich sehr viel günstiger zu haben wären. Sie kann erstens nicht durch Personalität verführen, weil Menschen in autokratischen Systemen nicht charismatischen Personen folgen, sondern mächtigen. Zweitens kann sie nicht die Macht der Organisation nutzen, weil sie Verhalten nur auf Verhalten unter Autokratie (das heißt überwiegend Exit) und Werte nur auf die der Autokratie (die Werte des Untertans) normiert.

Die Ausübung von Macht durch Eigentum ist ungleich teurer, als Macht durch Personalität oder Organisation auszuüben. Verführung und Automatisierung (durch Normen) sind effizienter als Befehl und Bestechung. Managementhierarchie erkauft sich Macht und setzt sie mit viel Aufsicht durch. Selbstorganisation

205 Galbraith unterscheidet drei Machtquellen und drei Machtinstrumente (Condign, Compensatory, Conditioned). John Kenneth Galbraith (1983): The Anatomy of Power.

hingegen erlaubt den Aufstieg der charismatischen Anführer und die Normierung von Verhalten durch Werte mithilfe von Praktiken.

Im Kern verwies Sir Kenneth Galbraith auf denselben Zusammenhang, den auch schon die in diesem Buch zitierten Philosophen Habermas, Foucault und Kant beschrieben haben: Zu große Machtasymmetrien reduzieren zwischenmenschliche Begegnungen auf einen ängstlichen Kern. Sie machen Menschen defensiv und klein. Unternehmen mit solchen Mitarbeitern sind kaum so wirksam, wie sie sein könnten.

Es muss folglich darum gehen, subtilere Formen der Begegnung von Menschen zuzulassen. Darum, sich weniger brachial Leistungen einzukaufen und stattdessen auch zu verführen und kulturell zu normieren. Heute nutzen Unternehmen nur Hard Power. Sie sollten mehr Soft Power nutzen. Das können sie nur, wenn sie die Managementhierarchie abschaffen.

Nun haben wir alles zusammen, was eine Organisation sein sollte. Sie sollte erstens für Komplexität gebaut sein. Deswegen sollte sie zweitens den Prozess des Organisierens selbst in dem Vordergrund stellen und nicht das Organisieren an sich. Drittens und letztens sollte die Organisation nicht nur den Kopf, sondern auch Herz und Hand von Menschen ansprechen. Sie sollte konsequent, aber auch verführerisch sein. Sie sollte Menschen gefallen.

Das alles spricht dafür, dass der Weg, den ich mit Ihnen bisher in diesem Buch gegangen bin, der richtige ist: weg von der Managementhierarchie und hin zum selbstorganisierten Unternehmen. Im nächsten Abschnitt zeige ich Ihnen den Schlüssel für dessen Gestaltung: die Gestaltung aus der Hand.

Organisatorische Betriebssysteme

Moderne Generäle sind Gärtner, wie Stanley McChrystal es ausdrückt. Gärtnern ist mehr, als Pflanzen zu entfernen, neu zu pflanzen und zu beschneiden. Es ist die Kunst, prosperierende Gemeinschaften entstehen zu lassen. Gärtner von biologischen Gärten machen das mit Erde, Wasser und Licht. Gärtner von Organisationen machen es mit Assoziation, Ordnung und Nähe.

Gärtnern passiert aus der Hand. Der Kopf und das Herz können Pflanzen nicht mitteilen, was passieren soll. Ebenso können Unternehmen nicht direkt den Kopf und das Herz von Mitarbeitern erreichen, sondern nur mit Praktiken (der Hand). »Actions speak louder than words« – Praktiken sind wichtiger als alle Verkündigungen von Führungskräften. Kein Businesstheater mehr. Stattdessen Teilhabe.

Es stellt sich folglich die Frage: Wie organisiert man ein Unternehmen mit Praktiken? Dazu nun drei Schritte: Was sind Praktiken und wie wirken sie? Wie lassen sich Praktiken kartografieren? Und wie verwendet man sie zur Organisation von Unternehmen?

Systemarchitektur

Praktiken sind Muster von Aktionen zur Erzeugung von bestimmten Ergebnissen. Jeder Mensch benutzt von morgens bis abends Praktiken. In Unternehmen gibt es drei Arten von Praktiken: individuelle Praktiken, Prozesse und Managementpraktiken. Individuelle Praktiken sind solche, die von einem einzelnen Menschen ausgeübt werden, als Bestandteil seiner persönlichen Arbeitstechnik. Prozesse sind Praktiken für Gruppen von Menschen: Abläufe, die Art und Weise der Zusammenarbeit. Managementpraktiken sind eine spezielle Art von Prozessen. Solche, die nicht im direkten Leistungsbezug stehen, sondern die Zusammenarbeit von Menschen regeln. Ein Statusmeeting, ein Bericht oder eine jährliche Zielabsprache sind drei Beispiele für Managementprozesse. Wenn ich im Rest des Buches von Praktiken spreche, meine ich die dritte Art, die Managementpraktiken.

Wie Managementpraktiken in Unternehmen wirken, kann man sich mit einem Modell zweier US-amerikanischer Organisationspsychologen, Warmer Burke und George H. Litwin, verdeutlichen.[206] Es zeigt, wie wesentliche Bereiche eines Unternehmens zusammenspielen. Abbildung 29 ist daran angelehnt.

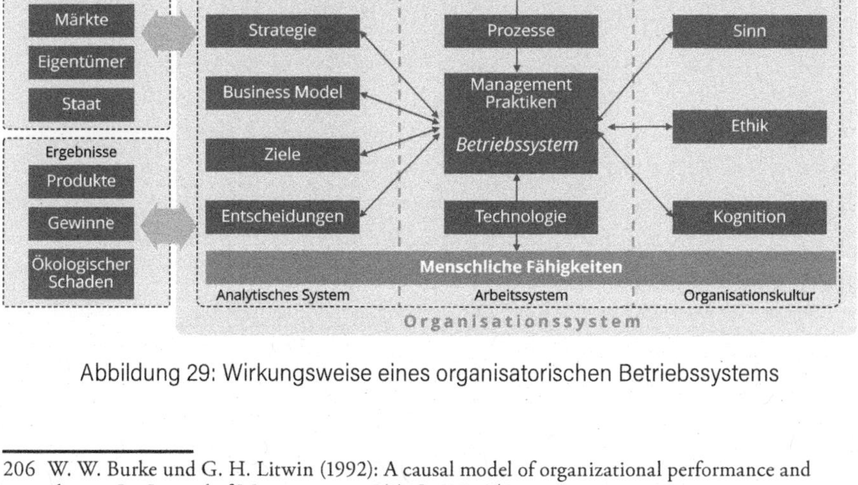

Abbildung 29: Wirkungsweise eines organisatorischen Betriebssystems

206 W. W. Burke und G. H. Litwin (1992): A causal model of organizational performance and change. In: Journal of Management, 18(3), S. 523–545.

Im Zentrum dieses Modells stehen die Managementpraktiken. Wie Zusammenarbeit organisiert ist, bestimmt, wie Prozesse organisiert werden und wie Technologie eingesetzt wird. Und es bestimmt auch, was in Unternehmen gedacht und gefühlt wird. Managementpraktiken bestimmen das analytische System (Kopf), das kulturelle System[207] (Herz) und das Arbeitssystem (Hand) von Unternehmen – und damit auch die Fähigkeiten eines Unternehmens und die Fähigkeiten der einzelnen Menschen in ihnen.

Natürlich kann nicht alles, was in einem Unternehmen passiert, durch Managementpraktiken geregelt werden. Auch sind alle Bereiche in einem Unternehmen interdependent. So werden zum Beispiel Ziele und Entscheidungen immer auch aus dem Herzen getroffen, und sie beeinflussen ihrerseits das Sinnempfinden, das ethische Empfinden und ebenfalls, wie in einem Unternehmen gedacht wird (die Kognition).

Auch Burke und Litwin stellen in ihrem Modell die Managementpraktiken ins Zentrum. Sie sind der Mittler zwischen Kopf und Hand, durch sie wird die Hand letztendlich gesteuert. Wie Menschen zusammenarbeiten, bestimmt zu großen Teilen, was gemacht, gefühlt und gedacht wird. Managementpraktiken sind der zentrale Interventionspunkt, um Unternehmen zu entwickeln. An Herz und Kopf kann man nur appellieren. Um systematisch Einfluss zu nehmen, gibt es nur einen Weg: Praktiken.

Trotzdem arbeitet heute kaum ein Unternehmen ernsthaft an seinen Managementpraktiken. Das liegt daran, dass die Managementhierarchie keine systematische Arbeit an ihnen braucht und fördert. Managementhierarchie ist eigentlich nichts anderes als das Vorhaben, ein Unternehmen aus einer Praktik heraus zu definieren: aus der Managementhierarchie selbst. Denn wer Unterordnungsbeziehungen baut, der muss nicht definieren, wie zusammengearbeitet wird, denn er hat dafür schon eine Lösung: Zusammengearbeitet wird, wie auch immer der Chef entscheidet. Praktiken in Managementhierarchien sind optional. Sie werden daher nur in kleiner Zahl und inkonsistent verwendet. Selbst Versuche, Praktiken von oben herab anzuordnen, versanden meist, weil alle großen und kleinen Chefs letztendlich autokratische Herrscher ihres Reichs sind. Und weil es auch übergeordneten Chefs schwerfällt, Einblick zu gewinnen.

Systematisch an Managementpraktiken zu arbeiten, heißt, zunächst überhaupt zu erkennen, was alles an Praktiken möglich ist, und sich dann die zum Unter-

207 Organisationskultur sind »die informellen Haltungen, Werte, Normen, der Ethos oder der Geist, der in einer Organisation zu finden ist«. Seumas Miller (2010): The Moral Foundations of Social Institutions.

nehmen passenden auszuwählen, sie zu testen, zu implementieren und nicht mehr brauchbare zu verwerfen. Es geht um die systematische Optimierung einer Konfiguration von Managementpraktiken, denn diese bestimmen, wie leistungsfähig ein Unternehmen ist.

Die zentrale Rolle der Managementpraktiken für Unternehmen ist der Wissenschaft schon lange bekannt. Der renommierte US-Ökonom Renis Likert schrieb ihnen schon im Jahr 1961 in seinem immer noch sehr lesenswerten Buch »New Patterns of Management« eine zentrale Rolle zu. In der Neuzeit befasste sich eine Gruppe um den Stanford-Ökonomen Nicolas Bloom an der London School of Economics mit der quantitativen Erforschung von Managementpraktiken.[208] Vieles spricht dafür, dass die Intervention über diese einen ungleich längeren Hebel bietet als alle anderen Interventionsformen, wie zum Beispiel Leadership, Unternehmenskultur, Strategieberatung oder Prozessberatung. Wer Unternehmen wirklich und nachhaltig systemisch entwickeln will, kommt um Praktiken nicht herum.

Die Summe aller Managementpraktiken ist das Betriebssystem von Unternehmen. Es ist, wie in einem Computer, das System, das alle Ressourcen verfügbar macht. Ist es veraltet, bedeutet das eine Limitierung der Fähigkeiten des Unternehmens. Insofern weist Managementhierarchie eine Parallele zu MS-DOS auf: Sie funktioniert, aber erlaubt keine leistungsfähigen Anwendungen. Dagegen ist das Betriebssystem, das ich Ihnen im Kapitel V vorgestellt habe, wie IOS, das Betriebssystem eines modernen Smartphones. Es erlaubt modernste Anwendungen. Schauen wir uns dazu nun den Aufbau von Betriebssystemen an.

Karten der Zusammenarbeit

»Komplexe adaptive Organisationen setzen den Hebel des Managements nicht bei der Hardware der organisatorischen Strukturen an, sondern bei der Software der Zusammenarbeit.«

Frei nach Eric Beinhocker[209]

Wie gestaltet man ein Unternehmen durch Managementpraktiken? Man führt solche Praktiken ein, die zu seinem Ziel beitragen – und schafft die ab, welche das nicht tun. Ich nenne das Workdesign. Ein Prozess des ständigen Optimierens eines organisatorischen Betriebssystems durch Praktiken.

208 Die Gruppe ist ein Teil der London School of Economics LSE, www.worldmanagementsurvey.org, Zugriff am 14.12.2023.

209 Eric Beinhocker, ebd., S. 401.

Workdesign braucht eine Karte. Karten geben Orientierung; sie zeigen die eigene Position, mögliche Ziele, Alternativen, Herausforderungen und Wege. In meinem 2019 erschienenen Buch »Liberated Companies« habe ich so eine Karte entworfen. Ich nannte sie eine »Workdesign Map«: eine Karte, die alle Managementpraktiken eines Unternehmens kartografiert, wie in Abbildung 30 dargestellt.

Aussen ← → Innen

Direkt ↕ Indirekt

Workdesign Map	Handeln	Denken	Fühlen
Aktion	**Organisation** Wie organisieren wir uns?	**Entscheidungen** Wie entscheiden wir?	**Meetings** Wie treffen wir uns?
Koordination	**Leitung** Wie setzen wir Ziele?	**Personal** Wie gehen wir mit Menschen um?	**Transparenz** Wie informieren wir?
Entwicklung	**Projekte** Wie erstellen wir neue Dinge?	**Lernen** Wie lernen wir?	**Reflexion** Wie erkennen wir?

Abbildung 30: Workdesign Map

Die horizontale Achse zeigt in drei Kategorien, wodurch eine Praktik hauptsächlich wirkt, ob sie Hand, Kopf oder Herz anspricht. Sie ordnet diese Kategorien vom Äußeren (dem, was gut beobachtbar ist) zum Inneren (dem, was nur vermutet werden kann) an. Die vertikale Achse ordnet Praktiken nach ihrem betrieblichen Zweck in ebenfalls drei Kategorien an. Unterschieden werden solche, die zur Gestaltung einer Aktion, zur Koordination oder zur Entwicklung dienen.

Workdesign Maps beschreiben, wie in einem Unternehmen zusammengearbeitet wird. Sie erlauben es, durch Kartografierung aller Managementpraktiken ein organisatorisches Betriebssystem in einer Karte darzustellen und es mit anderen Betriebssystemen zu vergleichen. Sie zeigen, wie ein Unternehmen funktioniert, auf welche Praktiken es Wert legt und wo Lücken bestehen. Sie sind ein Instrument zur Analyse und Entwicklung von Unternehmen. Näheres dazu finden Sie online auf www.workdesign.company. Dort werden Sie auch einen Katalog von fast 200 Managementpraktiken und einige Unternehmensbeispiele entdecken. Ja, sie können sogar Ihr eigenes Unternehmen selbst kartografieren und mit anderen Unternehmen vergleichen.

Ich musste dieses Instrument zwischen 2016 und 2019 zusammen mit Matthias Boldt, der die Entwicklung übernahm, selbst bauen, weil weder damals noch heute eine einfache grafische Visualisierung von progressiven Organisationsformen in der Literatur zu finden war. Eine solche simple Visualisierung ist aber meines Erachtens unverzichtbar, um der betrieblichen Praxis Orientierung zu geben. Es braucht neue Werkzeuge, um die Komplexität jenseits der Managementhierarchie organisieren zu können.

Zwei Beispiele helfen, die Workdesign Map zu verstehen. Erstens die Karte eines großen prominenten deutschen Einzelhändlers aus dem Jahr 2015.[210] Dessen Konfiguration ist typisch für die meisten heutigen Unternehmen

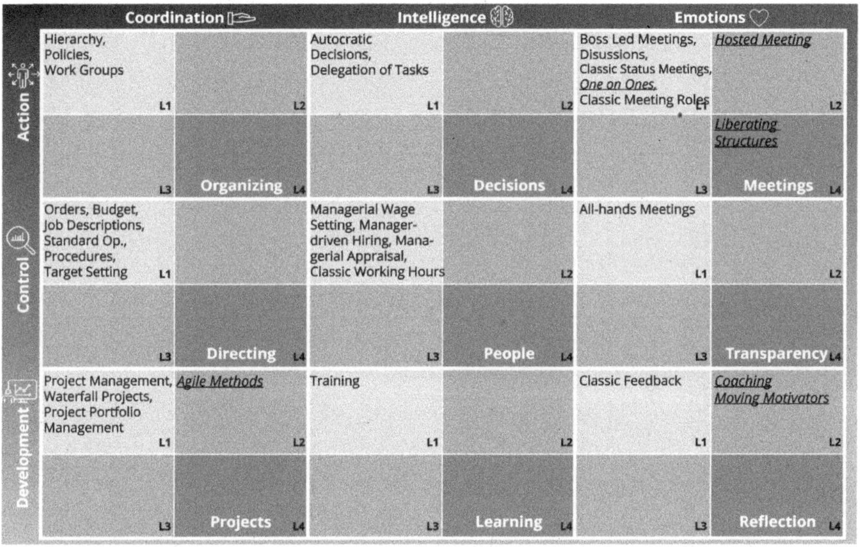

Abbildung 31: Workdesign Map eines traditionellen Unternehmens

Der Betrieb verwendete 25 Managementpraktiken, die ausreichen, um die Zusammenarbeit von Tausenden von Mitarbeitern in Europa zu organisieren. Nicht jede wird Ihnen etwas sagen – Managementpraktiken sind leider keine genormten Begriffe.

Auf der Karte ist jedes der neun Felder noch einmal in vier Felder unterteilt, Level 1 bis Level 4. Dies ist die dritte Dimension der Matrix, der Grad der Machtasymmetrie. Level 1 enthält alle Praktiken, die von hohen Machtasymmetrien, Level 4 alle, die von einer egalitären Machtverteilung ausgehen. Level 2 und Level 3 liegen dazwischen.

Sie sehen in Abbildung 31, dass die meisten Praktiken des Unternehmens in dem Bereich links oben zu finden sind. Dort, wo es um Organisation, Zielsetzung und Entscheidungen geht. Im Gegensatz dazu sind im Bereich rechts unten, dort, wo es um Lernen, Transparenz und Reflexion geht, kaum welche zu finden. Dies ist typisch für traditionelle Unternehmen. Sie kümmern sich um die Ausführung von Jobs mehr als um die Entwicklung von Menschen. Sie kümmern sich um Hardware und nicht um Software. Sie funktionieren wie Maschinen.

210 Dabei geht es um ein großes deutsches Handelsunternehmen, dessen Praktiken ich im Jahr 2019 kartografiert habe, aber nur in anonymer Form nutzen darf.

Auch nutzt das Unternehmen fast nur Level-1-Praktiken. Im Jahr, in dem diese Karte entstand, experimentierte es mit einer Reihe von progressiven Praktiken. Diese sind unterstrichen und kursiv dargestellt. Sie wurden letztlich aber nicht unternehmensweit adaptiert, sind heute versandet und werden nur noch sporadisch angewendet. Auch danach wurden immer wieder neue Praktiken versucht, wie zum Beispiel OKRs (Objective Key Rersults – eine Praktik, um Ziele festzulegen), je nachdem, was gerade modisch im Management war, welche Führungskraft welches Buch gelesen hatte oder welche neue Führungskraft in das Unternehmen geholt worden war. Wie so viele Empowermentansätze versiegen neue Praktiken sehr oft, weil alle Praktiken von Managementhierarchien mühelos ignoriert werden können, sowie auch deshalb, weil egalitäre Praktiken sogar inkompatibel mit Machtasymmetrien sind und abgestoßen werden.

Das zweite Beispiel zeigt die Karte eines weitgehend selbstorganisierten Unternehmens, des chinesischen Konzerns Haier.[211]

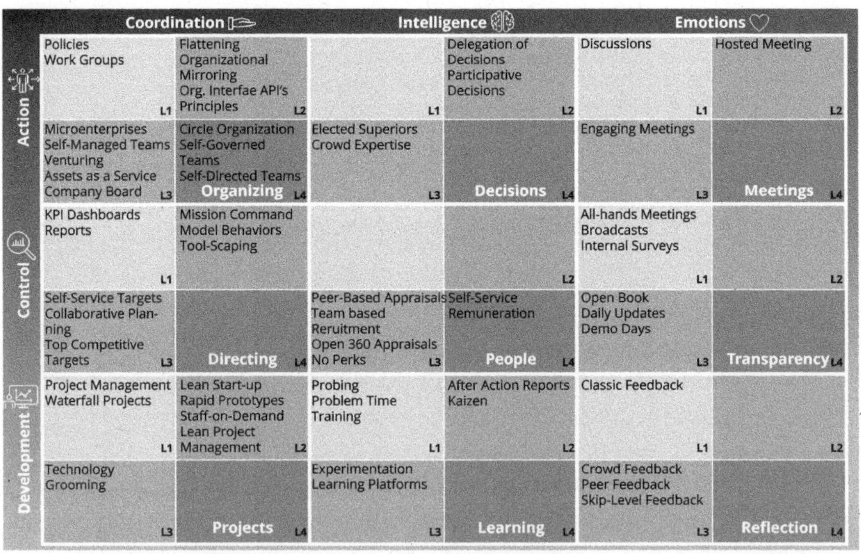

Abbildung 32: Workdesign Map eines progressiven Unternehmens (Haier)

Drei Dinge fallen auf, die typisch sind für den Vergleich von traditionellen und selbstorganisierten Unternehmen. Erstens ist bei selbstorganisierten Unternehmen die Zahl der verwendeten Managementpraktiken höher. So benutzt Haier

211 Status 2018, Yanfeng Cao (2018): The Haier Model.

55, im ersten Beispielunternehmen waren es nur 25. Der Grund dafür liegt darin, dass es sehr viel aufwendiger ist, den Raum für Selbstorganisation offen zu halten, als einfach mal den Manager machen zu lassen. Der Raum für Selbstorganisation entsteht durch Praktiken. Nicht durch die Willkür des Chefs.

Zweitens gibt es sehr viel mehr Praktiken im unteren Dreieck der Matrix: Lernen, Reflexion und Transparenz sind für selbstorganisierte Unternehmen wichtig, weil gute Partizipation ohne persönliche Entwicklung und ohne Herz nicht möglich ist.

Drittens finden Sie hier sehr viele Praktiken, die Ihnen vermutlich unbekannt sind. Das liegt vor allem daran, dass Selbstorganisationspraktiken kaum in heutigen Unternehmen vorkommen oder an Hochschulen gelehrt werden.

Jede Workdesign Map ist wie ein Organigramm der Zusammenarbeit eines Unternehmens. Sie beschreibt aber nicht wie ein herkömmliches Organigramm, wer wofür verantwortlich ist, sondern etwas viel Wichtigeres: wie in einem Unternehmen zusammengearbeitet wird. Wissenschaftlich gesehen, ist Workdesign eine ethnografische Methode. Ethnografische Methoden werden in der Sozialwissenschaft benutzt, um komplexe Sachverhalte darzustellen.[212]

Es gibt einiges an Workdesign auszusetzen. Die wohl grundsätzlichste Kritik ist die Subjektivität, die dadurch entsteht, dass Managementpraktiken nicht eindeutig definiert, voneinander abgegrenzt oder klassifiziert werden können. Ferner sind sie »sensibel«. Kleine Variationen können große Wirkungen haben. Auch ist die Wirkung von Managementpraktiken oftmals situativ begründet. Alles berechtigte Einwände. Die Sache ist nur: Die Komplexität von Unternehmen macht objektive Beschreibungen unmöglich. Wer sie ernst nimmt, muss auf die Methoden der Sozialwissenschaften zurückgreifen. Man vermisst dann keine Unternehmen, sondern man beschreibt Muster und Narrative – genauso, wie es Historiker, Anthropologen, Politologen und Soziologen machen. Wer Betriebswirtschaft der realen Komplexität öffnet, öffnet sie auch den Methoden der Sozialwissenschaften, denn diese sind Komplexität gewachsen.

Auf www.workdesign.company finden Sie daher nicht nur eine Karte eines Unternehmens, sondern auch zu jedem Unternehmen ein Narrativ – ein Versuch, das Glaubenssystem zu beschreiben, das hinter einer Konfiguration von Managementpraktiken steht. Ob man es will oder nicht, jedes Unternehmen schafft nicht

212 Workdesign erfüllt die vier Empfehlungen ethnografischer Wissenschaft: 1. Alltagserleben 2. Ganzheitlichkeit, 3. Beschreibung und 4. Teilnehmende Beobachtung. Kriterien nach J. Bloomberg, et al. (1983): Ethnographic Field Methods and their Relation to Design. In: Douglas Schuler (Hrsg.) (1983): Participatory Design: Principles and Practices. S. 123–155.

zuletzt durch die Art der Zusammenarbeit seine eigenen Werte, sein eigenes Glaubenssystem und sein eigenes Narrativ. Nur ist dieses Narrativ bei traditionellen Unternehmen letztendlich immer sehr ähnlich. Selbstorganisierte und gerade grüne Unternehmen aber sind darauf angewiesen, ihr eigenes Narrativ bewusst zu entwickeln. Maschinen kann man bauen. Soziale Systeme muss man entwickeln. Dazu braucht man ein Narrativ.

Organisation von Unternehmen ist keine Ingenieurswissenschaft. Sie ist Sozialwissenschaft. Daher spreche ich auch von Workdesign und nicht von Work Engineering. Im Wort Design ist ein gewisser künstlerischer Anspruch enthalten. Es ist der Anspruch, Unternehmen nicht mehr mechanisch, sondern sowohl menschlicher und vielfältiger als auch innovativer zu gestalten. Für Orientierung in diesem Unterfangen ist die Workdesign Map nützlich. Wie man Praktiken nutzt, um Unternehmen zu gestalten, dazu kommen wir nun.

Praktiken installieren

«We may not be able to predict or direct economic evolution, but we can design our institutions and societies to be better or worse evolvers.«

Eric Beinhocker[213]

Im Grunde genommen ist Organisationsdesign mit Managementpraktiken einfach: Ein Unternehmen wählt sich einfach diejenigen aus, die zu seinen Zielen passen, und schafft alle ab, die das nicht tun. Ein Unternehmen optimiert sich für seine Ziele, indem es die Software seiner Zusammenarbeit neu konfiguriert. Wichtig dabei ist, dass nicht nur eine einzelne Praktik nützlich erscheint, sondern dass alle Praktiken sich gegenseitig stützen.

Unternehmen können sich revolutionär oder evolutionär rekonfigurieren. Der Regelfall ist die evolutionäre Änderung. Hier gilt es, in selbstorganisierten Unternehmen kontinuierlich gemeinsam zu beraten, neue Praktiken zu testen und einzuführen und nicht mehr benötigte abzuschaffen. Das kann gleichzeitig dezentral und zentral geschehen. Praktiken können lokal ausgefeilt werden, um sie später zentral auf die ganze Organisation zu skalieren. Oder sie können zentral ersonnen werden, um dann lokal ausprobiert und später skaliert zu werden.

Evolutionäre Organisationsentwicklung bedeutet jedoch weder Laisser-faire noch Planlosigkeit. Bevor neue Praktiken getestet oder adaptiert werden, sollte ge-

213 Eric Beinhocker, ebd., S. 348.

meinsam darüber beraten werden, ob sie das Zusammenarbeitsmodell des Unternehmens verbessern können. Dazu ist eine detaillierte Beschreibung notwendig. Auch sollte das Experimentieren nicht irgendwie, sondern systematisch erfolgen. Erfolge, Probleme und Abweichungen sind zu dokumentieren. Nur bewusstes, systematisches, dokumentiertes Experimentieren führt auch zu gesicherten Erkenntnissen und dem Grad an Homogenität in der Anwendung, die gerade große Unternehmen brauchen.

Ein Beispiel: Angenommen, ein Unternehmen will eine Praktik namens »Objectives and Key Results«, kurz OKR, einzuführen. Die erlaubt es, periodisch übergeordnete Ziele im Gegenstromverfahren zugleich in unteren und oberen Hierarchieebenen zu entwickeln und miteinander zu verhandeln. Der erste Schritt ist, diese Praktik genau zu beschreiben. Es gibt unzählig viele Varianten. Daher muss präzisiert werden, was eigentlich gemeint ist. Im zweiten Schritt sollte darüber beraten werden, ob OKRs in der beschriebenen Form das Unternehmen wirklich in die gewünschte Richtung entwickeln: Sind bestehende Praktiken wirklich schlechter? Braucht es überhaupt Zielvereinbarungen, oder gibt es Alternativen? Passen OKRs zum Rest der Praktiken, oder sollten dann auch diese ersetzt werden?

Bewusstes, deliberatives Experimentieren ist der Schlüssel zur Evolution von organisatorischen Betriebssystemen. Evolution braucht ein übergeordnetes Ziel (das Narrativ des Unternehmens), einen Plan (die Workdesign Map) und einen systematischen Prozess. Genau genommen ist auch Organisationsentwicklung mit Managementpraktiken eine Praktik. Eine Praktik, die regelt, wie Unternehmen ihre Software der Zusammenarbeit updaten.

Im Kern geht es darum, Organisationsentwicklung deliberativ zu gestalten. Die meisten Unternehmen kennen keine Deliberation. Für sie ist das Maximum an Beratschlagung schon erreicht, wenn ein Meeting stattfindet. Dabei benutzen wir deliberative Praktiken in vielen Bereichen außerhalb von Unternehmen. Wir nutzen sie in der Justiz, in der Wissenschaft und in der demokratischen Politik – weil wir wissen, dass wir so bessere Entscheidungen treffen. Nur in der Wirtschaft, da halten wir es nicht für nötig. Da sind wir Autokraten. Wir scheinen zu glauben, dass ökonomische Wahrheiten so einfach zu erkennen sind, dass keine Auseinandersetzung nötig ist. Augenscheinliche Wahrheiten brauchen keine mühsame Deliberation: Just do it! Die brutale Vereinfachung der Welt genau an der Stelle, wo Natur zu Konsum verarbeitet wird.

Grüne Unternehmen sind auf Deliberation angewiesen. Ihre umfassenden Ziele lassen ihnen keine Wahl. Deliberation erlaubt grünen Unternehmen, emanzipatorisches Wissen aufzubauen. Das ist Wissen, das der Aufdeckung von unnötigem

Leid dient. Es ermöglicht grünen Unternehmen, sorgsam mit der Außenwelt, der Gesellschaft und der Natur umzugehen. Aber gleichzeitig nutzt Deliberation auch der Leistung von Unternehmen. Schließlich dient sie dazu, Informationen so zu prozessieren, dass die bestmögliche Entscheidung folgt.

Verlassen wir die evolutionäre Organisationsentwicklung und wenden uns der revolutionären zu. Auch der Austausch von ganzen Betriebssystemen in kurzer Zeit ist möglich. Manche Krisen brauchen Revolutionen, auch wenn sie riskanter und aufwendiger sind. Das gilt auf jeden Fall dann, wenn ein Unternehmen Managementhierarchie gegen Selbstorganisation austauschen will. Ein fließender, evolutionärer Übergang ist hier kaum vorstellbar. Durch Experimente mit neuen Praktiken kann sich der Betrieb zwar erste Eindrücke von Selbstorganisation verschaffen, aber es muss irgendwann das System von einem auf den anderen Tag umgestellt werden. Selbstorganisation und Managementhierarchien sind letztendlich zwei nicht miteinander kompatible Betriebssysteme.

Der Wechsel zur Selbstorganisation ist auch deswegen so anspruchsvoll, weil das mittlere Management sich auflöst. Management wird von einer Position zu einer Rolle. Der Verlust an Privilegien und Status sowie die Notwendigkeit, alte Managementtechniken aufzugeben und neue zu erlernen, ist für viele nicht einfach. Wichtig ist eine professionelle Begleitung der Transformation. Dafür gibt es genau darauf spezialisierte Beratungsunternehmen wie zum Beispiel die spanische NER Group.[214]

Ich fasse zusammen: Organisationsentwicklung in grünen Unternehmen bedeutet, Praktiken zu einem Betriebssystem zu verweben, um Zusammenarbeit bewusst zu gestalten. Das ist die Mikrosicht auf die Organisationsentwicklung selbstorganisierter Systeme. Weil ich vermute, dass Ihnen all das ungewohnt und fremd erscheint, will ich Ihnen zum Abschluss dieses Kapitels noch eine einfachere, übergeordnete Sicht bieten. Ein Modell, das veranschaulicht, wie die Macht des Unternehmens und die Macht der Mitarbeiter in ein gesundes Gleichgewicht gebracht werden können.

Spielpläne und Spielstrategien

Unternehmen sind Spielpläne. Es geht um Spiele, die auf dem Feld der Ökonomie, Psychologie, Soziologie, Politologie und Philosophie gespielt werden und deren Ergebnisse von Menschen und Natur getragen werden müssen. Wie sich mit grünen Unternehmen der Spielplan ändert, untersuche ich am Anfang dieses

214 Pim de Morree (2017): A radical and proven Approach to Self-Management. In: Corporate Rebels Blog, https://www.corporate-rebels.com/blog/ner-group, Zugriff am 14.12.2023.

Abschnitts. Und weil neue Spielpläne neue Strategien brauchen, komme ich anschließend zu der Strategie für die Organisation von grünen Unternehmen.

Spielpläne

Heute spielen Unternehmen Monopoly. Sie spielen, auch organisatorisch gesehen, ein Spiel des Besitzes. Des Habens und des Nichthabens. Der Macht und der Ohnmacht. Des Arbeitgebers und des Arbeitnehmers. Des Gewinns und der Kosten. Eine Welt des Geldes, der Quantität. Es ist die Welt der einfachen Erklärungen, der vielen Güter und der wenigen Werte, der wenigen Gewinner und der vielen Verlierer. Eine simple Welt mit simplen Erklärungen, voll von kleinen und großen Königen, die anderen die Welt erklären, obwohl sie mehr damit beschäftigt sind, die größeren Könige zu beobachten als das Land, über das sie herrschen.

Auch grüne Unternehmen spielen. Aber sie spielen ein anderes Spiel. Ein Spiel, das nicht mit immer mehr Geld, sondern mit einem immer besseren Leben gewonnen wird. Es ist ein Spiel der Regeneration und nicht der Akkumulation, wie in Kapitel IV beschrieben. Abbildung 33 stellt die beiden Spielpläne einander gegenüber.

	Traditionelle Unternehmen *Das Spiel der Akkumulation*	**Grüne Unternehmen** *Das Spiel der Regeneration*
Gesellschaft	• Nur ökonomische Ziele • Amoral • The Business of Business is Business – Akkumulation	• Umfassende Ziele • Ethik • The Business of Business is Life – Pflege
Unternehmen	• Ein Bündel von Verträgen • Ausführungsprogramme • Fokus: Aufteilung von Verantwortung	• Eine Gruppe zielbezogener Beziehungen • Ein Such- und ein Ausführungsprogramm • Fokus: Die Praktiken der Zusammenarbeit
Gruppen	• Weitgehende Ignoranz • Trennung von Individuen in Jobs • Bedeutungslosigkeit von Teams	• Nähe als Grundprinzip • Verbindung durch gemeinsame Aufgaben • Teams als das zentrale Element
Individuum	• Eine weitere Ressource • Egoistisch • Rational	• Persönliche Würde • Egoistisch, altruistisch und moralisch • Kopf, Hand und Herz
Weltsicht	• Die Welt als ein Knappheitsproblem • Entkopplung von Mensch und Natur • Reduktionismus	• Die Welt als eine Aufgabe • Verbindung • Holismus

Abbildung 33: Spielpläne: Traditionelle vs. grüne Unternehmen

Die Argumente in Abbildung 33 kennen Sie, wenn Sie das Buch bis zu dieser Stelle gelesen haben. Ich kann sehr gut verstehen, wenn das auf Sie überambitioniert, ja geradezu idealistisch wirkt. Aber ich hoffe, dass ich Ihnen im bisherigen Text keinen Punkt geboten habe, der irrational oder ideologisch ist. Dass die Gesamtheit der Unterschiede trotzdem utopisch wirkt, liegt meines Erachtens daran, dass wir uns einen anderen Weg des Arbeitens miteinander gar nicht mehr vorstellen können. So fällt es schwer, Menschen zu glauben, die einen solchen Weg propagieren und für möglich halten. Dabei sind die Interventionen, die ich vorgeschlagen habe, gar nicht so groß. Im Kern habe ich nur drei Neuerungen eingeführt: Unternehmen führen gesellschaftliche Missionen aus; Eigentum und Herrschaft von Unternehmen werden getrennt; und Unternehmen werden selbs organisiert, um Missionstreue zu gewährleisten. Aber diese drei – wie ich finde moderaten – Regeländerungen ändern das ganze System Unternehmen.

Wir können den Spielplan von Unternehmen ändern! Unsere Gesellschaft ist sogar gut darin, Spielpläne für bestimmte Zwecke zu konfigurieren. So nutzen Wissenschaft, Justiz, Staat, die öffentlich-rechtlichen Medien in Deutschland und auch manche progressiven Unternehmen heute schon andere Spielpläne. Sie spielen kein Spiel der Akkumulation, sondern eher ein Spiel der Erkenntnis. Sie streben nicht nach Reichtum, sondern nach Wahrheit. Natürlich musste unsere Gesellschaft diese Spielpläne über viele Jahre erst lernen. Wir mussten lernen, dass Wahrheit Interessenfreiheit braucht, und erfanden Peer Reviews, Gerichtsverfahren und demokratische Checks and Balances. Nun müssen wir lernen, dass Regeneration ein Spiel ist, das ganz anders als Akkumulation funktioniert. Mit einem Spielplan, wie ich ihn in den vorherigen Kapiteln des Buches beschrieben habe. Was aber noch fehlt, ist eine Skizze der Strategie, mit der ein Unternehmen dieses neue Spiel erfolgreich spielen kann. Diese liefere ich im nächsten Kapitel.

Der grüne Korridor

Die Strategie von Unternehmen wandelt sich. Traditionelle Unternehmen sind Spiele der Dominanz. Sie sind durch und durch unkooperative Spiele. Grüne Unternehmen sind Spiele der Kooperation. Kooperation nach außen, mit der Gesellschaft und mit der Natur – und Kooperation nach innen, in der Belegschaft. Das hindert grüne Unternehmen nicht daran, miteinander am Markt zu konkurrieren. Und es schließt auch in der Belegschaft nicht Konkurrenz und Zwang aus. Aber diese Dinge sind eher eher taktische Mittel als Spielprinzip.

Trotzdem glauben viele, selbstorganisierte Unternehmen seien soziale Hängematten, weil sie sich nicht vorstellen können, dass ein Betrieb ohne die Aufsicht von Managern funktionieren kann. Der zentrale Zusammenhang, den man verstehen muss, ist folgender: Der Verzicht auf Managementhierarchie heißt nicht, dass ein Unternehmen zahnlos wird und nicht mehr seine Interessen gegenüber der Belegschaft durchsetzen kann. Dazu nun ein erläuterndes Modell.

Die amerikanischen Politologen Daron Acemoglu und James A. Robinson haben im Jahr 2019 ein Modell dazu vorgelegt, wie man sich das Zusammenspiel zwischen der Macht des Staates und der Macht der Bürger vorstellen kann.[215] Sie nannten dieses Modell »The Narrow Corridor«: Danach sollten beide Mächte in gesunden Gesellschaften immer zusammen entwickelt werden. Wenn eine von ihnen zu groß wird, droht einer Gesellschaft Despotie oder Anarchie. Ihr Modell passt aber für jedes Herrschaftssystem, unabhängig von der Größe. In Abbildung 34 habe ich es auf Unternehmen angewendet. Auch Unternehmen sind Herrschaftssysteme, die ihre eigenen Interessen verfolgen, Macht über die Menschen haben, die ihnen angehören, und gleichzeitig auch abhängig von diesen Menschen sind. Der Unterschied zwischen Staaten und Unternehmen ist, hinsichtlich dieses Modells, eher einer der Größe.

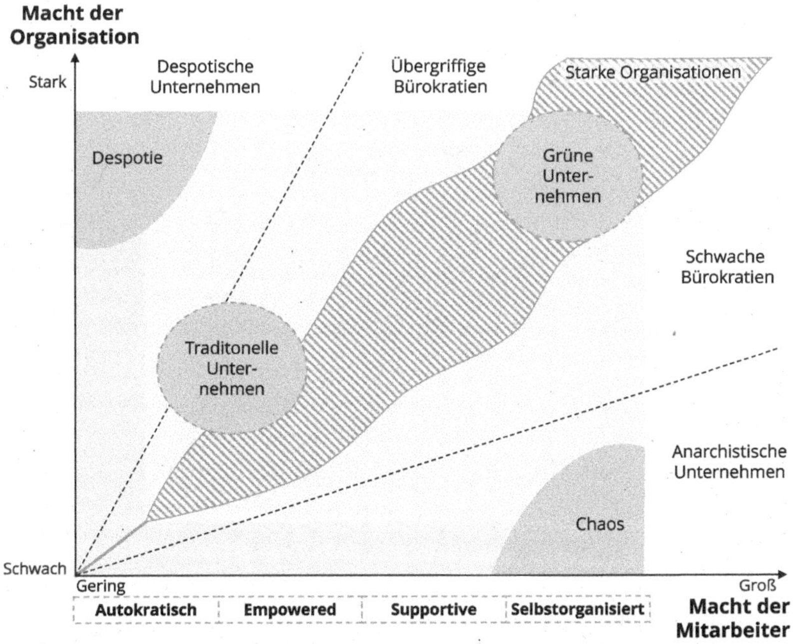

Abbildung 34: Der grüne Korridor

215 Daron Acemoglu und James A. Robinson (2019): The Narrow Corridor: States, Societies, and the Fate of Liberty.

Der Kern des Modells ist, Macht in zwei Dimensionen zu denken: Die eine ist die Macht der Organisation und die andere die Macht der Mitarbeiter. Wenn man diese auf zwei Achsen zeichnet, kann man Unternehmen in einem Raum verorten:

- Despotie entsteht, wenn die Macht der Organisation hoch und die Macht der Mitarbeiter klein ist.
- Chaos entsteht, wenn das Gegenteil der Fall ist.
- Traditionelle Unternehmen sind links von der 45-Grad-Achse zu finden, etwa im gestrichelten Kreis. Bei ihnen ist die Organisation mächtiger als die Mitarbeiter.
- Grüne Unternehmen sollten entlang der 45-Grad-Linie operieren, optimalerweise rechts oben: Sie streben nach der gleichzeitigen Maximierung der Macht der Organisation und der Macht der Mitarbeiter.

Die zentrale These von Acemoglu und Robinson lautet: Gesunde Staatssysteme kombinieren machtvolle Regeln mit einer ebenso machtvollen Beteiligung der Menschen. Ebenso sind Unternehmen gut beraten, zugleich eine machtvolle Organisation wie auch eine machtvolle Beteiligung der Mitarbeiter anzustreben. Das Ziel von grünen Unternehmen ist es eben nicht, die Macht der Organisation zu begrenzen. Vielmehr wollen sie diese zusammen mit der Macht der Mitarbeiter wachsen lassen. Im Gleichgewicht!

Der Schlüssel zu diesem Gleichgewicht ist die Legitimation der Macht. Würde man die Macht der Organisation einseitig stärken, würde ein Unternehmen einer Despotie näher rücken. Das führt dazu, dass Menschen sich abwenden. Sie wählen den inneren Exit. Aber auch die einseitige Erhöhung der Macht der Mitarbeiter ist schlecht, denn die bringt ein Unternehmen der Anarchie näher. Besser für die Leistungsfähigkeit des Betriebs ist es, wenn jeder Machtzuwachs der Mitarbeiter einhergeht mit einem Machtzuwachs der Organisation.

Aber allein irgendein Gleichgewicht der Macht entlang der 45-Grad-Achse ist nicht genug. Erstens erreicht ein Unternehmen, das nicht gleichzeitig seine und die Macht der Mitarbeiter ausschöpft, nicht seine volle Leistungsfähigkeit. Effizienz bleibt Brot und Butter des Geschäft, auch in grünen Unternehmen. Zweitens ist das System oben rechts stabiler als in anderen Positionen. Hier wachen eine starke Mitarbeiterschaft und eine starke Organisation über ihre Rechte. In allen anderen Positionen kann das Machtgleichgewicht leicht verloren gehen. Durch Machtstreben können einzelne Personen oder Gruppen übermäßig machtvolle Positionen erlangen. Das Unternehmen wird autokratischer und bewegt sich entlang der y-Achse auf die Despotie zu. Auf der anderen Seite kann aber auch eine starke Mitarbeiterschaft die Schwäche der Organisation ausnutzen, um sich selbst Vorteile auf Kosten des Unternehmens zu verschaffen. Sie könnte sich in Positionen bringen, die das Unternehmen lähmen oder anderen Stakeholdern – den Eigentümern, der Gesellschaft oder der Biosphäre – schaden. Dann würde das Unternehmen sich in Richtung der x-Achse auf die Anarchie zubewegen.

Zwei starke Pfeiler machen ein System stabiler als zwei zerbrechliche Pfeiler. Der Mittelgrund zwischen Autokratie und Selbstorganisation ist nicht stabil. Autokratien sind stabil, wenn sie machtvoll dominieren können – links oben in der Grafik. Selbstorganisierte Systeme sind stabil, wenn sie Kooperation konsequent einfordern können und ihre Forderungen demokratisch legitimiert sind – rechts oben in der Grafik. Anarchien – rechts unten in der Grafik – sind definitionsgemäß niemals stabil.

Letztlich geht es in diesem Modell auch um Freiheit. Freiheit ist kein Zustand ohne Regeln – sie ist keine Anarchie. Freiheit ist aber auch kein Zustand, in der einer die Regeln bestimmt wie in der Autokratie. Die Freiheit des Einzelnen ist nur dann wirklich vorhanden, wenn jeder Einfluss auf die Regeln hat und seine universellen Rechte geschützt sind (auch vor einer demokratischen Mehrheit). Das ist die Position oben rechts, das grüne Unternehmen. Die Maximierung dieser Freiheit ist das Ziel jeder ambitionierten Demokratie – und sie ist auch das Ziel von grünen Unternehmen. Nur dort ist eine hohe Leistungsfähigkeit der Unternehmen bei gleichzeitiger Entfaltung des Einzelnen gewährleistet.

Laut Jürgen Habermas gilt: »Der Kern einer Zivilgesellschaft ist ein Aktionswesen, das problemlösende Diskurse zu Fragen allgemeinen Interesses im Rahmen veranstaltender Öffentlichkeiten institutionalisiert.«[216] Grüne Unternehmen sind ohne Zweifel für jeden Einzelnen, für die Gesellschaft und die Natur sehr bedeutende »Aktionswesen«. Wir haben es bisher nur versäumt, »problemlösende Diskurse zu Fragen allgemeinen Interesses« in die Unternehmen zu bringen. Spätestens in einer Welt, die die planetaren Grenzen überschritten hat, ist Produktion eine Frage des allgemeinen Interesses, weil wir nicht mehr auf Teufel komm raus produzieren und konsumieren können. Es ist an der Zeit, die Maxime des »The Business of Business is Business« ad acta zu legen. Wir sollten anzuerkennen, worum es wirklich geht: The Business of Business is Life.

Alles, was wir dazu machen müssen, ist, aufhören zu trennen: Leben von Arbeit. Demokratie von Arbeit. Sinn von Arbeit. Das alles gehört zusammen. In einem Spielplan, einem Design.

216 Habermas, ebd.

VIII Geerdete Gesellschaft: Sinn über Entfremdung

»Die Menschheit hat die Wahl: Kooperation oder Selbstmord.«
António Guterres[217]

Die richtigen Ziele verfolgen und ihnen treu bleiben – um mehr geht es in grünen Unternehmen im Grunde genommen nicht. In den vorherigen Kapiteln haben wir gesehen, wie es möglich ist, sie entsprechend zu organisieren. Jetzt, am Ende dieses Buches, beschäftigen wir uns damit, welche gesellschaftliche Wirkung grüne Unternehmen haben, wie sie Realität werden können und wie sie dazu beitragen, die Wirtschaft als Ganzes lebensdienlich zu machen.

Die drei Krisen unserer Gesellschaft

Drei Krisen erschüttern heute gerade westliche Gesellschaften: die Krise der Einsamkeit, die Krise des Politischen und eine Sinnkrise. Ich folge in meiner Beschreibung Gesellschaftswissenschaftlern wie Michael J. Sandel, James Suzman,[218] Andreas Reckwitz und Hartmut Rosa, verwende aber eigene Begriffe. In der Hoffnung, zu vereinfachen und trotzdem ihren Analysen gerecht zu werden.[219]

Die Krise der Einsamkeit

Das Leben in der Moderne fühlt sich oft bedeutungslos an, vor allem weil kaum jemand sich selbst genügt. Das ist allerdings kein Defekt des Menschen. Es ist das Resultat eines Systems, das Menschen bei der Arbeit zu einem Zahnrad degradiert

---

217 António Gutteres auf der COP27 am 7. November 2022. United Nations News, https://news.un.org/en/story/2022/11/1130247, Zugriff am 14.12.2023.

218 James Suzman (2017): Sie nannten es Arbeit. Eine andere Geschichte der Menschheit.

219 Reckwitz und Rosa sprechen von vier Krisen: der sozialen Krise der Anerkennung, der kulturellen Krise der Selbstverwirklichung, der Krise des Politischen und der Krise des am Fortschritt orientierten Regimes des Neuen. Ich habe die ersten beiden Krisen im Begriff der Einsamkeit zusammengefasst und die Krisen neu betitelt, um sie verständlicher zu machen. Andreas Reckwitz und Hartmut Rosa (2012): Spätmoderne in der Krise.

und im Privaten stets signalisiert, was man alles verpasst, wenn man etwas nicht macht oder weil man nicht der ist, der man sein könnte. Jeder ist so in einer wirtschaftlichen und privaten Beschäftigungsmaschine gefangen, die verhindert, dass Menschen jemals ankommen. Es gibt keinen Platz, um zu sein. Jeder muss werden.

Das Ganze ist eng verknüpft mit einer toxischen Definition von Freiheit. Freiheit wird heute vor allem als die Maximierung des Handlungsraums des Individuums gesehen. Alles Gemeinschaftliche wird durch die Überhöhung der individuellen Freiheit degradiert und gerät außer Sicht. Dabei sind individuelle Freiheit und Gemeinschaft unauflöslich miteinander verbunden. Eine Gesellschaft, die das Individuum maximal frei machen will, muss Menschen einsam machen, weil Gemeinschaft ohne gegenseitige Rücksichtnahme nicht möglich ist.

Absolut frei in seinen Handlungen zu sein, heißt, allein zu sein. Wir brauchen und wollen aber einander. Das Ziel der individuellen Freiheit ist nicht falsch, aber wir haben es damit übertrieben. Letztlich ist Freiheit ein Unterziel des übergeordneten Ziels Glück. Und um glücklich zu sein, fehlt uns heute – das belegen es viele Studien[220] – vor allem eines: Gemeinschaft.

Freiheit ist niemals nur eine private Angelegenheit – Freiheit ist immer ein gesellschaftliches Projekt. Wir wollen nicht frei und einsam, sondern frei und zusammen sein. Freiheit entsteht in diesem Projekt nicht in passiver Abgrenzung voneinander. »Die Freiheit des Einzelnen endet nicht da, wo die Freiheit des anderen beginnt, sondern« – so schreibt der spanische Soziologe César Rendueles – »Freiheit beginnt an exakt der Stelle, wo wir mit anderen zusammen anfangen, uns von geteilter Unterwerfung zu befreien und gemeinsam neue Formen der Beziehungen unter Gleichen zu erkunden.«[221] In anderen Worten: Wir haben keine Ahnung, wie frei wir sein können, wenn wir uns nicht mit anderen zusammenraufen. Freiheit ist ein gesellschaftliches Emanzipationsprojekt.

Aber auch aus einem zweiten Grund ist Freiheit stets ein gesellschaftliches Vorhaben: Es gibt nie einen guten Startpunkt für Freiheit. Vermögen, Einkommen, Fähigkeiten, Aussehen, Lebensumstände – alles das ist immer und zu jeder Zeit ungleich verteilt. Das macht einige frei und andere unfrei. Folglich sind wir stets darauf zurückgeworfen – wenn wir Freiheit nicht als Freiheit des Stärkeren sehen wollen –, gemeinsam darüber nachzudenken und darüber zu bestimmen, wo wir sind und wo wir hinwollen. Verteilung, Gerechtigkeit und Freiheit bedingen einander. Sie müssen stets verhandelt werden.

220 Vor allem die Grant Studie der Harvard Medical School, siehe Kapitel II.
221 César Rendueles (2022): Gegen Chancengleichheit, S. 261.

Wir gedeihen individuell und gesellschaftlich nur gemeinsam. Aber viele Menschen wenden sich von der Gesellschaft ab, weil sie sich von ihr nicht geschätzt fühlen. Selbst diejenigen mit den sozial anerkanntesten Berufen (zum Beispiel Pfleger, Ärzte, Reinigungskräfte, Feuerwehrleute und Lehrer) fühlen sich heute kaum respektiert. Tatsächlich belohnt unsere Gesellschaft nicht die sinnvolle Arbeit, sondern das, was dem Kommerz am meisten dient. Natürlich gab es schon immer eine Kluft zwischen Verdienst und Respekt, aber diese Kluft ist in einer anonymen Gesellschaft viel zerstörerischer, weil kaum jemand nah genug dran ist, um irgendjemandem tatsächlich Respekt zollen zu können. Die eigene soziale Klasse, die einen Halt gab, gibt es nicht mehr. Respekt braucht aber Nähe.

Menschen, die einander fremd geworden sind, werden nicht betrachtet als das, was sie sind, sondern als das, was sie nach außen darstellen. Wie gesagt, ist keiner mehr nah genug dran, um den anderen wirklich zu erkennen. So ist jeder zwangsläufig in einem Theater der Selbstdarstellung gefangen.

Menschen, die versuchen, ihren Wert durch den Vergleich mit der glitzernden Fassade Fremder zu ermitteln, werden sich selbst nie genügen. So kommt der moderne, sich selbst optimierende Mensch niemals an. Auch nicht bei sich. Das ist gut für das Absetzen von Produkten und Dienstleistungen, weil auf diese Weise jeder in Bewegung bleibt. Auf der Suche nach Selbstwirksamkeit bleibt den getriebenen Menschen nur der Konsum. Die Arbeit ist fremdbestimmt, die gibt nichts her. Aber durch Konsum kann man sich und anderen die eigene Individualität beweisen.

Der Wirtschaft nützen Menschen, die sich stets bewegen, mehr als Menschen, die ankommen. Mit Menschen, die etwas bleiben wollen, ist nicht viel zu verdienen. Die Tugend unserer Zeit ist die Aktion, das Werden. Vergessen sind die Tugenden des Seins: Respekt, Heimat, Gelassenheit, Bescheidenheit, Hilfe, Aufmerksamkeit, Rücksicht und auch Nachhaltigkeit. Es zählt Geschwindigkeit, die Richtung ist egal.

Solange unsere Gesellschaft die Tugenden des Werdens über die Tugenden des Seins stellt, werden wir weiterhin wachsen und wachsen wollen. Solange der moderne Mensch allein ist und Angst hat, nicht zu genügen, werden wir uns weiter dazu antreiben, einem System zu entsprechen, das uns die Lebensgrundlagen mehr und mehr entzieht.

Mehr zu sein und weniger zu werden, ist kein Aufruf zur Untätigkeit. Es ist aber ein Aufruf, auf unsinnige Aktivität zu verzichten. Letztlich ist Nachhaltigkeit nämlich vor allem eines: Beschränkung auf gesellschaftlich sinnvolle Aktivität. Und dazu braucht es die Politik.

Die Krise des Politischen

Auf vereinzelten Menschen kann kein gutes Gemeinwesen aufgebaut werden. Je mehr Bürger einen Freiheitsbegriff internalisiert haben, der auf ihrer eigenen Autonomie beruht, umso mehr betrachten sie sich als Konsumenten von staatlichen Dienstleistungen. Sie haben Ansprüche, aber sie sehen sich nicht in der Verantwortung mitzuwirken. Sie verharren in den zwei großen passiven Identitäten des modernen Menschen: als Arbeitnehmer im Betrieb und als Konsument im Privaten. Die Rolle des Bürgers wird nicht angenommen. Sie ist auf Wahlen verzwergt und gerät in Vergessenheit.

Das heutige politische System fördert Passivität. Es ist weit entfernt von der Vorstellung der Demokratie, welche die Griechen vor mehr als 2000 Jahren für akzeptabel hielten. Direkte Demokratie, konsultative Demokratie, Losverfahren – alles Selbstverständlichkeiten für klassische Demokratien – fehlen heute fast völlig. Stattdessen herrscht die Demokratieform vor, die geradezu dazu prädestiniert ist, Konsumenten statt Bürger zu erzeugen, die repräsentative Demokratie.

Diese autokratischste aller denkbaren Demokratieformen hat sich in den Köpfen der großen Mehrheit, auch in denen der Parlamentarier selbst, so sehr eingegraben, dass landläufig Demokratie mit repräsentativer Demokratie und ihren periodischen Wahlen gleichgesetzt wird. Das aktivierende, gemeinschaftsbildende, gerechtigkeitsschaffende, emanzipatorische Potenzial von direkter, konsultativer und aleatorischer Demokratie (Losverfahren) wird ignoriert. In Talkshows werden Bürgerforen, ein Verfahren der konsultativen Demokratie, lächerlich gemacht und als »undemokratisch« bezeichnet, weil ja »jeder weiß, dass Demokratie heißt, dass die gewählten Repräsentanten des Volkes bestimmen«. Wie in Unternehmen, so auch im Staat: Wir können es uns gar nicht mehr vorstellen, dass Entscheidungen nicht von oben kommen. Wir stellen Forderungen und schimpfen, aber einbringen tun wir uns nicht: Democracy as a Service.

Hierarchie und Untertanengeist sind in unserem Kopf.[222] Entscheidungen oder auch nur Empfehlungen von unten, direkt vom Volk, sind zu misstrauen. Dabei eignen sich doch Losverfahren viel besser als Wahlverfahren dafür, Gruppen von Entscheidungsträgern zusammenzustellen, die ein Volk wirklich repräsentieren. Mit guter Beratung und in einem guten Prozess werden in Bürgerforen regelmäßig Ergebnisse von einer Konsequenz erzielt, die repräsentative Demokratien mit ihrer vereinzelnden Klientelpolitik nicht hervorbringen können.

222 Erich Fromm (1957): Zur Struktur der Autoritären Persönlichkeit. In: Deutsche Universitätszeitung, Band 12 (9).

Durch Wahlen in repräsentativen Systemen werden Eliten gepflegt. Eliten können ihre Macht viel besser erhalten, wenn sie wissen, wen sie umgarnen, fördern oder medial ignorieren müssen. Mit einer kleinen Anzahl gewählter Volksvertreter und hochrangigen Posten in einer Staatshierarchie ist Lobbyismus sehr viel einfacher. Ein ganzes Volk zu bestechen, was man bei Losverfahren machen müsste, ist aber unmöglich.

Wer nur Repräsentanten wählt, entscheidet sich alle paar Jahre für einen neuen Retter. Das führt zu Enttäuschung und gefühlt zu permanenter Krise. Besser, als die Hoffnung nur auf die Heilsversprechen von Personen oder Parteien zu setzen, ist es, selbst im Diskurs zu bleiben und mitzudenken. Das ist zweifellos anspruchsvoll, aber es geht, ohne den Einzelnen zu überfordern, wenn man die drei Arten der Demokratie gut miteinander verwebt.[223]

Die politische Krise kann gelöst werden, wenn man den dünnen Faden der (repräsentativen) Demokratie zu einem stabilen Gewebe mit den Fäden der direkten, der konsultativen und der aleatorischen Demokratie verbindet.[224] Dann gibt es wieder mehr Bürger und nicht nur Demokratiekonsumenten. Demokratien sind Projekte, und Projekte gelingen nicht mit Konsumenten, sondern nur mit Mitarbeitern. *Democracy as an obligation.*

Die Ökonomisierung der Weltbeziehung des Menschen verbannt das »Wir« und führt zu einer Kakophonie des »Ich!«.[225]Angst und Ohnmacht entstehen in der kalten Konkurrenz der ökonomischen Maschine, und die Wut des Bürgerkonsumenten richtet sich gegen die Politik. Die Krise der Politik ist zu einem großen Teil in der Art, wie Wirtschaft organisiert ist, begründet. Grüne Unternehmen sind demgegenüber der Schlüssel, um Menschen tagtäglich in Demokratie zu involvieren.

Die Sinnkrise

Der ultimative Irrsinn ist, dass wir uns von der Maschine, die wir aus der industriellen Revolution geerbt haben, die Ziele unserer Gesellschaft vorgeben lassen. Einer Maschine, von der viele immer noch denken, sie mache uns reich, auch wenn sie Menschen vereinsamt und das Leben um uns herum tötet.

Einsame Menschen ohne Aussicht auf politische Wirksamkeit lassen sich von der Maschine in den Abgrund ziehen. Sie glauben nicht an ihre eigene Wirksamkeit, weil sie diese nie erfahren. Weder im ökonomischen noch im politischen System. Als »selbstwirksam« können sie sich lediglich dann er-

223 Gertrude Lübbe-Wolf (2023): Demophobie. Muss man die direkte Demokratie fürchten?
224 David von Reybrouck, ebd.
225 Michael Sandell, ebd.

leben, wenn sie nach den Regeln der Maschine spielen und Karriere machen – oder wenn sie aufmerksamkeitsheischend die nächste virale Social-Media-Welle mitmachen.

So leben wir in einer psychotischen Gesellschaft, die den Abgrund nicht sehen will.[226] Die trotz 300 Jahre Aufklärung keinen Gebrauch von ihrem Verstand machen kann. Die die Hitze, die diese Welt verbrennt, schon auf der eigenen Haut spürt, aber die eigene Aufmerksamkeit dann doch lieber auf die vor ihr liegende Lebensstrecke im SUV oder den Urlaubsflug auf die Malediven lenkt.

Es wird verdängt, und und es wird an technologische Heilsversprechen geglaubt. Sollen doch die in China anfangen. Verzicht? Niemals! Nach mir die Sintflut. Was bleibt, ist ein großes Unbehagen mit dieser Welt. Sicherlich kann man sich mit Stellvertreterkämpfen beschäftigen und eine dünne Form der Gemeinschaft genießen – etwa im Kampf gegen Woke, Gendern, Veganer, Elektroautos und Wärmepumpen. Aber weder lassen sich die Naturgewalten durch gelungene Social-Media-Posts beeindrucken, noch wird die Abkehr von der Realität jemanden einem gelungenen Leben näherbringen.

Sinn wird in unsere Gesellschaften erst zurückkehren, wenn wir anfangen, mit offenem Visier den Kampf gegen das Sterben unserer Welt anzunehmen. Sinn werden wir erst erfahren, wenn wir uns aus dem System befreien. Aus dem System, in dem, wie der bereits zum Ende des ersten Kapitels zitierte Sir Maynard Keynes es formuliert, »das Anständige widerlich und das Widerliche anständig ist«. Und erst dann, wenn wir, wie ebenfalls Keynes es ausdrückte, »unseren Göttern Geiz, Wucher und Vorsicht« abschwören, erst dann gelangen wir »aus dem Tunnel der wirtschaftlichen Notwendigkeit wieder ans Tageslicht«.[227] Um das Jahr 2030 herum, vermutete Keynes, werde die Chance zum Verlassen des verdorbenen Systems kommen: die Chance, Zusammenarbeit sinnvoller zu organisieren, als wir es im Jahr 1930 konnten.

226 Ariadne von Schirach (2019): Die psychotische Gesellschaft.
227 John Maynard Keynes, ebd.

Die Transformation zum grünen Unternehmen

»Unternehmen sind Dreh- und Angelpunkte der großen Transformationen – in ihnen bündeln sich Konsumwünsche, Technologien und Ressourcen.«
Uwe Schneidewind[228]

Wir können das heutige System verabschieden, wenn wir Unternehmen wieder zu einem Teil des gesellschaftlichen Projektes machen. Zusammen bilden die sieben Punkte dieses Buches – Kapitel II bis VIII – einen organisatorischen Green New Deal. Den beschreibe ich nun und fasse damit dieses Buch zusammen. Anschließend erfahren Sie, wie Unternehmen sich zu grünen Unternehmen entwickeln können und was der Staat machen sollte, um diese Transformation zu beschleunigen.

Ein Green New Deal

Nachhaltige Wirtschaft braucht grüne Unternehmen. Unternehmen brauchen eine Mission, Demokratie und Selbstorganisation, damit sie aufhören, auf Teufel komm raus zu akkumulieren, und anfangen, die Welt um sie herum zu regenerieren.

Natürlich ist das, was im Inneren von Unternehmen passiert, nicht allein für den Schlammassel verantwortlich, in dem wir uns befinden. Den globalisierten Markt, den von der Realität entkoppelten Kapitalmarkt und den unzureichend lenkenden Staat treffen ebenso Schuld. Aber wir sollten die miesen Intentionen von heutigen Unternehmen zur Kenntnis nehmen und etwas dagegen tun. Nicht die Menschen im Unternehmen und auch nicht die Topmanager sind verantwortlich. Es ist das System, in das wir Menschen bei der Arbeit werfen. Es macht gute Intentionen irrelevant und honoriert Ausbeutung und Gier. Wir können das ändern. Dazu braucht es die sieben Deals, die ich Ihnen vorgestellt habe. Abbildung 35 fasst diese Punkte zu einem Green New Deal zusammen.

228 Uwe Schneidewind (2018): Die große Transformation. Eine Einführung in die Kunst des gesellschaftlichen Wandels, Kindle Ausgabe, S. 298.

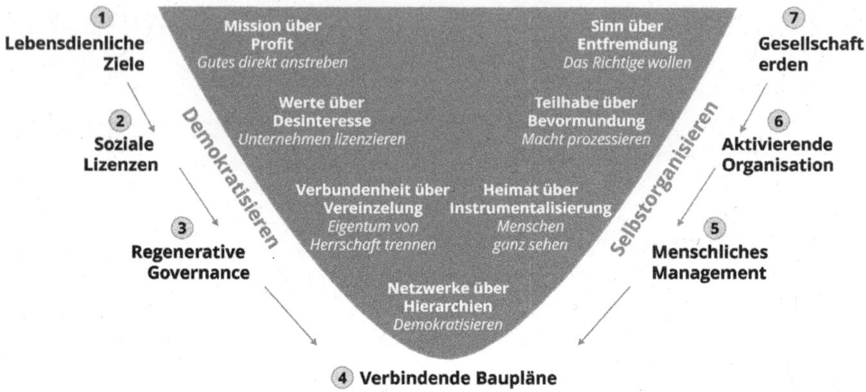

Abbildung 35: Der Green New Deal im Unternehmen

Es beginnt damit, dass wir Unternehmen neue Ziele geben, um sie direkt auf das zu lenken, was gesellschaftlich wünschenswert ist. Geiz ist eben nicht geil – und der Marktpreis kann nicht der alleinige Kompass sein. Wir brauchen größere Ambitionen für Unternehmen. Wir können, wenn wir ihnen Missionen geben, Unternehmen schaffen, die Profite atmen, aber nicht für Profite leben.

Zweitens gilt es, die neuen Ziele über Lizenzen rechtlich zu verankern. Soziale Lizenzen, mit denen der Staat periodisch festlegt, was er von Unternehmen will. Tun wir das, muten wir den Betrieben zu, für mehr als sich selbst zu stehen. Wir geben ihnen damit ein ethisches Fundament und transformieren sie von desinteressierten Profitmaschinen zu an Werten und Ethik interessierten Teilen der Gesellschaft.

Aber Missionen brauchen Wächter. Unternehmen benötigen daher drittens eine regenerative Governance, eine demokratische Verfassung, die es ihnen durch Checks and Balances erlaubt, vielfältige Ziele zu verfolgen. Demokratie entsteht, wenn wir das Eigentum von Unternehmen von der Herrschaft über sie trennen. Das realisiert Artikel 14 des Grundgesetzes: »Eigentum verpflichtet. Sein Gebrauch soll zugleich dem Wohle der Allgemeinheit dienen.« Die Interessen der Eigentümer werden so nicht ignoriert, aber sie werden auch nicht mehr so überhöht wie heute.

Der vierte Deal ist der Dreh- und Angelpunkt des Green New Deal: ein neuer, selbstorganisierter Bauplan für Unternehmen, der bewirkt, dass eine zielgerichtete, fordernde, föderale Unternehmensdemokratie entsteht. Wer Mitarbeiter ist, muss leisten. Das ändert sich auch in grünen Unternehmen nicht.

Allerdings organisiert, fünftens, ein grünes Unternehmen den Leistungsdruck anders. Mit einem Management, das Systeme pflegt, um Menschen miteinander zu verbinden. Systeme, die die heutige Vereinzelung und autokratische Kontrolle durch Gemeinschaft und soziale Kontrolle ersetzt. Management, das Menschen nicht instrumentalisiert, sondern ihnen Heimat bietet.

Macht bleibt für Unternehmen wichtig. Aber in grünen Unternehmen wird, sechstens, Macht nicht mehr autokratisch zugeteilt, sondern demokratisch prozessiert. Bevormundung wird durch Teilhabe ersetzt.

Der siebte Punkt summiert die gesellschaftliche Wirkung der vorherigen sechs Punkte: Grüne Unternehmen überwinden die heutige Entfremdung von und durch Arbeit und geben Arbeit einen individuellen, gesellschaftlichen und naturwissenschaftlichen Sinn. Unternehmen werden geerdet, denn sie verlassen ihre finanzielle Scheinwelt und wenden sich der Realität zu.

Mit dem betriebswirtschaftlichen Green New Deal bekommt Nachhaltigkeit Zähne: Sie wird als Mission gefordert, rechtlich verbindlich, in der Governance verankert, in Bauplänen angelegt, im Management personalisiert, organisatorisch prozessiert und wirkt so gesellschaftlich heilsam. Grüne Unternehmen sind keine seelenlosen Profitmaschinen, sondern Teile eines lebenden Systems.

Der Green New Deal erzeugt Unternehmen, die rechtlich auf eine gesellschaftliche Mission festgelegt und organisatorisch zu ethischem Handeln fähig sind. Abbildung 36 fasst die Unterschiede zwischen traditionellen und grünen Unternehmen zusammen.

Bestandteile	Traditionelle Unternehmen	Grüne Unternehmen
I. Ziele	Zielmonokultur	Zielvielfalt
II. Recht	Privatsache	Gesellschaftlich eingebettete Privatsache
III. Governance	Autokratie	Demokratie
IV. Bauplan	Pyramiden	Föderale Netzwerke
V. Management	Instrumental & kalt	Sachlich & Warm
VI. Organisation	Ohnmacht	Mitgestaltung
VII. Gesellschaft	Entfremdung	Verbindung

Abbildung 36: Sieben Merkmale von traditionellen und grünen Unternehmen

Das sind die Kernelemente des Green New Deal: Unternehmen bewegen sich von Zielmonokultur zu Zielvielfalt. Von einer Privatangelegenheit zu einer gesellschaftlich eingebetteten privaten Angelegenheit. Von einer Autokratie zu einer Demokratie. Von der instrumentalen Kälte einer Maschine zur sachlichen Wärme einer zielbezogenen Gemeinschaft. Von Ohnmacht zur Mitgestaltung. Von Entfremdung zur Verbindung.

Der Green New Deal erdet Unternehmen. Er verbindet sie mit Gesellschaft und Natur. Er verbindet Menschen miteinander in einem gemeinsamen gesellschaftlichen Projekt. Und das ist genau das, was Arbeit sein sollte: ein gemeinsames Streben, die Welt besser zu machen.

Der Weg zu grünen Unternehmen

Der Weg zu grünen Unternehmen ist kurz und lang zugleich. Er ist kurz, weil jedes Unternehmen frei ist, sich verbindliche Ziele und eine demokratische Verfassung zu geben. Und er ist lang, weil der Wille dazu erst wachsen muss.

Der kurze Weg ist sehr einfach. Er fängt mit der Einsicht an, dass Worte nicht genügen. Dass die Intention, ein nachhaltiges Unternehmen zu sein, rechtlich verbindlich werden muss. Das alles andere als harte justiziable Fakten kurz- oder langfristig Greenwashing ist. Wer es ernst meint, schreibt sich Verpflichtungen in seinen Gesellschaftsvertrag. Alles andere ist, selbst bei guten Intentionen, halb gar und beim nächsten Führungswechsel wahrscheinlich schon wieder hinfällig. Die harte Währung der Nachhaltigkeit sind juristische Fakten, keine vollmundigen Verkündigungen.

Natürlich kann man damit anfangen, sich erst einmal nur »grün« zu organisieren, wie in Kapitel V bis VII beschrieben. Früher oder später jedoch müssen rechtliche Fakten her, weil keine Organisation stabil ist, wenn die Interessen, die in den rechtlichen Grundlagen festgehalten sind, sich mit jedem Machtwechsel im Unternehmen ändern können.

Aber warum sollte ein Unternehmen eine so konsequente Entscheidung treffen? Genau wegen der Konsequenz. So wird es ihm möglich, aus der Masse der ökologischen Maulhelden hervorzutreten und wahrhaftig zu werden. Kunden, Mitarbeiter und auch Finanzmärkte honorieren Klarheit und Verlässlichkeit. Man schafft Fakten, die viel »lauter« sind als die heutige Kakophonie des Greenwashing. Allein deswegen bin ich überzeugt, dass wir über die Zeit immer mehr grüne Unternehmen sehen werden.

Das heißt nicht, dass Nachhaltigkeit sich immer rechnet. Aber das klare, rechtliche Bekenntnis zu ihr kann einem Unternehmen dennoch ein gutes Auskommen ermöglichen, weil es Kunden, Mitarbeiter und Finanzmittel anzieht. Grüne Unternehmen haben einen Wettbewerbsvorteil, der über die Jahre noch größer werden wird. Wir stehen schließlich erst ganz am Anfang der ökologischen Transformation der Wirtschaft.

Allein die einfachere Gewinnung von Personal kann schon entscheidend sein angesichts der gewaltigen Auswirkungen des demografischen Wandels in den kommenden Jahren. Und auch der Markt für nachhaltige Kapitalanlagen ist in den letzten Jahren so stark wie kaum ein anderer gewachsen.

Nichts hindert ein grünes Unternehmen daran, profitabel zu wirtschaften. Grüne Unternehmen arbeiten ja mit dem Markt und nicht gegen ihn. Sie machen pragmatisch das Mögliche. Sie brauchen Gewinn zum Atmen, aber sie existieren nicht nur, um zu atmen. Wie in den letzten Kapiteln immer wieder erwähnt, spricht sogar viel dafür, dass Grüne Unternehmen betriebswirtschaftlich leistungsfähiger als traditionelle sind. Denn Engagement, Entscheidungsqualität, Innovation, Agilität, Resilienz, Lernfähigkeit und Wissen nehmen zu. Nur wird das Ergebnis dieses Leistungszuwachses fairer zwischen Umwelt, Gesellschaft, Mitarbeitern und Eigentümern geteilt.

Der lange Weg zu grünen Unternehmen bedeutet zu erkennen, dass progressive Organisationsformen gut funktionieren. Missionen, Unternehmensdemokratie und Selbstorganisation sind ungewohnt. Investoren und Mitarbeiter müssen erst davon überzeugt werden. Hierzu empfehle ich das systematische Arbeiten mit Managementpraktiken im Unternehmen. Das bedeutet als Erstes, sich über seine eigene Konfiguration ebendieser klar zu werden, sie zu kartografieren und kritisch zu durchleuchten. Die meisten Managementpraktiken von heutigen Unternehmen sind eher Ausdruck von Dominanz als von Leistung. Sie sind auf der Workdesign Map dem Level 1 zugeordnet und sollten zugunsten von Level-2- oder Level-3-Praktiken aufgegeben oder durch solche ergänzt werden. So kann ein Unternehmen Erfahrungen sammeln und gleichzeitig seine Leistung erhöhen.

Wichtig ist die systematische Arbeit mit Praktiken. Es gilt, nicht draufloszu experimentieren, sondern methodisch vorzugehen und auch für ein grundlegendes Verständnis von grünen Unternehmen zu sorgen. Dabei helfen Konzepte wie Puttermans Drei-Faktoren-Theorie der Motivation, Hirschmans Loyality/Exit/Voice-Modell, die Gärtnerfunktion des progressiven Managers sowie die drei Prinzipien und die fünf Bausteine von Selbstorganisation. Praxis, Theorie und ein gewisses Maß an zentraler Systematik und Kontrolle – alles drei gehört zusammen, wenn man nicht in die Belanglosigkeit von New Work und Agilen Methoden abgleiten will. Eine einzelne Praktik ist für sich genommen kaum mehr als ein Gimmick.

Es müssen, egal ob auf Team- oder auf Unternehmensebene, Konfigurationen von Praktiken geplant und es muss systematisch experimentiert werden. Eine Praktik allein ändert fast nie irgendetwas, aber ein paar gut aufeinander abgestimmte Praktiken können ein Unternehmen verändern. Die richtige Balance zwischen Zentralität und Dezentralität, zwischen top-down und bottom-up, zwischen Expertdesign und Democratic-Design ist aber nicht einfach zu finden und benötigt daher externe Moderation.

Das Ziel lautet, den Diskurs über Zusammenarbeit auf jeder Ebene des Unternehmens in Gang zu bringen. So wird über die Zeit vielen deutlich werden, dass ein anderes Miteinander in Unternehmen möglich und erstrebenswert ist. Allein evolutionär kann sich aber kein traditionelles in ein grünes Unternehmen transformieren. Zu einem bestimmten Zeitpunkt braucht es die Revolution – die bewusste Entscheidung der Unternehmensspitze, das Betriebssystem von Managementhierarchie auf Selbstorganisation umzustellen.

Grüne Unternehmen fördern und fordern

Der Staat sollte grüne Unternehmen fördern und fordern. Sie sind ein wichtiger Teil der ökologischen Transformation. Kurzfristig mobilisieren sie die produktiven Kräfte der Gesellschaft für den technologischen, produktseitigen und gesellschaftlichen Wandel. Langfristig sorgen grüne Unternehmen dafür, dass sich Wirtschaft statt gegen Gesellschaft und Biosphäre harmonisch mit beiden entwickelt. Grüne Unternehmen sind wichtig, um Gesellschaften resilienter gegen die Folgen der ökologischen Katastrophen zu machen. Es handelt sich bei ihnen um anpassungsfähige Netzwerke von Menschen, die es gewohnt sind, zu improvisieren und stets nach neuen Lösungen zu suchen.

Die Zahl grüner Unternehmen wird über die Zeit von selbst wachsen, weil Nachhaltigkeit für Unternehmen und Gesellschaften immer wichtiger wird. Der Staat sollte diesen Prozess beschleunigen, weil die Krisen schon zu weit fortgeschritten sind. Den Zeitpunkt, zu dem mildes Umsteuern ausgereicht hätte, haben wir verpasst. Zum Glück ist es für den Staat leicht, grüne Unternehmen zu etablieren. Er muss dafür lediglich Branchen und Unternehmen durch Lizenzen explizite Ziele geben sowie eine demokratische Governance durch die Trennung von Eigentum und Herrschaft verankern. Es braucht keine Umverteilung von Vermögen. Natürlich wird der relative Machtverlust der Kapitalgeber über die Zeit dafür sorgen, dass Einkommen und Vermögen zukünftig fairer als heute verteilt sind. Aber keinem wird jetzt und heute etwas weggenommen – im Gegenteil: Alle gewinnen, wenn das Leben gewinnt.

Natürlich wird der Staat auch in den nächsten Jahren kaum auf die Idee kommen, irgendwelchen Unternehmen ein progressives Unternehmensmodell vorzuschreiben. Die momentanen Mehrheitsverhältnisse erlauben ja noch nicht einmal Wärmepumpen in jedem Haus, Solar auf allen Dächern oder ein Ende der Steuerbefreiung auf Flugbenzin. Aber eine neue Rechtsform für grüne Unternehmen würde helfen, um die Wirkung solcher Betriebe sichtbar zu machen. Durch eine eigene Rechtsform werden grüne Unternehmen eindeutig identifizierbar. Kunden, Kapitalgeber, potenzielle Mitarbeiter und der Staat wissen dann, mit was für einem Unternehmen sie es zu tun haben. Sie können sich darauf einstellen, und jeder kann grüne Unternehmen einfacher finden. Allein diese Sichtbarkeit erzeugt Druck. Sie zeigt, dass eine andere Wirtschaft möglich ist – und ist deshalb traditionellen Unternehmen unangenehm. Wie unangenehm, zeigt ein Beispiel aus dem Jahr 2022. Nach jahrelanger Vorbereitung und Lobbyarbeit musste die Initiative für Verantwortungseigentum, eine Gruppe von überwiegend jungen Unternehmern, den Namen der von ihr vorgeschlagenen neuen Rechtsform ändern. Um die Unterstützung von Wirtschaftsverbänden zu gewinnen, gaben sie den Titel »Unternehmen in Verantwortungseigentum« auf und verwenden seitdem die wenig aussagekräftige Formulierung »Unternehmen mit gebundenem Kapital«. Die Wirtschaftsverbände wollten anscheinend nicht die Unternehmen, deren Interessen sie heute vertreten, als im logischen Umkehrschluss »Unternehmen im unverantwortlichen Eigentum« bezeichnet wissen. Worte sind wichtig.

Eine eigene Rechtsform macht es dem Rechtssystem und dem Staat einfacher, mit grünen Unternehmen umzugehen. Die dominante Stellung, die Eigentum und Kapital heute in Gesetzen und Verordnungen haben, kann sich so rascher herauswachsen. Der Gesetzgeber stellt klar, welche Bestimmungen wie auf grüne Unternehmen anzuwenden sind und welche nicht. Fehlt die Rechtsform, leidet die Effizienz von grünen Unternehmen, weil das Recht heute implizit immer von der autoritären Herrschaft des Kapitals über Unternehmen ausgeht. Deswegen müssen grüne Unternehmen aktuell aus rechtlichen Gründen so tun, als seien sie rein profitorientierte Betriebe, oder aufwendige Stiftungskonstrukte entwerfen. Nur um einigermaßen kompatibel mit der heutigen Auffassung vom Wesen eines Unternehmens zu sein.

Eine eigene Rechtsform für grüne Unternehmen bringt Artikel 14 unseres Grundgesetzes – »Eigentum verpflichtet« – auch im Unternehmensrecht zur Geltung. Dadurch wird ein neues soziales Rollenmodell, eine neue Sozialtechnologie, etabliert. Etwas, das in Schulen und Universitäten gelehrt werden kann und allen zeigt, dass ihr Leben mehr sein kann als ein einsamer Kampf um Wohlstand.

Wirtschaft, die dem Leben dient

Unser heutiger Zugang zur Wirtschaft ist sonderbar. Einerseits die fast vollständige Anspruchslosigkeit: Wir erwarten von ihr nichts außer Profit. Andererseits der total überhöhte Anspruch, dass alle Menschen ihr Leben um Wirtschaft herum zu bauen haben.

Grüne Unternehmen rücken das gerade. Sie verlangen von Unternehmen, dass sie sich um mehr als Profit kümmern, und geben Menschen die Möglichkeit, auch bei der Arbeit zu leben. Das hat sehr positive Wirkungen auf eine Gesellschaft. Dazu zum Abschluss dieses Buches drei Punkte: Zunächst fasse ich die Wirkungen von grünen Unternehmen auf eine Gesellschaft zusammen. Alle diese Wirkungen deuten auf ein anderes, ein kommunales Wirtschaftsprinzip hin, das den Markt ergänzt. Dritter Punkt sind grundsätzliche Reflexionen über eine Wirtschaft in planetaren Grenzen, eine geerdete Wirtschaft.

Gesellschaftliche Wirkung

Für manche Menschen ist Technologie die Lösung für alles – wobei sie wie selbstverständlich soziale Technologien ausklammern. Aber es sind Letztere, die uns als Einzige dazu bringen können, naturwissenschaftliche Technologien für andere Zwecke als Profit zu verwenden. Ohne ein Update der sozialen Technologie »Unternehmen« kann es keine Nachhaltigkeit geben, weil sonst Unternehmen niemals aufhören würden, technischen Fortschritt für die Umwandlung von Natur in Geld einzusetzen.

Grüne Unternehmen sind eine soziale Technologie. Sie sind ein Update der sozialen Infrastruktur der Arbeit in einer Gesellschaft, das allen ihren Bereichen nützt. Unternehmen macht es leistungsfähiger, denn Mitarbeiter engagieren sich mehr. Entscheidungen verbessern sich. Die Betriebe werden agiler, resilienter, innovativer, wissender. Und vor allem erzeugen sie weniger Blindleistung, weil sie nicht länger ausblenden, was sie anrichten.

Menschen erhalten durch das Update zu grünen Unternehmen eine Heimat. Einen Ort, an dem sie sich mit anderen Menschen, Aufgaben und Zielen verbinden können; einen Ort der Selbstwirksamkeit, des Sinnempfindens und der persönlichen Entfaltung.

Die Gesellschaft erhält durch das Update zum grünen Unternehmen Substanz. Demokratie wird tagtäglich erfahrbar; die Angst in der Gesellschaft wird geringer; die Werte der Menschen ändern sich, weil sie nicht mehr allein und nur für sich kämpfen;

und auch die Gleichheit der Gesellschaft steigt, nämlich in dem Maß, in dem die Dominanz der Kapitalgeber und einzelner Anführer in Unternehmen abnimmt.

Durch die ausgeglichenere Machtverteilung innerhalb der Unternehmen wird zudem die Einkommens- und Vermögensverteilung ausgeglichener. Grüne Unternehmen sind »prädistributiv«. Sie lösen Verteilungsfragen direkt am Ort ihrer Entstehung. Einkommens- und Machtunterschiede sind korreliert. Wer Macht breiter verteilt, verteilt auch Einkommen breiter. Die Entlohnung der Arbeitnehmer wird steigen, die der Manager und Kapitalgeber wird sinken. Viele Elemente des heutigen staatlichen Umverteilungsapparats aus Steuern und Sozialleistungen sind dann nicht mehr nötig, weil es weniger Ungerechtigkeiten gibt, die im Nachhinein repariert werden müssen.

Nachhaltigkeit ist mehr als die technische Reduktion von Emissionen. Es geht bei ihr um den sozialen Willen, die Dinge zu machen, die dem Leben nutzen – und das, was dem Leben nicht nutzt, sein zu lassen. Das erfordert letztlich den Willen, mit dem, was uns umgibt, zu kooperieren, aus dem Bewusstsein gegenseitiger Abhängigkeit heraus. In den Unternehmen – denn genau dort formen wir unseren Umgang miteinander und dem Planeten wie sonst nirgendwo anders. Genau dort müssen wir lernen zu kooperieren.

Gesellschaften, in denen Menschen gelernt haben, füreinander einzustehen und miteinander für etwas zu stehen, sind resiliente Gesellschaften. Demgegenüber sind Gesellschaften mit lauter einsamen »Wirtschaftssubjekten« brüchig. Ihnen ist die Barbarei näher als der Gemeinsinn.[229]

Grüne Unternehmen helfen dabei, die Einsamkeit, die Krise des Politischen und die Sinnkrise der heutigen Gesellschaft zu überwinden. Auch die Gesellschaftswissenschaftler Hartmut Rosa und Andreas Reckwitz empfehlen das Schaffen von neuen Formen der Wirtschaftsdemokratie, die den Markt weiterhin nutzen, aber die »Eskalationsillusion des ewigen Wachstums« beenden. Grüne Unternehmen beschleunigen den gesellschaftlichen und individuellen Bewusstseinswandel. Sie bieten die Chance, größere Katastrophen abzuwenden – oder zumindest so viel Resilienz zu erzeugen, dass kommende Krisen Unternehmen und Gesellschaften weniger leicht umwerfen können.

Das Ziel ist eine, in Hartmut Rosas Worten, »transformative Lebendigkeit« zu schaffen: eine Verbindung zwischen allem Lebenden, zwischen Mensch und Erde sowie zwischen den Menschen untereinander. Es geht darum, dass jeder Einzelne

229 Kohei Saito (2023): Systemsturz. Der Sieg der Natur über den Kapitalismus.

viel mehr »in der Welt ist«, anstatt sich wie bisher »aus der Welt zu stellen«.[230] Es geht, in Rosas Worten, um nichts Geringeres als »eine veränderte Konzeption des gelungenen Lebens«. Eine institutionelle Konzeption, »die damit aufhört, die motivationalen Ressourcen der Akteure auszutrocknen«.[231] Grüne Unternehmen bringen die motivationalen Ressourcen der Menschen gänzlich in Anwendung. In grünen Unternehmen kann sich jeder Einzelne aus der angstvollen Umklammerung kalter ökonomischer Logiken und enger Jobs lösen – und eine Heimat für sich in einem der vielen gesellschaftlichen Projekte finden, welche diese Betriebe verfolgen. Man arbeitet, um zu leben, und man arbeitet gleichzeitig, um Leben besser zu machen. Die Zeit des Lebens, um zu arbeiten, hat so ein Ende.

Kommunale Wirtschaft

Im Grunde sind grüne Unternehmen nichts anderes als die Wiederentdeckung des kommunalen Wirtschaftsprinzips, das uralt ist, uns aber in den letzten 150 Jahren abhandengekommen ist. Es handelt sich dabei um eines der drei großen Organisationsprinzipien der Wirtschaft. Das heute dominante ist der Markt, der durch Transaktion funktioniert, also freiwillige Leistung und Gegenleistung. Ist die Transaktion abgeschlossen, ist keiner dem anderen etwas schuldig. Beide Seiten haben gewonnen, denn niemand wurde zu etwas gezwungen. Der Markt und sein Transaktionsprinzip umgeben uns überall.

Weniger populär, aber auch im Alltag jedes erwerbstätigen Menschen zu finden, ist das zweite Prinzip: die Planwirtschaft. Heutige Unternehmen sind Planwirtschaften. Sie funktionieren durch Zwang. Das dritte, das kommunale Wirtschaftsprinzip findet man nur in Gemeinschaften mit engen Verbindungen, zum Beispiel in Familien. Nur wenige kommen auf die Idee – geschweige denn, dass sie Erfolg damit hätten –, ihre Familie nach marktwirtschaftlichen Prinzipien zu organisieren, also für jede Aktivität eine Gegenleistung zu fordern. Und auch Zwang bringt einen in Familien nicht weit. Familien brauchen Obligation.[232] Man gibt, ohne direkt eine Gegenleistung zu erwarten. Grundlage dafür ist das Verständnis, füreinander da zu sein. So ist der Einzelne bereit zu geben, weil er weiß, dass er etwas von der Gemeinschaft zurückbekommen wird. Nur ist unsicher, wann wer was gibt.

Offensichtlich ist das kommunale Wirtschaftsprinzip nicht dafür geeignet, mit Fremden zu handeln. Hier ist der Markt mit seiner Transaktion viel besser. Aber

230 Rosa spricht von »Parametrischer Optimierung«. Hartmut Rosa, ebd.
231 Hartmut Rosa, ebd.
232 Charles Eisenstein (2011): Sacred Economics: Money, Gifts and Society in the Age of Transition.

das kommunale Wirtschaftsprinzip kann die heutige Planwirtschaft in Unternehmen weitgehend ersetzen. Selbstorganisierte Unternehmen machen genau das. Sie sorgen dafür, dass Menschen aus Obligation – aus der gegenseitig gefühlten Verpflichtung – heraus handeln.

Eng miteinander verbundene Menschen sind bereit zu handeln, auch wenn sie dazu nicht direkt eine Gegenleistung bekommen oder zu einer Handlung angewiesen werden. Sie kümmern sich um die Gemeinschaft, und die Gemeinschaft kümmert sich um sie. Das Resultat ist mehr Voice und weniger Exit.

Kommunale Wirtschaft ist der Spezies Mensch alles andere als fremd. Sie war, so meinen zum Beispiel die Anthropologen David Wengrow und David Graeber, sogar der Regelfall während des größten Teils der menschlichen Geschichte. Innerhalb der Familie, des Clans, des Dorfs wurden nicht Preise verhandelt, es wurden Gefälligkeiten gegeben und empfangen – man investierte in die Gemeinschaft, und die Gemeinschaft investierte in einen.[233] Es brauchte dazu keine Formalisierung von Leistung und Gegenleistung, keinen Preis und keinen Vertrag. Abgesehen von den letzten 150 Jahren, funktionierte die menschliche Gesellschaft vor allem als ein Netzwerk von Gefälligkeiten. Die kommunale Wirtschaft war die Regel, der Markt die Ausnahme. Heute ist es nicht nur umgekehrt, es ist mehr als das: Wir erkennen kommunale Wirtschaft gar nicht als Wirtschaftssystem. Tun wir es doch, erscheint uns das als ein Anachronismus.

Geläufig als Prinzipien der Wirtschaft sind uns ausschließlich Planwirtschaft und Marktwirtschaft. Entweder Zwang oder Transaktion. Ein Kampf der Systeme. Aber das ist aus zwei Gründen falsch. Erstens, weil es nicht zwei, sondern drei große Wirtschaftssysteme gibt: Markt-, Plan- und kommunale Wirtschaft. Zweitens, weil es weniger um den Kampf der Systeme geht als darum, auf unterschiedliche Arten die drei Systeme miteinander zu verweben. So leben wir heute nicht allein in einer Marktwirtschaft, sondern auch in einer Planwirtschaft. Heutige Unternehmen sind in ihrem Inneren Planwirtschaften. Der Staat ist sogar ausschließlich als Planwirtschaft organisiert. Eine Planwirtschaft, die durch Gesetze und Verordnungen auch Märkte plant. Auch gibt es in gesunden Familien oder Ortschaften noch Reste der kommunalen Wirtschaft, zum Beispiel in Vereinen, Parteien und der freiwilligen Feuerwehr. Ja, jedes Mal, wenn Sie sich vom Nachbarn eine Bohrmaschine oder eine Leiter leihen, ohne etwas dafür zu bezahlen, handeln Sie nach dem kommunalen Wirtschaftsprinzip: Man ist einander gefällig.

233 Graeber und Wengrow, ebd.

Kommunale Wirtschaft ist die Wirtschaft der kleinen, dauerhaft und eng verbundenen Gruppen. Marktwirtschaft ist die Wirtschaft der großen, anonymen Masse von Einzelkämpfern. Und Planwirtschaft ist die Wirtschaft des Zwangs, ganz unabhängig von der Größe. Es braucht alle drei Arten von Wirtschaft, um ein funktionierendes Wirtschafts- und Gesellschaftssystem zu schaffen. Nach den 1990er-Jahren haben wir den Fehler gemacht, Marktwirtschaft zu übertreiben, von staatlicher Seite die Wirtschaft zu wenig zu planen – und kommunale Wirtschaft zu ignorieren.

Grüne Unternehmen addieren zum Ziel des Marktes, dem Gewinn, Missionen der Gesellschaft – und sie sind selbstorganisiert, um die Fähigkeiten der kommunalen Wirtschaft nutzen zu können. Sie drängen so die innerbetriebliche Planwirtschaft zurück. Dies ist ökonomisch, gesellschaftlich und ökologisch klug. Es schützt Menschen davor, zwischen der Kälte des Marktes und dem Zwang in Unternehmen aufgerieben zu werden. Menschen erhalten eine Zuflucht, eine Heimat.

Weder die Anonymität des Marktes noch der Zwang der Hierarchie kann Menschen verbinden. Das kann nur die Nähe der kommunalen Wirtschaft. Kommunale Wirtschaft schafft als einzige Wirtschaftsform Gemeinschaft. Und weil das Element der kommunalen Wirtschaft heute kaum in unser Wirtschaftssystem verwebt ist, sind Menschen einsam, ist Politik hilflos und erscheint vielen Arbeit und Leben sinnlos. Wir können Gemeinschaft nur erreichen, wenn wir anfangen, weniger als Vereinzelte sowie weniger gezwungen zu agieren und dafür mehr zusammenzuarbeiten.

Kommunale Wirtschaft macht Unternehmen zu einem Team. Also zu genau dem, was die Managementlehre schon seit Jahrzehnten empfiehlt, was aber in der Planwirtschaft der Managementhierarchie nicht gelingen kann. Marktwirtschaftlicher Konkurrenz und Wettbewerb tut das keinen Abbruch. Es treten nun halt Teams gegeneinander an und nicht Hierarchien.

Wenn wir es schaffen, diese Teams, zum Beispiel durch Missionen und Lizenzen, in ihrem Denken und Handeln mit der Gesellschaft zu verheiraten, dann heilen wir auch die Krise der Politik und die Krise des Sinns. Grüne Unternehmen verhandeln ihre Mission mit dem Staat, sie sind befähigt, Partei für ihr eigenes Schicksal zu ergreifen, und sie sind ermächtigt, tagtäglich Entscheidungen für die Gesellschaft als Ganzes zu treffen. Mit der Gesellschaft verbundene Unternehmen sind rücksichtsvoller als Unternehmen, die nichts als Eigennutz im Sinn haben.

Geerdete Wirtschaft

»Es kommt darauf an, dass wir uns auf den Weg machen, um die Dinge zu werden, die wir sein wollen.«
Marja Göpel[234]

Unsere Zukunft erfordert von uns ein Manöver, das für die menschliche Gesellschaft sehr schwierig ist: den Rückzug. Gemeint ist der Rückzug hinter die sechs planetaren Grenzen, die wir zurzeit überschritten haben. Dieser Rückzug wird kommen, ob wir wollen oder nicht. Unsere Aufgabe ist es, dafür zu sorgen, dass er in geordneter Weise erfolgt und nicht als gesellschaftlicher Zusammenbruch.

Wohlstand kann nur durch Rückzug erhalten werden. Ziehen wir uns nicht zurück, verlieren wir alles. Entscheidend ist, wohin wir uns zurückziehen. Wenn wir einfach nur einen Ort wählen, der dem heutigen gleicht, nur mit weniger Konsum und anderen Technologien, dann ist es fraglich, ob genügend Menschen zu diesem Ort wollen. Weil Geld heute alles ist, würde es vielen erscheinen, als ob sie alles aufgeben müssten. Dann doch lieber die Sintflut – nach mir.

Deswegen ist es wichtig, einen Ort zu zeigen, zu dem wir wollen. Eine vollständige Vision dieses Ortes kann ich Ihnen in diesem betriebswirtschaftlichen Buch nicht bieten, wohl aber eine Richtung. Es sollte ein Ort sein, an dem wir die Lebensdienlichkeit zum Maßstab des menschlichen Handelns gemacht haben. Aldo Leopold, ein amerikanischer Biologe, erklärt, was Lebensdienlichkeit bedeutet: »Etwas ist richtig, wenn es die Ganzheit, Stabilität und Schönheit der Lebensgemeinschaft schützt.«[235] Ganz ähnlich beschrieb Ernst Friedrich Schuhmacher die Maxime, die unseren Umgang mit Land prägen sollte: »Der Umgang des Menschen mit dem Land sollte grundsätzlich drei Ziele verfolgen – Gesundheit, Schönheit und Permanenz. Das vierte Ziel und das einzige, das von Experten akzeptiert wird, Produktivität, wird dann fast beiläufig erreicht werden.«[236] Gesundes Land ist produktives Land, schönes Land ist lebenswertes Land, und Nachhaltigkeit ist Ewigkeit. Gesundheit, Schönheit und Ewigkeit sind aber auch genau die drei Dinge, die Menschen mehr als alles andere anstreben. Wir geben alles, um gesund zu sein, wenn wir auch oftmals erst krank werden müssen, um das zu realisieren. Wir geben alles für Schönheit, für die Momente des Glücks, der Ekstase, der Wunder und der Harmonie, die wir erleben dürfen. Und wir geben alles für ein langes, sinnerfülltes Leben.

234 Maja Göpel (2022): Wir können auch anders. Aufbruch in die Welt von Morgen.
235 Aldo Leopold, ebd.
236 E. F. Schuhmacher, ebd., S. 290.

Auch grüne Unternehmen zielen auf Gesundheit, Schönheit und Permanenz, weil sie gesellschaftliche Missionen gemeinschaftlich verfolgen. Sie machen so diese drei Ziele zum Beruf jedes Menschen – und ersetzen durch sie unsere derzeitige Berufung, die des Handlangers in einem Raubzug Dritter. Weil Unternehmen Institutionen sind, können wir ihre Ziele austauschen. Institutionen haben die Ziele, die wir ihnen geben. Wir müssen nur dafür sorgen, dass sie auch loyal zu diesen Zielen stehen. Die Fähigkeit, Gemeinschaften zu schaffen, die für mehr als sich stehen, ist das Großartige, was Organisation für die Menschheit leisten kann, wenn wir die soziale Technologie Unternehmen updaten.

Wenn wir Wirtschaft auf Gesundheit, Schönheit und Permanenz ausrichten und nicht wie heute auf die Erzeugung und Befriedigung von Konsumbedürfnissen, tun wir genau das, was Frank Knight, ein sehr einflussreicher Ökonom des 20. Jahrhunderts, empfiehlt, wenn er schreibt, dass »die Schaffung der richtigen Bedürfnisse wichtiger ist, als Bedürfnisse zu befriedigen«.[237] Wir hören dann mit dem Versuch der industriellen Revolution auf, Menschen durch Konsum, durch Quantität glücklich zu machen, und streben stattdessen an, Menschen durch ein blühendes Leben, durch Qualität glücklich zu machen.

Natürlich klingt es heute weltfremd, für so etwas Kühles wie Wirtschaft die Ziele Gesundheit, Schönheit und Permanenz auszurufen. Aber denken Sie zurück an den Entwicklungspfad der Menschheit, den ich am Anfang des Buches beschrieben habe. Der Pfad der Zivilisation ist der Weg zu immer mehr Kooperation. Er bedeutet, dass wir den Kreis unserer Sorge um die Biosphäre erweitern und uns nicht mehr separat vom System Leben selbst sehen. Alles, was uns von den Anliegen anderer Menschen und dem der Natur trennt, ist der Feind. Ultimativ bedeutet Nachhaltigkeit, dass wir Menschen lernen, dasselbe zu wollen wie die Biosphäre, damit beide zusammen erblühen können. Das Leben will Gesundheit, Schönheit und Permanenz. Und wir wollen das auch.

Gesund ist folglich, was Kooperation fördert. »Alles, was sozial ist, ist unser Freund. Alles, was uns daran hindert, sozial zu sein, ist unser Feind«, meint der US-amerikanische Autor Douglas Rushkoff.[238] »Die goldene Regel der Ökonomie ist Inklusion«, sagt der US-amerikanische Ökonom Eric Beinhocker und meint damit, dass eine gelungene Wirtschaft eine ist, die uns dazu bringt, die Anlie-

237 Frank Knight in William S. Kern (1997): The Heterodox Economics of »The Most Orthodox of Orthodox Economists«: Frank H. Knight. In: The American Journal of Economics and Society, Vol. 56 (3) S. 319–330.

238 Douglas Rushkoff, ebd.

gen anderer in unserem Handeln zu berücksichtigen. Nur die Sorge umeinander macht die Welt wirklich sicher und gut.[239]

Auch für Charles Darwin war es klar, dass Kooperation das Ziel der Natur ist. Sein ganzes Werk »On the Origin of Species« ist voll von Beispielen der Kooperation, der Symbiose von Lebensgemeinschaften. Das heute gerade in der Wirtschaft so oft zitierte Prinzip »Survival of the fittest« ist dagegen gerade mal in einem einzigen Absatz des über 500 Seiten langen Werks zu finden. Laut Darwin ist das Leben viel mehr Kooperation miteinander als Kampf gegeneinander.

Schönheit ist alles, was Glück bedeutet. Es geht dabei um die Momente, die unser Leben lebenswert machen. Und das sollten gerade auch Momente bei der Arbeit sein, weil wir nun einmal einen großen Teil unseres Lebens am Arbeitsplatz verbringen. David Whyte schreibt: »Es gibt unglaublich viel natürliche Schönheit in einer Organisation, die es Menschen erlaubt, zu erblühen und zu wachsen, begeistert und stolz auf ihre Arbeit zu sein und die Verbindung zwischen Arbeit und den großen ökologischen Zusammenhängen zu sehen, die über das Unternehmen selbst hinausgehen.«[240]

Schönheit bedeutet, Arbeit würdevoll zu machen. Würde ist etwas, was einem andere Leute geben – und Würde ist ein Zwilling von Demokratie: ohne Würde keine Demokratie – und ohne Demokratie keine Würde.

Heute strebt Wirtschaft nicht Schönheit, sondern Output an. Profite und Steigerung des Bruttoinlandsprodukts. Dass dies aber ein verkrüppelter Maßstab ist, ist vielen Ökonomen seit Langem bewusst. So schrieb J. K. Galbraith schon Mitte des 20. Jahrhunderts: »Mehr noch als der Test der Produktion, der viel zu einfach ist, ist der Test des ästhetischen Ergebnisses derjenige, den, eines Tages, eine progressive Gemeinschaft anwenden wird.«[241] Nur weil wir Schönheit nicht messen können, heißt das nicht, dass wir sie ignorieren sollten. Wenn wir Arbeit sinnvoll ausrichten und würdevoll gestalten, haben wir viel dafür getan, dass die Ergebnisse der Arbeit und die Arbeit selbst schön werden.

Permanenz ist letztlich alles, was die Biosphäre nährt. Das, was für die lange Frist gemacht ist. Die heutige Krise ist vor allem auch eine Krise des Zeithorizonts. Aktuell interessiert nur der kurzfristige, der schnelle Gewinn. Die Zukunft wird »abgezinst«. Lange Zeiträume sind nichts wert. Eine Nach-mir-die-Sintflut-Ökonomie. Aber alles Kurzfristige, Temporäre ist dahingezimmert. Es ist hässlich,

239 Eric Beinhocker, ebd.
240 David Whyte ebd., S. 180.
241 J. K. Galbraith (1958): The Affluent Society.

es ist ungesund, es hält nicht. Wichtig ist die lange Frist. Keynes schrieb in einer Kritik der neoklassischen Wirtschaftslehre: »In the long run we are all dead.« Aber gerade Keynes war auch bewusst, dass wir einen langfristigen Plan brauchen – und in diesem Plan Geiz nicht länger als bis zum Jahr 2030 eine Rolle spielen sollte.

Ich glaube, dass wir an Unternehmen denselben Anspruch haben sollten, den Ernst Friedrich Schuhmacher an unseren Umgang mit Land hatte. Land ist der eine Ort, wo alles zusammenkommt, um sich miteinander zu Leben zu verbinden: Erde, Luft, Wasser, die Energie der Sonne. Hier formt sich alles, was lebt. Die Erdoberfläche – jeder Quadratzentimeter der dünnen Schicht, die kreisrund um unseren Planeten liegt – inklusive der Meere und Seen ist der entscheidende Ort von Begegnung, von Verbindung.

Es gibt also schlechtere Orte als die Erdoberfläche, von denen wir die drei Ziele einer lebensdienlichen Wirtschaft ableiten könnten. Arbeit, die dem Leben dient, muss Gesundheit, Schönheit und Ewigkeit anstreben. Nur dann ist sie wirklich produktiv. Dann sind wir mit all unserer Aktivität und Technologie wirklich auf dieser Erde angekommen. Dann sind wir kein Parasit mehr, dessen sich die Erde in den nächsten Jahrzehnten immer mehr entledigen wird. Dann sind wir geerdet.

Grüne Unternehmen verbinden, um zu erden. Das Übel in unserer heutigen Art zu leben ist unsere Beziehungslosigkeit – *Evil is non-relation.*[242]

242 Johan Hari (2018): Lost Connections.

Dank

Ich danke allen Freunden und Bekannten, mit denen ich mich in den letzten drei Jahren zu den Inhalten dieses Buches austauschen konnte. Allen voran Hans Wetzer und Lisa Buddemeier.

Siynet Spangenberg denke ich für das Lektorat. Stefanie Héno (www.lusitanodesign.de) für das Design der Grafiken und Sartori (https://en.99designs.de/profiles/924142) für die Erstellung des Cover Designs und das Layout.

Meiner Frau Andrea danke ich für ihre Gedanken und ihre Geduld.

Anhang

Weiterführende Informationen

- www.resilience.org – eine Nachrichtenseite, auf der Sie viele hochwertige Artikel zum ökologischen Umbau der Gesellschaft finden können.
- www.exploring-economics.org – die Seite einer Gruppe von Wirtschaftswissenschaftlern über eine neue, zeitgerechte Wirtschaftslehre
- www.unternehmensdemokraten.de – Beratungsangebote und Blog
- www.democracycollaborative.org – viele Ideen zum demokratischen Umbau der Wirtschaft
- www.ecogood.org – die Website der Gemeinwohl-Ökonomie Deutschland
- www.resurgence.org – ein Magazin über die Gesellschaft und Leben in unser turbulenten Zeit

Forschungsbedarf

Ich habe versucht, das Konzept der grünen Unternehmen aus dem Stand der heutigen Wissenschaft zu entwickeln. Aber beim »Zusammenbinden« der diversen Stränge aus Wirtschaftswissenschaft, Ökologie, Organisationslehre, Philosophie, Soziologie und Politologie zu einem tragfähigen Konzept kam ich nicht umhin, viele Stränge des Wissens subjektiv zu würdigen und teils an ungewöhnlichen Stellen einzuflechten. Dies ist, zugegeben, ein oftmals grobes Vorgehen. Zu meiner Entschuldigung möchte ich aber vortragen, dass gerade die Management- und Organisationslehre wenig Brauchbares zum Thema der Netzwerkorganisation beiträgt. Es wurde und wird viel geschrieben und geforscht, aber fast alles steht unter der grundsätzlichen Annahme der Managementhierarchie. Es scheint mir so, als hätte die Wirtschaftswissenschaft den Mikrokosmos Unternehmen aufgegeben. Als sei in Sachen Unternehmen nichts Seriöses mehr zu erforschen. Das Feld ist fast vollständig in der Hand von kommerzieller Popliteratur und dominiert vom Geschwafel der Berater. Genauso interessiert sich die Philosophie kaum für das, was in Unternehmen vor sich geht. Sie hat sich ins Individuelle und Nihilistische zurückgezogen. Dies gilt auch für die Ethik, die sich als allzu oft als Souffleur der mächtigen Einzelentscheider versteht, anstatt kollektive Verantwortungsstrukturen schaffen zu wollen. Für die Entwicklung solcher Strukturen bräuchte es die Mitwirkung der Politologie, aber auch diese Wissenschaft ist mit Unternehmen seit den 1980er-Jahren kaum noch befasst. Es wirkt so, als hätten alle Wissenschaften Unternehmen als Forschungsobjekt ad acta gelegt. Als wäre es ein dürres, unfruchtbares Land, in dem neue Erkenntnisse nicht mehr wachsen könnten.

Einen Grund für diese Entzauberung sehe ich in den Kämpfen der 1950er- bis 1980er-Jahre zwischen den Universalisten und den Institutionalisten. Zwischen denen, die glauben, dass Unternehmen nur einem Herrn dienen können, den Kapitalgebern, und denen, die glauben, gesellschaftliche Ziele müssten sich in Checks and Balances eines mitbestimmten Unternehmens finden. Diese Kämpfe waren ermüdend, und sie wurden in den 1990er-Jahren entscheidend gewonnen von den Universalisten. Die Jahrzehnte der Globalisierung unter Reagan, Clinton, Thatcher, Blair, Kohl, Schröder und Merkel kannten kein Gleichgewicht in Unternehmen. Ich vermute, dass ein wesentlicher Grund für die Niederlage der Institutionalisten der ist, dass sie eine Gerechtigkeit für den Arbeitnehmer wollten, die aber der Arbeitnehmer selbst gar nicht so sehr wollte. Ihn interessierte weniger der Klassenkampf der Gewerkschaften und Betriebsräte als das Einkommen, die Karriere, die Sicherheit und überhaupt die eigenen, individuellen Belange. Das Arbeiten in nicht mitbestimmten Unternehmen wurde als kaum schlechter empfunden als in mitbestimmten – warum also der ganze Aufstand?

Grüne Unternehmen sind eine Kombination aus universalistischem und institutionellem Gedankengut. Sie setzen einerseits auf eine institutionalistisch herbeigeführte Machtbalance, um zwischen den Interessen der Kapitalgeber, der Gesellschaft und der Mitarbeiter zu vermitteln. Sie setzen aber nicht auf das Konzept der Gegenmacht, wie es das Betriebsrats- und das Mitbestimmungsgesetz tun, indem sie Grenzen für die legitime Macht der Eigentümer festlegen. Stattdessen wählen sie ein universalistisches Modell, bei dem die Führung des Unternehmens selbst in einem demokratischen Modell erfolgt. Ein solches Modell braucht grundsätzlich keine Gegenmacht, da die Führung demokratisch legitimiert ist. Der große, gelegentlich lähmende Konflikt zwischen Führung und Arbeitnehmervertretung ist damit entschärft. Ich meine aber nicht, dass eine systematische Vertretung der Arbeitnehmerrechte durch Betriebsräte, große Gewerkschaften oder mitbestimmte Aufsichtsräte nun entfallen kann. Diese Rechte und Institutionen sind immer noch sinnvoll, um Übergriffe in ähnlicher Weise zu verhindern, wie die Judikative die Exekutive in staatlichen Systemen kontrolliert. Nur ist der Gegensatz zwischen Arbeitnehmerschaft und Unternehmensführung nicht mehr so groß: Wir sind die

Führung! Aber wo immer Macht ist, auch wenn diese demokratisch legitimiert ist, sollte Kontrolle nicht weit sein.

Ich würde mich freuen, wenn mehr in diese Richtung geforscht wird, zum Beispiel zu folgenden Fragen:

Selbstorganisation

- Welche Muster von selbstorganisierten Unternehmen sind machbar beziehungsweise situativ vorteilhaft?
- Welches sind die strukturbildenden Merkmale der selbstorganisierten Unternehmen? Wie sehr sind diese voneinander abhängig?
- Wie können unterschiedliche Grade der Selbstorganisation beschrieben werden?
- Wie können unterschiedliche Unternehmen anhand ihrer Muster valide beschrieben werden?
- In welchen Kontexten erzwingt die Anzahl der koordinierenden Mitarbeiter welche Art der Koordination oder Strukturbildung?

Praktiken

- Zur Erstellung einer Enzyklopädie der Praktiken in Unternehmen: Wie können diese verlässlich beschrieben werden?
- Wie können komplexe qualitative organisatorische Zusammenhänge verlässlich in einer organisatorischen Landkarte beschrieben werden?
- Welche Kategorien und Spielarten von Praktiken gibt es?
- Wie können Unternehmen für bestimmte Zwecke anhand ihrer Arbeitsweisen konfiguriert werden?
- Aus welchen Praktiken entsteht was für eine Unternehmenskultur?Wie? Welche Rückwirkung haben Praktiken auf die Unternehmenskultur, das individuelle Bewusstsein, das Ethos und die Ethik einer Organisation?
- Wie wirken Praktiken auf das analytische System eines Unternehmens, auf die Strategie- und die Entscheidungsfindung?

Rechtliches

- Wird eine eigene Rechtsform für grüne Unternehmen benötigt?
- Wie sollte eine Rechtsform für grüne Unternehmen gestaltet werden? So, wie es die Initiative Verantwortungseigentum vorschlägt? Als öffentlich-rechtliche Hierarchie? Nach US-amerikanischem Vorbild der Benefit Company (oder ähnlicher Rechtsformen)? Als Stiftung?
- Welche Änderungen an Arbeits- und Mitbestimmungsgesetzen sind notwendig?

Politologie

- Wie sollte der Prozess der Definition, Vergabe und Kontrolle von Missionen zwischen Staat und Unternehmen gestaltet werden?
- Wie ist es sicherzustellen, dass eine Mission im Sinne des Gesetzgebers interpretiert wird? Wie allgemein und wie genau sollten die Vorgaben sein?
- Wie werden Konflikte in der Auslegung von Missionen zwischen Staat und Unternehmen gelöst?

Volkswirtschaft

- Wie können grüne Unternehmen mit den Mitteln der Fiskalpolitik gefördert werden?
- Wie muss der Kapitalmarkt so reguliert werden, dass die Investitionen in missionsgetriebene grüne Unternehmen attraktiv sind?
- Wie groß ist die prädistributive Wirkung von grünen Unternehmen, und wie können staatliche Umverteilungssysteme angepasst werden?

Interdisziplinär

- Wie kann eine Philosophie des Unternehmens formuliert werden?
- Wie sehr kann Habermas' Theorie der idealen Sprechsituation in Unternehmen zur Anwendung kommen?
- Was ist die soziologische, was die politologische Wirkung von komplexen, auf Zeit vergebenen Rollensystemen in Unternehmen?
- Wie kann komplexes ökologisches Wissen in den Unternehmensdiskurs einfließen?
- Wie können Netzwerke mit politologischen Mitteln dortStabilität erhalten wo sie nötig ist, und Agilität, wo schnelle Anpassung notwendig ist?

Abbildungsverzeichnis

Literaturverzeichnis

Acemoglu, Daron und James A. Robinson (2019): The Narrow Corridor: States, Societies, and the Fate of Liberty, Penguin Press.

Ackhoff, Russell L. (1999): Re-Creating the Corporation: A Design of Organizations for the 21st Century, Oxford University Press.

Adorno, Theodor et al. (1973): Studien zum autoritären Charakter. Hrsg. von Ludwig von Friedeburg, Suhrkamp.

Alvesson, Mats und Hugh Willmott (2012): Making Sense of Management: A Critical Introduction, Sage Publications.

Arthur, Brian (2009): The Nature of Technology: What it is and how it evolves, Free Press.

Auden, W. H. (1997): The Complete Work of W. H. Auden. Princeton University Press.

Ax, Christine (2014): Diesem Letzten. Vier Abhandlungen über die ersten Grundsätze der Volkswirtschaft, Westhafen Verlag.

Beer, Stafford (1972): Brain of the Firm, Herder and Herder.

Beinhocker, Eric D. (2016): The Origin of Wealth: The Radical Remaking of Economics and What it Means for Business and Society, Harvard Business School Press.

Ben-Ner, Avner und Louis Putterman (1998): Economic, Values and Organization, Cambridge University Press.

Berle, Adolf und Gardiner Means (1932): The Modern Corporation and Private Property, New York: Harcourt, Brace & World.

Biebricher, Thomas (2021): Die politische Theorie des Neoliberalismus, Suhrkamp.

Cao, Yanfeng (2018): The Haier Model. LID Publishing.

Bock, Lazlo (2015): Work Rules! Insights from inside Google that will transform how you live and lead, Hachette Book Group.

Bookchin, Murray (2005): The Ecology of Freedom: The emergence and dissolution of hierarchy, 3rd edition, AK Press.

Boulding, Kenneth E. (1953): The Organizational Revolution: A Study in the Ethics of Economic Organization, Greenwood Press.

Block, Peter (1993): Stewardship: Choosing Service over Self-Interest, Berret-Koehler Publishers.

Bloom, Nicolas, Rafaella Sadun, John van Reenen (2017): Management as a Technology? NPER Working Papers 22327, National Bureau of Economic Research.

Bradford, Anu (2020): The Brussels Effect: How the European Union rules the World, Oxford University Press.

Bradley, Michael, Cindy A. Schipani et al. (1999): The Purposes and Accountability of the Corporation in Contemporary Society: Corporate Governance at a Crossroads, in: Law and Contemporary Problems, Vol. 62 (3) Challenges to Corporate Governance p. 9–86.

Breeden, James (1980): Advice among Masters: The Ideal in Slave Management in the Old South, Bloomsbury Academic.

Bridgmann, Todd, Stephen Cumming (2020): A very short, fairly interesting, and reasonably cheap book about Management Theory, SAGE Publications.

Bridle, James (2019): New Dark Age: Technology and the End of the Future, Verso.

Bücker, Theresa (2022): Alle Zeit. Eine Frage von Macht und Freiheit. Wie eine radikal neue, sozial gerechte Zeitkultur aussehen kann, Ullstein.

Burke, W. W. und G. H. Litwin (1992): A causal model of organizational performance and change. In: Journal of Management, 18(3), 523–545.

Capra, Fritjof und Pier Luigi Luisi (2014): The Systems View of Life: A unifying Vision, Cambridge University Press.

Carlyle, Thomas (1849): Occassional Discourse on the Negro Question, in Fraser's Magazine for Town and Country, London, Vol. XL, February.

Chabonnier, Pierre (2022): Überfluss und Freiheit – eine ökologische Geschichte politischer Ideen, S. Fischer.

Chapman, Gretchen B., Brian H. Bornstein: The More You Ask For, the More You Get: Anchoring in Personal Injury Verdicts. In: Applied Cognitive Psychology. Band 10, Nr. 6, 1996.

Chandler, Alfred (1977): The Visible Hand: The Managerial Revolution in American Business, Harvard University Press.

Cisikzentmihalyi, Mihaly (2003): Good Business: Leadership, Flow and the Making of Meaning, Penguin Books.

Coase, Ronald (1937): The Nature of the Firm, in Economica 4 (November) S. 386–405.

Cohen, Michael D., James G. March, Johan P. Olsen: A Garbage Can Model of Organizational Choice. in: Administrative Science Quarterly. Band 17, Heft 1, (1972): S. 1–25.

Conway, Malcom (1968): How do Committees invent, in: Datamation S. 28–31.

Daly, Herman und Josh Farley (2011): Ecological Economics, Island Press.

Debois, Patrick, Jez Humble, Gene Kim, John Willis (2016): Das DevOps-Handbuch. Teams, Tools und Infrastrukturen erfolgreich gestalten, O'Reilly.

Deming, W. Edwards, edited by Joyce Nilsson Orsini (2013): The Essential Deming – Leadership Principles from the father of quality, McGraw Hill.

Deston, Lorraine (2022): Rules: A short History of what we live by, Princeton University Press.

Dow, Gregory K. (2018): The Labour Managed Firm: Theoretical Foundations, Cambridge University Press.

Drucker, Peter (2001): The Essential Drucker, Harper Business.

Dunbar, Robin (1992): Coevolution of neocortical size, group size and language in humans; in: Behavior and Brain Sciences 16(4): S. 681–735

Dyllick, Thomas und Katrin Muff (2015): Clarifying the Meaning of Sustainable Business: Introducing a Typology from Business-as-Usual to True Business Sustainability. In: Organization and Environment Vol. 29 (2).

Edmondson, Amy (2012): Teaming: How Organizations learn, innovate and compete in the Knowledge Economy, Jossey-Bass.

Eisenstein, Charles (2011): Sacred Economics: Money, Gifts and Society in the Age of Transition, Evolver Editions.

Fayol, Henry (1916): Administration Industrielle et Générale, Bulletin de la Société de l'Industrie Minérale, no 10, 1916, p. 5–164. Réédité 13 fois chez Dunod.

Ferraras, Isabelle (2017): Firms as Political Entities, Cambridge University Press.

Förster, Heinz, von (1995): Cybernetics of Cybernetics: The Control of Control and the Communication of Communication, 2. Auflage, Carl-Auer.

Foucault, Michael (1988): The Final Foucault, MIT Press.

Friedman, Milton (1970): A Friedman Doctrine. The Social Responsibility of Business is to increase its Profits, in: New York Times 13. September 1970.

Fromm, Erich (1957): Zur Struktur der Autoritären Persönlichkeit, in: Deutsche Universitätszeitung, Band 12 (9).

Fukuyama, Francis (2012): The future of History, in: Foreign Affairs, January/Feburary Issue.

Gabriel, Markus (2020): Moralischer Fortschritt in dunklen Zeiten, Ullstein.

Galbraith, John Kenneth (1958): The Affluent Society, Houghton Mifflin.

Galbraith, John Kenneth (1983): The Anatomy of Power, Houghton Mifflin Harcourt.

Giddens, Anthony (1984): The Constitution of Society, University of California Press.

Gidron, Benjamin und Yehesekel Hasenfeld (ed.) (2012): Social Enterprises: An organizational Perspective, Palgrave Macmillan.

Göpel, Maja (2022): Wir können auch anders. Aufbruch in die Welt von Morgen, Ullstein.

Gordon, Robert J. (2016): The Rise and Fall of American Growth, Princeton University Press.

Graeber, David (2015): The Utopia of Rules: On Technology, Stupidity and the secret joys of Bureaucracy, Melville House.

Graeber, David und David Wengrow (2021): The Dawn of Everything: A New History of Humanity, Macmillan USA.

Groos, Karl (1901): Playful Use of the Sensory Apperatus, translated by Elizabeth L. Baldwin, New York: Appleton S. 99.

Guserl, R. und M. Hofmann (1976): Das Harzburger Modell. Idee und Wirklichkeit und Alternative, Gabler.

Habermas, Jürgen (1995): Theorie des kommunikativen Handelns: Band 1: Handlungsrationalität und gesellschaftliche Rationalisierung, Suhrkamp.

Hackman, Richard (2002): Leading Teams, Harvard Business Review Press.

Hari, Johan (2018): Lost Connections, Bloomsbury Circus.

Harari, Yuval Noah (2014): Sapiens, Vintage.

Hastings, Reid und Erin Meyer (2020): No Rules Rule, Penguin Press.

Hawken, Paul (2010): The Ecology of Commerce: A Declaration of Sustainability, Collins Business Essentials.

Heafford, M. R. (2018): Pestalozzi: His thought and relevance today, Routledge.

Heath, Chip et al.. (1998): Cognitive Repairs: How Organizational Practices Can Compensate for Individual Shortcomings. In: Research in Organizational Behavior 20, 1–37.

Heery, Edmund (2016): Framing Work: Unitary, Pluralist and Critical Perspectives, Oxford University Press.

Herzog, Lisa (2018): Reclaiming the System: Moral Responsibility, Divided Labour, and the Role of Organizatons in Society, Oxford University Press.

Herzog, Lisa (2018): Die Rettung der Arbeit, Hanser.

Hoffmann, Reid, June Cohen, Devon Triff (2021): Masters of Scale: Surprising Truth about the World's most successful Entrepreneurs, Crown Currency.

Hoope, James (2007): False Prophets: The Gurus who created modern Management and why their ideas are bad for businesses today, Perseus Books.

Herrmann, Ulrike (2022): Das Ende des Kapitalismus – warum Wachstum und Klimaschutz nicht vereinbar sind, Kiepenheuer & Witsch.

Hickel, Jason (2022): Weniger ist mehr. Warum Kapitalismus den Planeten zerstört und wir ohne Wachstum glücklicher sind, oekom.

Hirschman, Albert O. (1970): Exit, Voice, and Loyality: Responses to Decline in Firms, Organizations and States, Harvard University Press.

IPPR Commission on Economic Justice (2018): Corporate Governance Reform: Turning business towards long-term success.

Jackall, Robert (1988): Moral Mazes: The World of Corporate Managers, Oxford University Press.

Jackson, Tim (2017): Wohlstand ohne Wachstum, das Update: Grundlagen für eine zukunftsfähige Wirtschaft, oekom.

Kahn, William A. (1990): Psychological Conditions of Personal Engagement and Disengagement from Work, in: Academy of Management Journal. 33 (4): 692–724.

Kant, Immanuel (1784): Beantwortung der Frage: Was ist Aufklärung? In: Berlinische Monatsschrift, (1784): 2, S. 481–494

Kegan, Robert und Lisa Laskow Lahey (2016): An Everybody Culture, S. 243, Harvard Business Review Press, Kindle Edition.

Kieser, Alfred (2005): Wissenschaft und Beratung, Zweite Auflage, Universitätsverlag Winter Heidelberg.

Kieser, Alfred und Peter Walgenbach (2010): Organisation, Schäffer-Poeschel.

Konzelmann, Sabine et al. (2006): Corporate Governance and HRM, in: British Journal of Industrial Relations 44:3 September 2006, pp. 541–567.

Kosiol, Erich (1958): Organisation der Unternehmung, Springer.

Kotter, John P. (2014): Accelerate: Building Strategic Agility for a Faster-Moving World, Harvard Business Review Press.

Knight, Frank in William S. Kern (1997): The Heterodox Economics of »The Most Orthodox of Orthodox Economists«: Frank H. Knight. In: The American Journal of Economics and Society, Vol. 56 (3) S. 319–330.

Langlois, Richard N. (2023): The Corporation in the Twentieth Century: The History of American Business Enterprise, Princeton University Press.

Lappé, Moore Frances (2010): EcoMind: Reframing Six Disempowering Ideas That Keep Us from Aligning with Nature—Even Our Own, Nation Books.

Leopold, Aldo (1949): A Sand County Almanac, and Sketches here and there, Oxford University Press.

Likert, Renis (1961): New Patterns of Management, McGraw-Hill.

Lovelock, James (1979): Gaia: A New look at Life on Earth, Oxford University Press.

Lovelock, James (2019): Novacene: The Coming Age of Hyperintelligence, Penguin.

Lübbe-Wolf, Gertrude (2023): Demophobie. Muss man die direkte Demokratie fürchten?, Klostermann Vittorio.

Luhmann, Niklas (1975): Systemtheorie der Gesellschaft. Postum herausgegeben von Johannes F. K. Schmidt und André Kieserling (2017): Suhrkamp.

Malik, Fredmund (2000): Führen Leisten Leben, Campus.

Malik, Fredmund (2015): Navigieren im Zeitalter des Umbruchs, Campus.

March, James G. und Herbert Simon (1993): Organization, Wiley Blackwell, 2nd Edition.

Marglin, Stephan A. (1974): What Do Bosses Do? The Origins and Functions of Hierarchy in Capitalist Production. In: Review of Radical Economics 6:60.

Marquet, David (2013): Turn that Ship Around, Portfolio Penguin.

Maslow, Abraham (1954): Motivation and Personality, Harper & Brothers.

Mayer, Colin (2013): Firm Commitment: Why the Corporation is Failing Us and How to Restore Trust in It, OUP Oxford.

McChrystal, Stanley (2016): Team of Teams: New Rules of Engagement for a Complex World, Tantum Collins.

McGregor, Douglas (1960): The Human Side of Enterprise, McGraw-Hill.

Meadows, Donella H. (2008): Thinking in Systems Donnella Meadows, edited by Dina Wright, Chelsea Green Publishing.

Miller, Seumas (2010): The Moral Foundations of Social Institutions, Cambridge University Press.

Mintzberg, Henry (2013): Simply Managing, Penguin.

Mintzberg, Henry (2015): Time for the Plural Sector, in Stanford Social Innovation Review. Summer (2015):.

Mittermeier, Michael (2021): Freiheit und Finsternis. Wie die Dialektik der Aufklärung zum Jahrhundertbuch wurde, Siedler.

More, Jason W. (2015): Capitalism in the Web of Life, Verso.

Müller-Jentsch, Walter (2021): Entspricht die Mitbestimmung wirtschaftlichen Bedürfnissen? In: Industrielle Beziehungen Jg. 28 Nr. 4, S. 369–383.

North, Douglas C. (1990): Institutions – Institutional Change and Economic Performance, Cambridge University Press.

Paech, Niko (2015): Befreiung von Überfluss: Auf dem Weg in die Postwachstumsökonomie, oekom.

Parker, Martin (2002): Against Management: Organization in the Age of Managerialism, Blackwell.

Parker, Walter C. (2005): Teaching against Idiocy, in: Phi Delta Kappan, Vol. 86, No. 5, Januar 2005, S. 344-351.

Perrow, Charles (1972): Complex Organizations: A critical Essay, 2014 Edition, Echo Point Books.

Pfläging, Nils und Silke Hermann (2020): Zellstrukturdesign. Eine neue Sozialtechnologie, die unternehmerischer Wertschöpfung Flügel verleiht, Vahlen.

Pfeffer, Jeffrey (2015): Leadership BS: Fixing Workplaces and Careers one Truth at a Time, Harper Business.

Pirsig, Robert M. (1974): Zen and the Art of Motorcycle Maintenance, William Morrow.

Pistor, Katharina (2019): The Code of Capital: How the Law create Wealth and Inequality, Princeton University Press.

Popper, Karl (1972): Objective Knowledge: An Evolutionary Approach, Oxford University Press.

Purdy, Jedediah (2021): This is our Land: The Struggle for a new Commonwealth, Princeton University Press.

OECD (2020): Beyond Growth: Towards a new Economic Approach, OECD Publishing.

Ostrom, Elinor (1990): Governing the Commons, Cambridge University Press.

Raworth, Kate (2017): Doughnut Economics: seven ways to think like a 21st century Economist, Random House.

Reckwitz, Andreas und Hartmut Rosa (2012): Spätmoderne in der Krise, Suhrkamp.

Rendueles, César (2022): Gegen Chancengleichheit, Suhrkamp.

Reuter, Norbert (2007): Wachstumseuphorie und Verteilungsrealität, Metropolis.

Reybrouk, David van (2016): Gegen Wahlen. Warum Abstimmen nicht demokratisch ist, Wallstein.

Rockström, J., W.Steffen, K. Noone, A. Persson et al. (2009): Planetary Boundaries: exploring the safe space for humanity. Ecology and Society 14(2).

Rosenzweig, Philipp M. (2007): The Halo effect: and the Eight Other Business Delusions That Deceive Managers, Free Press.

Rüther, Christian (2017): Soziokratie, Holokratie, Lalouxs Reinventing Organizations und ... Ein Überblick über die gängigsten Ansätze zur Selbstorganisation und Partizipation, Books on Demand.

Rushkoff, Douglas (2019): Team Human, Norton and Company.

Sachs, Jeffrey D. (2011): The Price of Civilization, Random House.

Saito, Kohei (2023): Systemsturz. Der Sieg der Natur über den Kapitalismus, dtv.

Sandel, Michael J. (2020): The Tyranny of Merit: What has become of the common Good?, Farrar, Straus and Giroud.

Schein, Edgar (2016): Organizational Culture and Leadership, 5th Edition with Peter Schein, Wiley.

Schein, Edgar (1980): Organizational Psychology 3rd edition, Pearson.

Schirach, Ariadne von (2019): Die psychotische Gesellschaft, Klett-Cotta.

Schmidt, Eric und Jonathan Rosenberg (2014): How Google Works, Grand Central.

Schneidewind, Uwe (2018): Die große Transformation. Eine Einführung in die Kunst des Gesellschaftlichen Wandels, S. Fischer.

Schuhmacher, E. F. (1973): Small is Beautiful: Economics as if People mattered, Vintage.

Schuler, Douglas (Hrsg.) (1993): Participatory Design: Principles and Practices.

Schweikart, David (201): After Capitalism, 2nd Edition, Routledge.

Scott, Richard W. (1995): Institutions and Organizations, SAGE.

Selke, Stefan (2023): Technik als Trost. Verheißungen Künstlicher Intelligenz, transcript.

Sennett, Richard (2011): Together: The Rituals, Pleasures, and Politics of Cooperation, Yale University Press.

Shorris, Earl (1981): The Oppressed Middle: Politics of Middle Management, Anchor Press/Double Day.

Simon, Herbert A. (1976): Administrative Behavior: A Study of Decision-Making Behavior in administrative Organizations, 3rd Edition, Free Press.

Singer, Peter (1981): The Expanding Circle: Ethics and Sociobiology, Farrar, Straus and Giroud.

Stoknes, Per Esper und Johan Rockström, Redefining green growth within planetary boundaries, in: Energy Research & Social Science, Volume 44, 2018, S. 41–49.

Sukhdev, Pavan (2020): Corporation 2020. Warum wir Wirtschaft neu denken müssen, oekom.

Suskind, Jamie (2022): Digital Republic: On Freedom and Democracy in the 21st Century. Pegasus.

Suzman, James (2017): Sie nannten es Arbeit. Eine andere Geschichte der Menschheit, C.H.Beck.

Taylor, Frederick Winslow (1911): Scientific Management, Harper & Brothers.

Thoreau, Henry David (1854): Walden, Boston Ticknor and Fields.

Thun, Frank (2019): Liberated Companies: How to Create vibrant Organizations in the Digital Age, Books on Demand.

Tocqueville, Alexis de (2002): Democracy in America, University of Chicago Press.

Ulrich, Peter (2022): Zivilisierte Marktwirtschaft. Eine wirtschaftsethische Orientierung, Haupt.

Vollmer, Lars (2016): Zurück an die Arbeit. Wie aus Business-Theatern wieder echte Unternehmen werden, Linde Verlag.

UN World Commission on Environment and Development (1987): Our Common Future, United Nations.

Waal, Frans de (2009): The Age of Empathy Natures Lesson for a kinder Society, Crown.

Weber, Max (1922): Wirtschaft und Gesellschaft, Tübingen: Mohr.

Weick, Karl E. und Kathleen Sutcliffe (2015): Managing the Unexpected: Sustained Performance in a Complex World, Jossey-Bass.

Whyte, David (2002): The Heart Aroused: Poetry and the Preservation of the Soul in Corporate America, 2nd edition, Crown.

Williamson, Oliver E. (1975): Markets and Hierarchies: Analysis and Antitrust Implications, Macmillian.

Womack, James P. (1990): The Machine that changed the World, Free Press.

Zencey, Eric (2012): The Other Road to Serfdom, University Press of New England.